总编 李 辉　主编 张争鸣

今日体育档案

1月
JAN

上海文化出版社
SHANGHAI CULTURE PUBLISHING HOUSE

编委会

撰稿者

李　辉　张争鸣　崔　东　叶　岚　王静怡　袁念琪　周　力　徐　欢

吴玉雯　文　劼　肖朝华　曹　亮　董　奕　陈圣音　陈甜甜　赵　翌

王　薇　杨晓晖　王　琼　吴　薇　李海婴　邱　韶　陆家兴　顾海宇

武懿波　王　薇　常　莹　陈　曦　谢祖涛　陆家兴　顾海宇　高　频

沈元源　朱来强　李元蒸　于　骏　刘家瑞　钱　斌　张　远

2013年度兩岸四地創新電視推薦表彰

榮譽證書

上海廣播電視臺《今日體育檔案》

榮獲2013兩岸四地最具原創活力電視社教欄目十強

2013年7月13日・香港

《今日体育档案》荣获 2013 两岸四地最具
原创活力电视社教栏目十强

序言

《今日体育档案》丛书是五星体育传媒制作的同名电视节目的大型配套图书，制作这样的节目，出版这样的丛书，无论在电视领域还是体育领域，乃至在体育类图书出版方面都是具有首创意义的。

档案是一种历史的记录。收入《今日体育档案》的，有人物、有事件，上至国际、国内体坛发生的大事、要事，下至与体育相关的奇闻趣事。全年 365 天一一盘点，对世界体育历史进行了一次全方位的梳理和多方面的检阅，展示了国际、国内体坛波澜壮阔、纷繁多姿的生动画面，体现了体育世界的无比精彩和无穷魅力，呈现了现代体育发展的多元脉络。

这套《今日体育档案》丛书每月 1 卷，全年共 12 卷；洋洋四百二十多万字，并配有近八千幅珍贵的图片。与已经播出的同名电视节目相比，图书的内容更丰富、更全面、更详实、更完整，从而也更具有史料价值和权威性，也更显得弥足珍贵。

记录是担当责任的，尤其是当这些记录被写入档案之时。人们常说以史为鉴，由此我们感到肩上是沉甸甸的。不管是制作电视还是出版图书，我们以价值为准绳，以客观为砝码，对历史负责，对观众和读者负责，它要经得起实践的检验。

无疑，《今日体育档案》节目和图书的制作是一项宏大而繁复的工程。从现代体育发展三百多年那浩瀚的史料里，作一番去粗取精、去伪存真，由此及彼、由表及里的梳理工作，看上去是简单操作，技术含量不算高，但其工作量是巨大的，整理过程是细致和烦琐的，甚至是枯燥的。人说"神仙本是凡人做，只是凡人志不坚"，这个工程没有一点毅力和精神，是不能做到，也不能做好的。

打开那一卷卷档案，其间有史学家们感兴趣的历史拐点，以及事件发展的规律；有哲学家们关注的现象背后的本质、事物间的联系和有关人性、人道主义的思考；有令文学家们灵感突发、血脉贲张的创作素材……而对于体育爱好者、体育工作者、体育新闻工作者、体育院校学生、体育研究与教学专业人员，以及普通读者，这套丛书则是十分具有可读性和十分实用的。

在21世纪第二个十年开始之际，深化改革的上海广播电视业，进行了制播分离和转企改制，五星体育传媒实现了公司化，又一次完成了华丽的转身。体制的变革，为我们进一步做大做强开辟了一个更为广阔的新天地。今天，五星体育已成为中国最具活力的顶级专业体育传媒之一，正朝着全媒体的目标迈进。

做大做强都是需要产品的，特别是需要像《今日体育档案》这样具有创新、创优元素的产品，这样才有竞争力和生命力。

今日即将进入历史、载入档案。展望明天，任重道远。让我们努力奋斗，再上一层楼！

五星体育传媒有限公司总经理

2013年5月

1/1 Jan

1863年

“奥林匹克之父”顾拜旦诞辰

1863年1月1日，皮埃尔·德·顾拜旦（Le baron Pierre De Coubertin）出生于巴黎一富有的男爵家庭，父亲夏尔·德·顾拜旦（Charles de Coubertin）是名画家。

顾拜旦从小喜欢击剑、赛艇和骑马等贵族运动，也喜欢拳击。1892年12月25日,他首次提出“复兴奥林匹克运动”，提议成立一世界性体育组织。1894年6月23日，13个国家79名代表成立国际奥林匹克委员会，由泽麦特里乌斯·维凯拉斯任主席，顾拜旦任秘书长。1896年，顾拜旦任国际奥委会第二任主席。他设计了奥运会会徽、会旗，著有《体育颂》、《运动心理学试验》和《竞技运动教育学》等。1925年，以荣誉主席身份退休。

1937年9月2日,顾拜旦逝世。应他要求，遗体葬在国际奥委会总部所在地洛桑，心脏埋在奥林匹克运动发源地奥林匹亚。由于他对奥林匹克的功绩，被誉为“奥林匹克之父”。

1899年

皮划艇奥运冠军英国选手杰克·贝雷斯福德出生

1899年1月1日，杰克·贝雷斯福德（Jack Beresford）生于伦敦。他以5枚奥运奖牌创下当时英国运动员奥运得奖纪录，后纪录被史蒂夫·格瑞夫追平。其父朱利叶斯·贝雷斯福德也是奥运选手，在1912年赢得1枚奥运划艇银牌。

贝雷斯福德（右）1936年2月14日在柏林奥运会上

贝雷斯福德的奥运奖牌为三金两银，三金是：1924年奥运会男子单人双桨，1932年奥运会四人无舵手和1936年奥运会双人双桨。两银是：1920年奥运会单人双桨和1928年奥运会八人艇。他创纪录地参加了五届奥运会，如不是“二战”取消1940年奥运会，其奥运史还将延续。1949年，获《奥林匹克杰出证书》。1952年后为英国赛艇队教练。

1918年，他在法国负伤，回伦敦加入父亲的家具制造公司。作为泰晤士河划船俱乐部的成员，他在20世纪20年代四次在亨利赛赢得“钻石级划船手”；作为亨利皇家赛船会会员，两次赢得格兰特和格比特赛的胜利，并赢得一次斯图亚特比赛冠军。

杰克·贝雷斯福德于1977年12月3日逝世，享年78岁。

1905年

阿根廷著名独立足球俱乐部成立

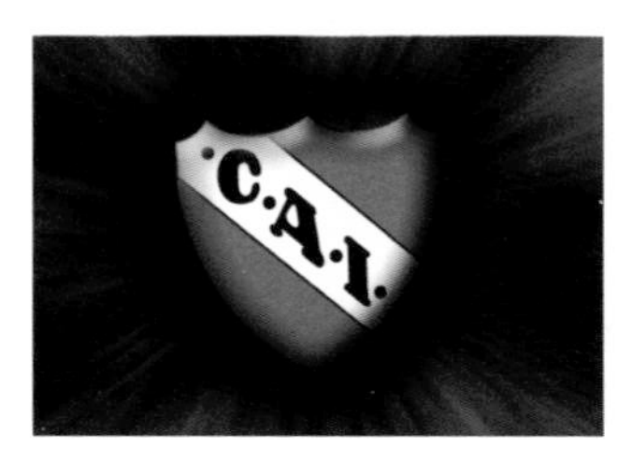

1905年1月1日，阿根廷著名的独立足球俱乐部成立。1904年，布宜诺斯艾利斯一家名叫“前往伦敦（To the City of London）”的连锁店里，一伙小学徒工因为成年职工不愿与他们一起踢球，决心争取踢球的自由。1904年8月4日，这群热爱足球的年轻人首次开会，决定成立俱乐部。初始的8名成员全部是14至17岁的少年。拒绝了职业俱乐部的收编，少年们将俱乐部定名为“独立（Independiente）”。1905年1月1日，第一届代表大会召开，这天被定为俱乐部成立日。

阿根廷独立足球俱乐部（Club Atlético Independiente）是阿根廷著名的体育俱乐部，俱乐部同时拥有多支竞赛队，其中足球队最为出名。总部位于阿根廷东北部布宜诺斯艾利斯省的港口城市阿韦亚内达。阿根廷独立足球俱乐部无疑是一支非常成功的球队，他们赢得了14座阿根廷国内冠军锦标，这一成绩仅次于河床和博卡青年足球俱乐部。球队还曾七次获得南美解放者杯冠军，其中还包括1972—1975年之间的四连冠，球队还三次赢得了美洲俱乐部杯和两次丰田杯的冠军。

最初，独立队的球衣是白色的。1905年6月25日，英格兰的诺丁汉森林队来到阿根廷进行访问比赛，当时的俱乐部主席被诺丁汉森林的红色球衣深深吸引，决定球队从此将身穿红色球衣比赛，并一直延续至今。1912年阿根廷甲级联赛扩军，独立队受邀加入，不久便展露锋芒，夺取1922年的联赛冠军，不过那时联赛是业余性质的。

美洲解放者球场是阿根廷独立足球俱乐部的主场，球场1928年建成，可以容纳52823名观众，其中27863个坐席。

1921年

法国田径名人阿兰·米蒙出生

1921年1月1日，阿兰·米蒙（Alain Mimoun）出生于阿尔及利亚的特拉哈，后移民法国。他参加过四届奥运会，获一金三银。另在1950年获欧洲锦标赛银牌两枚。

阿兰·米蒙（右）获得1956年奥运会马拉松冠军

1948年，他第一次代表法国参加伦敦奥运会，获10000米银牌。1952年，在赫尔辛基奥运会获10000米和5000米银牌。从1956年奥运会起，米蒙转向参加马拉松，在与老对手扎托佩克的最后一次竞争中，以一分半钟的优势战胜了从未赢过的扎托佩克，终于夺得自己第一枚奥运金牌，实现了梦想。他说：“我感觉我的运动生涯像在盖城堡。伦敦奥运会，我在打地基；赫尔辛基的两枚银牌是在砌墙；在墨尔本，终于可以盖上屋顶。”

1968年

克罗地亚著名足球运动员、金靴奖得主达沃・苏克出生

1968 年 1 月 1 日，达沃・苏克（Davor Šuker）生于前南斯拉夫奥斯蒂耶克。1984 年，他参加家乡俱乐部队，开始球员生涯。1989 年，转会萨格勒布迪那摩俱乐部，在南斯拉夫足球联赛崭露头角。1990 年，在与罗马尼亚队的比赛中一举成名。1991 年，苏克代表前南国家队射入首个国际比赛入球。同年，转会到西班牙塞维利亚俱乐部。

1992 年，克罗地亚独立，苏克成为克罗地亚国家队员。在获“西甲最佳射手”后，于 1996 年欧洲杯为克队贡献 3 粒入球。1996 年，他加盟皇家马德里俱乐部，帮助球队赢得 1997 年度西甲联赛冠军和 1998 年欧洲冠军杯。在 1998 年世界杯，以 6 粒入球夺金靴奖，并帮助克罗地亚队取得前所未有的季军。1999 年转会英超阿森纳，并先后转会西汉姆联队和慕尼黑 1860。在国际赛中，苏克共进球 46 个，其中 45 个属克罗地亚队，成为该队史上最好射手。他的进球以左脚居多，被赞为“左脚灵活得可以拉小提琴”。在 2004 年国际足联委托球王贝利选定的 125 名伟大球员名单中，他名列其中。

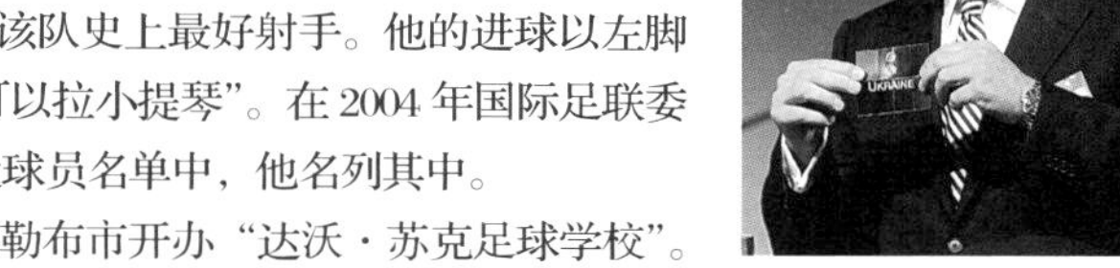

退役后，在克罗地亚萨格勒布市开办“达沃・苏克足球学校”。

1979年

第一届巴黎—达喀尔汽车拉力赛正式发车

巴黎—达喀尔汽车拉力赛（The Paris Dakar Rally）简称“达喀尔拉力赛”，法语为 Le Dakar。它由法国敬仰泽利・萨宾和其精神的冒险者们发起，为每年举行的专业越野拉力赛，80% 左右的参赛者都为业余选手。已为世界上最有名的拉力赛。

在开赛后的约十年里，赛程起点巴黎，终点达喀尔；之后发生变化。1992 年起点巴黎，终点南非开普敦。1994 年则为巴黎—达喀尔—巴黎。1997 年从达喀尔出发，以尼日利亚为折回点，再返回达喀尔。达喀尔拉力赛被称为“勇敢者的游戏”，是世界上最艰苦的拉力赛，作为最严酷和最富有冒险精神的赛车运动为全世界关注。2009 年，因非洲大陆受恐怖主义威胁，比赛移至南美。

2012 年 1 月 15 日晚，在拉力赛最后一个赛段——第十四赛段的争夺中，中国长城哈弗 SUV 车队葡萄牙车手索萨跑出赛段第五。同时，他以总成绩第七的成绩改写了中国车队参赛以来的最佳战绩。

1983年

世界女子神箭手韩国朴成贤出生

1983 年 1 月 1 日，朴成贤（Park Sung-Hyun）出生于韩国全罗北道城市群山。她是 2004 年奥运会女子射箭个人和团体金牌得主。目前仍保持四个室外个人项目和两个团体项目的世界纪录。

她很小就接触射箭，12 岁接受训练。2001 年，18 岁就参加了第一次国际大赛。第二年，在世界大奖赛获个人和团体铜牌。在随后的六年里，六获世界锦标赛奖牌，其中三枚金牌；并三获亚运金牌。征战奥运，在 2004 年赢得两枚金牌，在 2008 年赢得女子射箭团体冠军，使韩国射箭梦之队得以蝉联。2008 年 12 月 6 日，同为北京奥运会金牌选手的朴敬模（33 岁）和朴成贤（25 岁）在首尔举行婚礼。

2001年

叶江川创一人对千人国际象棋车轮大战的吉尼斯纪录

叶江川是中国国际象棋“第一人”。2000 年 12 月 31 日至 2001 年 1 月 1 日，他在太原创造了一人对千人车轮大战挑战的吉尼斯纪录。在 28 小时 33 分 30 秒的时间内，他与 1004 名棋手完成比赛。

叶江川是国际象棋男子国际特级大师，目前担任中国国际象棋国家队的总教练，中国棋院国际象棋部副主任。1981 年，首次参加全国国际象棋个人赛，获得冠军，后又获 1984、1986、1987、1989、1994、1996 年六届全国冠军，为我国获全国男子冠军次数最多的棋手。

2003年

六龄女童书写象棋车轮战82胜6和12负的神奇

2003年1月1日，一项新的象棋世界纪录在汕头市诞生。汕头外马路第三小学一年级学生陈韵佳，在潮汕体育馆“将军漆杯”上，进行一人对一百人象棋车轮战。这样的车轮战，就是对象棋高手来说，也多被视为畏途，而年仅6岁多的女孩陈韵佳却创造了奇迹。她总共耗时7小时24分，其82胜6和12负的好成绩令人叹为观止。

2004年

国际田联宣布认可拉德克利夫独揽三项世界纪录

2004年1月1日，国际田径联合会宣布英国田径运动员保拉·拉德克利夫（Paula Radcliffe）为三项世界纪录保持者，并正式承认公路长跑和竞走的成绩。

保拉·拉德克利夫1973年12月17日出生于英国，是当今女子马拉松项目最伟大的选手之一，多次大幅提高马拉松世界最好成绩和世界纪录，目前仍保持2小时15分25秒的女子马拉松世界纪录。

她在2002年10月13日获芝加哥马拉松赛冠军，以2小时17分18秒创造当时女子马拉松世界最好成绩。2003年4月13日，以2小时15分25秒获伦敦马拉松赛冠军，刷新世界最好成绩；她又是2004年纽约马拉松赛冠军，2005年田径世锦赛女子马拉松和伦敦马拉松赛冠军，2007年纽约马拉松赛冠军。

2008年

《奥林匹克宣言》中法英文版全球首发

在中国进入奥运年的第一天，为纪念顾拜旦诞辰145周年，由国际奥委会授权、文明杂志社出版的《奥林匹克宣言》中英法三种文字版同时全球发行。这是体育史上第一次发布，这部尘封了一个多世纪的宣言终于重见天日。中国国家博物馆、国家图书馆、洛桑奥林匹克博物馆永久收藏此次出版的《奥林匹克宣言》。

首发式上，145位来自国际奥委会、北京奥组委、国家体育总局、奥运全球合作伙伴和赞助商、体育界、演艺界等社会知名人士，全文朗诵了长达一万多字的中译版《奥林匹克宣言》。

1892年，29岁的顾拜旦在巴黎索邦大学发表了有历史性意义的演讲——《奥林匹克宣言》。

2010年

“耐寒奇人”苗治青创冬泳基尼斯纪录

2010 年 1 月 1 日，“耐寒奇人”苗治青于金石滩国宾浴场创造了公开水域耐寒吉尼斯世界纪录。经大连市气象局、国家海洋局派专人现场测量，水温 2.8 摄氏度，气温零下 8.3 摄氏度。苗治青在海水中游了 1 小时 5 分 35 秒，长 2000 米。

苗治青从 1994 年开始冬泳，经过长期练习，耐寒能力十分出众。早在 2008 年 12 月 12 日，海水温度 8 摄氏度，他游了 2 小时 38 分，创下当时训练的最高纪录。

2011年

国际象棋新科“棋后”侯逸凡等级分突破 2600

2011 年 1 月 1 日，世界国际象棋联合会公布最新等级分，16 岁的新科世界棋后侯逸凡以 2602 分排名世界女子第三，成为世界上第三个等级分过 2600 分的女棋手。当时，第一位是从不参加女子赛的小波尔加，等级分为 2686 分。

侯逸凡是中国女子国际象棋队队员，她下棋思路清晰，棋风充满霸气，被誉为“天才少女”。1999 年学国际象棋，2003 年入中国国际象棋队。2008 年晋升为男子国际特级大师，是史上晋升男子特级大师最年轻的女棋手。2010 年获世界女子国际象棋锦标赛冠军，为史上最年轻的世界“棋后”。2011 年成功卫冕，为史上两夺世界冠军的最年轻棋手。2012 年在第十届直布罗陀国际象棋公开赛中，战胜尤迪特·波尔加，打破后者 20 年来在慢棋赛中对女棋手不败神话。

侯逸凡（右）在对弈

2012年

汤普森成为 LPGA 史上最年轻冠军

2012 年 1 月 1 日，LPGA（Lady Profession Golf Association，女子职业高尔夫协会）官网评选出 2011 年 LPGA 巡回赛要闻：排名第二的莱克西·汤普森（Lexi Thompson）成为 LPGA 史上最年轻的冠军，年仅 16 岁。她还在年底赢得迪拜女子大师赛，成为欧洲女子巡回赛最年轻冠军。

2011 年 9 月，她在纳威司达精英赛取五杆大胜，为 LPGA 巡回赛 61 年来最年轻冠军。年仅 16 岁 7 个月 8 天，获 19.5 万美元，她将 2 万美元捐献给伤兵慈善项目。在她夺冠前，LPGA 创始会员玛莲·赫格保持年龄最小冠军纪录。

2007 年，12 岁的莱克西·汤普森成为通过选拔赛进入美国女子公开赛的最年轻选手，同年赢得韦斯特菲尔德青少年 PGA 锦标赛，成为该赛史上最年轻冠军。

1月1日备忘录

1954年1月1日　中国唯一国家级体育专业出版机构——人民体育出版社成立。

1956年1月1日　在内蒙古自治区成立了中国第一支马术运动队——内蒙古马术队。

1959年1月1日　北京运动医学研究所成立，现名为国家体育总局运动医学研究所。

1974年1月1日　《体育报》成为“文革”中最早复刊的专业报纸。

1982年1月1日　开始实行的新排球比赛规则中，球的重量被改为 260—280 克、圆周 65—67 厘米、气压 0.40—0.45 公斤 / 平方厘米。一直延用到 1996 年。

1982年1月1日　阿根廷网球运动员大卫·纳尔班迪安出生。

1983年1月1日　中国航空协会加入国际航空运动联合会。

1984年1月1日　30 岁的英国记者尼克·克拉纳和他 31 岁的表兄地理学家迪克，骑着两辆装有 15 个挡次的换叉和备用轮胎的英国标准“赛车号”自行车，登上了非洲最高峰乞力马扎罗山的乌呼鲁峰。

1995年1月1日　唯一覆盖全国的国家级体育频道中国中央电视台体育频道（CCTV-5）开播。

1996年1月1日　在南非的库鲁曼上空，英国人理查德·韦斯特盖和盖伊·韦斯特盖创造了女子串联滑翔伞飞行最高的纪录：4380 米。

1996年1月1日　国家体委公布新修订的田径运动员技术等级标准开始执行。

1997年1月1日　国际排联规定排球由柔软皮革制成外壳，内装橡皮或类似质料制成的球胆，重量 260—280 克，圆周 65—67 厘米，气压 0.30—0.325 公斤 / 平方厘米。

2000年1月1日　曾参加过奥运会的 62 岁墨西哥妇女卡门·埃利西亚·姆内兹创下一项新的世界纪录——连续骑自行车 26 小时时间最长纪录。

2001年1月1日　第二十一届世界大学生运动会两地采火成功。

2001年1月1日　佳木斯神龙飞车团创“铁壁四车摩托穿梭飞行”世界纪录。

1989年1月1日　在明尼苏达州，美国人安东尼·桑顿创造 24 小时内倒退跑的最远距离 153.52 公里，平均时速为 6.4 公里。

2000年1月1日　在位于瑞士境内的皮兹马尔泰尼亚斯与萨沃宁两地之间的滑雪道上，

1321 名滑雪和滑雪板滑雪运动员,手持火炬滑雪,滑行距离长达 7 公里。

2001年1月1日　巴西圣保罗足球场举行巴西足球联盟冠军决赛时，足球场四周护栏突然倒塌，导致 70 名观众受伤，其中 3 人伤势严重。

2001年1月1日　在美国加利福尼亚范纳伊斯机场，美国人布莱恩・帕奇创造了滑板跳跃 17.06 米的最高纪录。

2002年1月1日　年仅 6 岁的男孩桂炜城轻轻松松跑完 16 公里，在武汉市迎春长跑暨短程马拉松比赛中获得比赛特别奖。

2004年1月1日　印尼一名年轻鼓手以连续击鼓 72 小时的成绩刷新了《吉尼斯世界纪录大全》中原有的连续击鼓 60 小时纪录。

2005年1月1日　北京奥运口号征集正式启动。

2006年1月1日　2008 年奥运会志愿者歌曲正式开始征集。

2007年1月1日　北京奥运志愿“微笑圈”正式发布，五种颜色五种含义。

2008年1月1日　北京车友以爱车拼奥运五环，打破吉尼斯世界纪录。

2011年1月1日　美国著名业余高尔夫球手比利・乔・帕顿（William Joseph Patton）去世。

1936年

高尔夫莱德杯创始人塞缪尔·莱德逝世

1936年1月2日，高尔夫莱德杯（Ryder Cup）创始人塞缪尔·莱德（Samuel Ryder）逝世。

塞缪尔·莱德出生于1858年3月24日，19世纪末他通过销售小包的植物种子挖掘到了人生的第一桶金。后来，莱德迷恋上了高尔夫运动，并加入沃鲁·拉姆高尔夫俱乐部。

1926年，塞缪尔·莱德决定捐赠一座价值750英镑的奖杯，作为大不列颠及北爱尔兰联合王国队与美国队之间两年一度的比洞赛的奖杯。于是，第一届“莱德杯”在1927年正式诞生了。

塞缪尔·莱德（左）给获胜者颁奖

作为一项队际对抗赛，莱德杯（Ryder Cup）毋庸置疑是世界高尔夫球坛的第一赛事，其地位和影响力高于任何一项四大赛（美国名人赛/大师赛、美国公开赛、英国公开赛和美国PGA锦标赛）和任何一项杯赛。每两年举办一次的莱德杯赛虽然没有分文奖金，但世界职业高坛的顶尖选手都把能入选参赛阵容去参加莱德杯看作是至高无上的个人荣誉。

1969年

由电影《洛奇》配角走上拳击之路的WBO重量级冠军托米·莫里森出生

1969年1月2日，托米·莫里森（Tommy Morrison）出生在美国的俄亥拉荷马，身高1米88，体重101.7公斤。其职业生涯总战绩为45胜3负1平，其中39场击倒对手K.O（Knock Out，拳击用语，击倒对手获胜）取胜。

莫里森很小的时候就成为美国白人公众的宠儿，他在电影《洛奇》中的配角表演使他走上了拳击之路。英俊的“白马王子”形象，被美国人视为“白人的希望”。1993年6月7日，莫里森十二回合大战福尔曼，并以点数最终击败对手，披上了WBO（World Boxing Organization，世界拳击组织）重量级拳王金腰带。

莫里森属于力量型打法，拳重手狠，但速度和出拳的连贯性不够，影响了他的进一步发展。1993年10月29日，莫里森开场不到一分钟便惨遭对手米切尔·本特K.O，无奈走下了拳王神殿。由于感染艾滋病病毒，莫里森于1996年宣布退役。虽然后来他曾再次复出，但目的已非争名，只为争“利”来糊口。

1971年

格拉斯哥艾博罗克斯发生球场惨案

1971年1月2日，“苏格兰德比”格拉斯哥流浪者队与凯尔特人队的比赛在流浪者队主场艾博罗克斯体育场举行，数以万计的双方球迷涌入现场观战。在比赛的最后时刻，主场应战的流浪者队攻入一球，将场上的最终比分扳平，随后东看台上两队球迷从言语不合进一步发展到了相互混战。混乱中球迷因拥挤而导致球场栅栏倒塌，发生球迷踩踏事故，造成66人死亡、150多人受伤的球场惨剧。

1981年

中国女子射箭运动员、2008年北京奥运会冠军张娟娟出生

张娟娟（中）

1981年1月2日，张娟娟生于山东青岛。1995年7月师从教练曲月铎在青岛市体育运动学校开始接触射箭。1996年9月进入山东省射箭队，2001年入选国家队。

在2001年12月举行的亚洲射箭锦标赛上，小将张娟娟获得了女子反曲弓的个人冠军，一举打破了中国女子射箭长期逢韩不胜的历史。

2008年北京奥运会上，张娟娟在女子射箭个人1/4决赛、半决赛和决赛中连胜三位有着“梦之队”之称的韩国选手，其中包括该项目卫冕冠军朴成贤和世界纪录保持者尹玉姬，夺得了中国射箭史上的第一枚奥运金牌。此前中国队自1984年参加奥运会射箭项目，曾获得过5枚银牌，但从未摘金。连斩三位韩国名将，号称一个人打败了韩国队！张娟娟彻底打破了韩国队在这个项目上不可战胜的神话！

1984年

中国羽毛球男双“风云组合”之一傅海峰出生

傅海峰，广东揭阳市惠来县人，中国男子羽毛球运动员，擅长双打项目，与搭档蔡赟并称“风云组合”。曾在2006、2009、2010年及2011年四度夺得世锦赛男双冠军，也是中国国家羽毛球队赢得汤姆斯杯五连霸及苏迪曼杯四连霸的重要成员。

傅海峰（右）在比赛中

其父傅铭英是有名的羽毛球教练，傅海峰6岁开始跟父亲学打羽毛球，11岁参加广东揭阳市运动会，一举

夺得羽毛球单打、双打冠军，后被广东省体育运动技术学院录取。

傅海峰1998年入选广东省羽毛球队，一直都是羽毛球男单选手。2002年上半年，为了出征全国羽毛球锦标赛，男双项目较弱的广东队让他改打男双，经过短短几个月的训练，傅海峰便和搭档夺得全国羽毛球锦标赛亚军。恰逢中国羽毛球男队再次兵败，连续六届无缘汤姆斯杯，决策层决心治好男双这条"瘸腿"，组织了为期三个月的大集训，借此机会，傅海峰直接入选国家一队。

傅海峰（右）与蔡赟

进入国家队后，傅海峰与蔡赟搭档，两人遂成为中国队在羽毛球男子双打项目上的后起之秀。两人在技术特点上有明显的互补性：蔡赟网前技术精湛，可为傅海峰制造进攻机会；身高1米83且弹跳出色的傅海峰后场攻击力在国家队中数一数二，令对手难以抵御。随着两人在中国羽毛球男双项目上的崛起，媒体及羽毛球爱好者将他们称之为"风云组合"。

1984年

芬兰拳击手赫莱纽斯出生

1984年1月2日，绰号为"诺丁克噩梦"的芬兰拳击手赫莱纽斯（Robert Helenius）出生。赫莱纽斯身高2米，臂展2米01；截止2011年底，赫莱纽斯的战绩是17战全胜，11场比赛击倒对手获胜，主要胜利是2010年1月31日，八回合技术性击倒布雷维斯特（导致其一个眼睛失明而退役）；2011年4月2日，九回合击倒前WBC（The World Boxing Council，世界拳击理事会）重量级拳王皮特；2011年8月28日，九回合技术性击倒"白狼"利亚科维奇；2011年12月10日，点数险胜切索拉。

赫莱纽斯是近两年来重量级拳坛涌现出的一位新星。自2010年1月八回合击败前WBO重量级拳王布雷维斯特后，他就受到了媒体和拳迷的广泛关注。之后他又一路过关斩将，K.O了"尼日利亚噩梦"皮特和"白狼"利亚科维奇这两位前拳王，在重量级的综合排名陡升到了第三，仅次于大小克里琴科。很多拳迷也把他视为是克里琴科兄弟的潜在威胁。不过2011年12月，赫莱纽斯对阵前英国/英联邦重量级冠军切索拉的表现却让人有些失望，如若不是靠裁判的袒护应该是输了。

赫莱纽斯身高、体格上在重量级不落下风，与克里琴科兄弟相当，而且他出拳凶狠，拳头打得很准，基本功扎实，技术全面。

2000年

英格兰足球20世纪全明星最佳阵容评出

大卫·贝克汉姆

2000年1月2日，英格兰足球世纪全明星阵容揭晓。这次评选是由几大著名教练弗格森、鲍比·罗布森和乔治·贝斯特等提出候选人名单，然后由球迷投票推选出心目中世纪最佳的11人。按照各个位置上的得票数量统计，最终产生了20世纪的全明星阵容。

守门员是曼彻斯特联队的丹麦门神舒梅切尔；

后卫4名：他们分别是70年代效力于利兹联队的特里·库珀、80年代效力于利物浦队的阿·汉森、70年代初期效力于西汉姆联队的鲍比·摩尔，以及30年代效力于阿森纳队的埃迪·哈普古德；

中场4名：他们分别是贝克汉姆、60年代效力于托特纳姆热刺队的戴夫·麦基、60年代效力于曼联的乔治·贝斯特、60年代效力于曼联的鲍比·查尔顿；

前锋2名：70年代末期效力于利物浦队的肯·达格利什和50年代末期效力于托特纳姆热刺队的吉米·格利弗斯。

1. 鲍比·查尔顿，2. 埃迪·哈普古德，3. 戴夫·麦基，4. 肯尼·达格利什，5. 特里·库珀，6. 乔治·贝斯特，7. 鲍比·摩尔，8. 阿兰·汉森，9. 彼得·舒梅切尔，10. 吉米·格里夫斯

2002年

葡萄牙球星菲戈获葡萄牙足球先生称号

2002 年 1 月 2 日，刚刚当选国际足球联合会 2001 年度世界足球先生的葡萄牙球星菲戈再获喜讯，在当日揭晓的葡萄牙足球先生评选中，当时效力于西班牙皇家马德里队的菲戈获得最佳球员的称号。

路易斯·费利佩·马德拉·卡埃罗·菲戈（Luis Filipe Madeira Caeiro Figo）出生于 1972 年 11 月 4 日，1990 年从葡萄牙里斯本竞技俱乐部步入职业生涯，1995 年 6 月加盟西班牙巴塞罗那俱乐部，2000 万美元的转会费创下当时的世界纪录；2000 年 7 月，菲戈又以当时世界最高身价 5690 万美元由巴塞罗那转投皇家马德里；2005 年转会意大利国际米兰俱乐部后于 2009 年 5 月 31 日正式退役。

绰号“魔鬼”的菲戈有着齐达内般的盘球功夫和贝克汉姆一样的脚法，是葡萄牙黄金一代的领军人物之一，曾经获得过世界足球先生和欧洲足球先生的荣誉。

2004年

高尔夫冠军巡回赛传奇球手海宁去世

2004 年 1 月 2 日，哈罗德·海宁（Harold Henning），这位曾在 50 年职业生涯中夺得五十多项冠军的高尔夫传奇巨星，在美国加州不幸去世，享年 69 岁。

1984 年海宁第一年参加高尔夫冠军巡回赛就令人惊讶地夺得了三项冠军。在其职业生涯中总共赢得超过五十余项锦标，其中还包括与加里·普莱耶（Gary Player）搭档捧起了 1965 年的世界杯冠军的奖杯。在冠军巡回赛创立的初始阶段，海宁对巡回赛的发展和推广都起了很大的作用，他和蔼可亲、待人热情的形象堪称冠军巡回赛的形象大使。

2008年

雅典奥运百米冠军加特林上诉不成被禁赛四年

2008 年 1 月 2 日，美国地方法庭裁定雅典奥运会男子百米冠军加特林（Justin Gatlin）因 2006 年尿检呈阳性而给予四年的禁赛处罚。禁赛到期日为 2010 年的 5 月 24 日，这位前百米世界纪录创造者因此无缘 2008 年的北京奥运会。

加特林的禁药事件要追溯到 2006 年的 7 月 30 日。当天，百米飞人被美国反兴奋剂组织告知，他 4 月份在堪萨斯州进行

的比赛结束后尿检结果呈阳性，尽管加特林否认自己曾经服用过禁药，第二天美国反兴奋剂机构主席迪克·庞德确认，加特林的 B 瓶尿样检测结果同样呈阳性。

加特林是 2005 年田径世锦赛 100 米、200 米的双料冠军，2004 年雅典奥运会上获男子 100 米金牌、200 米铜牌和男子 4×100 米接力银牌。在 2006 年的多哈田径大奖赛上，加特林以 9 秒 76 的成绩创造了新的男子百米世界纪录。

2011 年大邱田径世锦赛上加特林禁赛期满后复出参赛，但最终止步于半决赛。2012 年伦敦奥运会加特林获得男子 100 米铜牌、男子 4×100 米接力银牌。

2010年

美国赛车手驾车"跳远"82 米创新纪录

在 2009 年的 ROC（Race of Champions，世界车王争霸赛）鸟巢挑战赛中，车王舒马赫领衔的德国队受到了美国队的强有力挑战，而当时美国队的两名参赛车手中有一个叫特拉维斯·帕斯特拉纳（Travis Alan Pastrana）的极限运动员，就是帕斯特拉纳，2010 年 1 月 2 日在美国加州长滩的海边创造了驾车飞越水面的新世界纪录。

经过大约 300 米的加速，帕斯特拉纳驾驶的汽车腾空而起，在海面上飞越了 82 米之后，安全降落在临时搭设在海上的终点台上，帕斯特拉纳由此刷新了 2006 年 11 月由他的同伴创造的世界纪录，当时的原纪录为 52.1 米。

实际上，帕斯特拉纳一直热衷于挑战极限，他曾经 14 次获得过极限运动会的奖牌，还是 2008 年全美拉力赛的冠军得主。

1月2日备忘录

1985年1月2日　广东万宝足球俱乐部成立。

1985年1月2日　第二十八届雅典奥运会男子体操鞍马冠军滕海滨出生。

1985年1月2日　广东万宝足球俱乐部成立。

1997年1月2日　在澳大利亚新南威尔士州的克罗斯顿，英国的尼古拉・汉米尔顿创造了悬挂滑翔飞行的三角形航线167.2千米女子最远距离的纪录。

1998年1月2日　在美国南卡罗来纳州的北查尔斯顿，加勒特技术学院队的加勒特福尔肯斯・瓦希蒂男篮迎战鲍曼学院队时，创下了一场篮球比赛投中32个三分球的纪录。

1999年1月2日　国际足联主席布拉特提出世界杯每两年举办一次。

2003年1月2日　一个名叫安德鲁・库尼的23岁零268天的英国人（1979年4月9日出生）成为世界上跨越南极最年轻的人。

2004年1月2日　珠海安平足球俱乐部被上海中邦置业集团收购。

2006年1月2日　大雪压塌德国一滑冰馆屋顶，多人遇难。

2008年1月2日　北京奥组委和青海省政府举行昆仑玉捐赠仪式。

2009年1月2日　纪念马拉松起源2500周年，希腊马拉松圣火在厦门点燃。

2009年1月2日　第十一届全国运动会首枚金牌诞生，于静力压王北星夺速滑冠军。

2010年1月2日　达喀尔拉力赛发生意外，一名女观众被撞身亡。

2010年1月2日　伊拉克足球联赛保安冲锋枪扫射看台，惨案后比赛竟照常进行。

2010年1月2日　在南极发现建造于1911年的飞机残骸。

2012年1月2日　利物浦前冠军成员加里・阿布莱特去世，年仅46岁。

1/3 Jan

1955年

中国足球协会在北京成立

1955 年 1 月 3 日，中国足球协会（Chinese Football Association）在北京成立，总部设在北京。黄中任首届主席。

中国足球协会是中华人民共和国境内从事足球运动的单位和个人自愿结成的唯一的全国性的非营利性社会团体法人。是中华全国体育总会的单位会员，接受国家体育总局和民政部的业务指导与监督管理。中国足球协会最高权力机构是全国代表大会。由主席、专职副主席、副主席、秘书长、司库组成的常务委员会，在全国代表大会闭会期间履行其职务。主席会议是执行机构，处理日常工作。下设咨询、财务、竞赛、女子足球、青少年足球、学校足球、裁判、法规、科学技术、教练、安全、新闻、外事等 12 个专项委员会。

1964年

美国著名篮球明星绮丽儿·米勒出生

1964 年 1 月 3 日，美国著名篮球明星绮丽儿·米勒（Cheryl Miller）出生在美国加利福尼亚。绮丽儿·米勒身高 1 米 90，身体素质极佳，17 岁便可扣篮，在比赛中的力量、速度、意识、传球和男子毫无区别，连“魔术师”约翰逊也对她的传球大加赞赏。

1984 年，绮丽儿·米勒当选全美大学女篮最佳运动员，同年带领美国女篮获得洛杉矶奥运会女篮比赛的冠军；1995 年绮丽儿·米勒入驻位于马萨诸塞州斯普林菲尔德的篮球名人堂；1999 年入选位于田纳西州诺克斯维尔女子篮球名人堂。

绮丽儿·米勒的弟弟雷吉·米勒则是 NBA 史上最出色的后卫之一，曾入选 1994 及 1996 年的美国男篮梦之队。

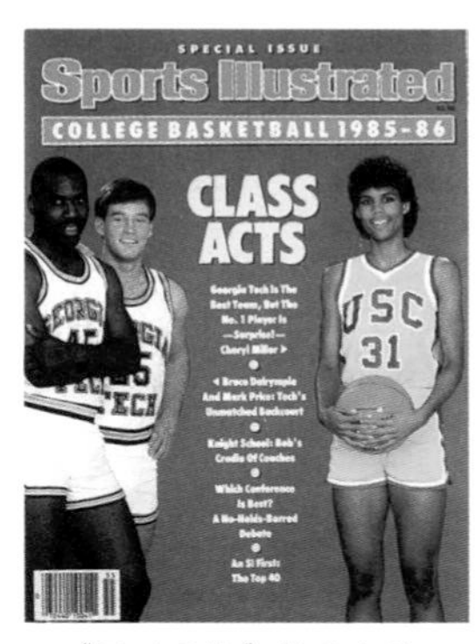

《运动画报》封面上的绮丽儿·米勒

1969年

一级方程式赛车手迈克尔·舒马赫出生

1969 年 1 月 3 日，德国著名一级方程式赛车手迈克尔·舒马赫出生在德国的赫尔姆海姆。迈克尔·舒马赫被称为“F1 之王”，曾获得过七届 F1（Formula One World Championship，一级

方程式赛车世界锦标赛）年度世界冠军。

1991 年 8 月 25 日舒马赫代表乔丹车队第一次参加比赛，一站之后就转投贝纳通车队，1996 赛季开始加盟法拉利车队。2006 年 9 月 10 日退役后于 2009 年 12 月 23 日宣布复出，加盟梅赛德斯 GP 车队。2012 年 10 月 4 日，舒马赫再次宣布结束 F1 当赛季剩余比赛之后二度退役。

1994 年迈克尔・舒马赫在贝纳通车队拿到了个人第一个世界冠军的头衔，次年又成功完成卫冕。2000 赛季至 2004 赛季，舒马赫在法拉利车队更是史无前例地完成了五连冠的创举。舒马赫在其 F1 职业生涯中 155 次登上领奖台，91 次获得分站冠军，68 次拿到杆位，77 次创造最快圈速，几乎创造了 F1 的所有纪录。他还是 F1 历史上唯一一位总积分超过 1000 分的车手，累计积分达 1441 分。

1970年

中国篮球运动员胡卫东出生

1970 年 1 月 3 日，中国知名篮球运动员胡卫东出生在徐州。胡卫东的技术全面在篮球界是被公认的，每个动作都极具美感而且十分实用。他最擅长的是远距离投篮，抢断、突分，快攻抢分也是其特长。

在国家队所取得的成绩包括：1993 年 5 月，与队友合作，夺得在上海举行的首届东亚运动会男子篮球冠军；1993 年 11 月参加在印度尼西亚举行的第十七届亚洲男子篮球锦标赛，与队友合作，获得冠军；1995 年 6 月 26 日，在韩国汉城举行的亚洲男子篮球锦标赛中，与队友合作，夺得冠军，使中国队成为“十冠王”；1996 年参加在美国举行的奥运会篮球比赛，与队友合作获第八名。

1999 年胡卫东获得亚洲最有价值球员称号，在 CBA（China Basketball Association，中国男子篮球职业联赛）联赛中曾两次荣获联赛最有价值球员，三届 CBA 得分王、三分王，两届 CBA 抢断王、助攻王。

成为教练后的胡卫东

1975年

中国羽毛球奥运会冠军顾俊出生

1975 年 1 月 3 日，优秀羽毛球运动员顾俊出生在江苏无锡。1991 年 11 月，她第一次被选调进国家少年队，在首届世界青少年羽毛球锦标赛上，她与韩晶娜合作，夺得了她羽毛球生涯的第一个国际比赛的冠军。1993 年入选国家队。

从 1995 年起，顾俊与葛菲合作在羽坛迅速崛起，随后长期统治世界羽毛球女子双打赛场。先后夺得过奥运会、世锦赛、世界杯、全英公开赛、亚运会等比赛的冠军。1998 年顾俊被评为世界“十佳”运动员，1999 年，她被国家体育总局评为“新中国体育运动五十杰”之一。

从 1996 年起，顾俊和葛菲搭档先后夺取了亚特兰大奥运会、1997 年世界锦标赛、1998 年亚洲运动会和 1999 年世界锦标赛的冠军，并且在四年半中，保持了国际比赛未输一场的纪录。在 2000 年澳大利亚悉尼奥运会上，这对黄金组合又成功卫冕。

1991年

中日梅里雪山联合登山队 17 名队员遇难

1991 年 1 月 3 日晚至翌晨，3 号高山营地遭遇雪崩，中日梅里雪山联合登山队的 17 名队员（中方 6 人，日方 11 人）全部遇难。

位于中国滇西北与西藏交界的梅里雪山海拔 6740 米，地形险峻，气候恶劣，此前中、日、美等国登山队 5 次登顶尝试均告失败。

1991 年 1 月 3 日夜间，在 3 号营地上共有日本和中国队员 17 人：

日本队员是：井上治郎、佐佐木哲男、清水永信、近滕裕史、米谷佳晃、宗森行生、船原尚武、广濑、儿玉裕介、笹仓俊一、工藤俊二等 11 人。

中国队员是：宋志义、孙维琦、李之云、王建华、林文生、斯那次里等 6 人。

3 年后，探险家高家虎在梅里雪山发现了 1991 年中日联合梅里雪山登山队遇难队员的大批遗物和人体遗骨。高家虎希望通过鉴定，把遗骨还给遇难者亲属，让遇难者“骨归故里”。在两台遗留下的相机中，有一台相机内还留有富士反转片。

1994年

八一振邦足球俱乐部成立

1994 年 1 月 3 日，八一振邦足球俱乐部成立。中国人民解放军八一足球队是中国足坛一支甲级劲旅，始建于 1951 年 9 月，为中国足球事业的发展作出了重大的贡献。

八一足球队自 1951 年参加全国性足球比赛以来，在全国甲级联赛、全运会、优胜者杯、足协杯等比赛中，先后夺取 6 次冠军，5 次亚军。八一足球队在各个时期为国家队输送了一批优秀运动员，如哈增光、高筠、陈复来、曾雪麟、徐根宝、李副胜、贾秀全、郝海东等。

在 2003 年 7 月 28 日的军委扩大会议后，总政治部于 7 月 30 日作出决定：精简机构，压缩开支。其中八一体工大队得以保留，但要进行编制调整和人员压缩。拥有光荣历史，并给国家培养出众多优秀运动员的八一足球队和八一游泳队将正式撤编，不再属于军队编制。2003 赛季，八一队足球队用悲剧般的结尾为 52 年的历史画上了一个哀伤的句号：撤编，降级。

1998年

NBA 第一位“千败教练”比尔·菲奇执教第二千场比赛

1980—1981 赛季世凯尔特人队，前排中拿球者为比尔·菲奇

1998 年 1 月 3 日，NBA（National Basketball Association，美国篮球职业联赛）洛杉矶快船队主教练比尔·菲奇执教了他个人 NBA 生涯的第二千场比赛。比尔·菲奇（Bill Fitch），全名威廉·查尔斯·菲奇（William Charles Fitch），绰号“比尔”，生于 1934 年 5 月 19 日，是 NBA 历史上最成功的主教练之一，曾经两度当选“年度最佳教练”。

比尔·菲奇毕业于科厄大学队，在比达科塔大学队和明尼苏达大学队主教练共 12 年。在他执教 23 年的 NBA 生涯中，1981 年率领波士顿凯尔特人队夺得了 NBA 总冠军。另有两次打入总决赛，两次打入半决赛。

比尔·菲奇是 NBA 第一位“千败教练”，1996 年 11 月 21 日，菲奇执教的快艇客场挑战小牛，快艇最终 94：101 不敌小牛，比尔·菲奇成为 NBA 有史以来第一位“千败教练”。实际上，菲奇执教生涯中共带过五支球队，每支球队在他接手前都是烂队，但菲奇却硬是将这五支烂队都带进了季后赛，1981 年还带领凯尔特人杀进总决赛。

2001年

德拉甘·德扎吉奇当选南斯拉夫世纪球员

2001 年 1 月 3 日，德拉甘当选南斯拉夫世纪球员。德拉甘·德扎吉奇（Dragan Dzajic，1946.5.30— ）在由南斯拉夫《体育报》组织的评选中，击败了斯科布拉、米蒂奇、萨维切维奇、斯托伊科维奇、尤戈维奇和米哈伊洛维奇等众多球星，当选为南斯拉夫世纪最佳球员。

至 2001 年 1 月 3 日，44 岁的德扎吉奇仍保持着代表南斯拉夫国家队出场 85 次的最高纪录，1968 年欧洲杯半决赛中，南斯拉夫队出人意料地 1：0 将英格兰队淘汰，破门英雄德扎吉奇展现出大师般的技术，被英国媒体称为“魔术师德拉甘”。德扎吉奇共为南斯拉夫队打进了 23 个球，并 6 次入选欧洲及国际全明星队。在近十年的时间里，他曾一度被公认为世界上最好的左边锋，在他闪亮的职业生涯中曾 5 次夺得南斯拉夫联赛冠军及 4 次杯赛冠军。

在 2004 年欧足联 50 周年庆典的时候，德扎吉奇曾被选为塞尔维亚历史上最好的足球运动员。作为一名前锋，他曾率领红星队参加过 590 场比赛，打进过 287 个球，并五获联赛桂冠，四获杯赛桂冠。此外，他还曾效力过法国巴斯蒂安俱乐部，并为南斯拉夫国家队在 85 场比赛中打进 24 球，其中包括 1968 年欧锦赛对阵英格兰的那个著名进球。德扎吉奇退役后，他的影响力并未就此消减。从 1998 至 2004 年，作为红星队的技术指导和主席，他持续领导了这支俱乐部的胜利征程，其中包括在 1991 年的欧洲冠军联赛折桂。

德扎吉奇（右）在比赛中

2002年

一套王郅治肖像邮票在纽约首次公开展示

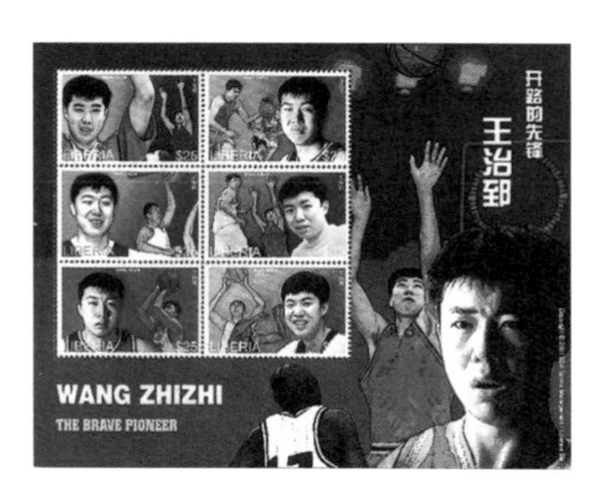

2002 年 1 月 3 日，一套王郅治肖像邮票在纽约首次公开展示，同日在利比里亚公开发行。NBA 亚洲公司当天宣布这套邮票在全世界通用，由利比里亚政府发行，IGPC（国际政府间集邮代理机构）公司制作。利比里亚政府有为世界著名运动员发行邮票的传统，杰西·欧文斯、拳王阿里、迈克尔·乔丹等都上过他们的体育邮票系列。

王郅治是第一名加入 NBA 的亚洲球员。1977 年 7 月 8 日出生的他在 1999 年 NBA 选秀第二轮中被小牛选中，两年后成为中国第一名参加NBA赛事的球员。

王治郅1996年参加了在美国北卡罗莱纳州举行的世界青年队对美国青年队“耐克尖锋”篮球对抗赛，比赛中他凭借出色的表现从而进入了NBA球探的视野。作为加盟NBA的第一人，王治郅这位中国篮坛当年的“追风少年”曾被美国球探誉为“世界范围内50年一遇的天才”，大鲨鱼奥尼尔曾说：“我最喜欢的中国球员永远是王治郅。”

2004年

罗格表示一些项目将在北京奥运会上消失

2004年1月3日，国际奥林匹克委员会主席罗格表示，在雅典奥运会之后，奥运会一定要缩减比赛项目，因为举办国已经不堪重负。罗格强调说：“我们不会再考虑增加新项目了，相反，有些项目将在2008年北京奥运会上消失。现在的奥运会无论是项目设置，还是参赛人数上，都实在是太庞大了。”

罗格认为组织这样大规模的运动会，对于举办者来说都是很大的负担，因此到目前为止，还没有哪个经济贫困的国家能够举办这一昂贵的大赛。罗格说，国际奥委会已经采取了许多措施，除了女子项目外，压缩了某些项目的比赛，减少参赛运动员和嘉宾的人数等等。同时，国际奥委会将准备提高某些项目比赛的报名标准。在场馆建设方面，则将考虑降低赛场规模的标准。

2004年

穆托拉、阿姆斯特朗当选国际体育记协年度最佳运动员

2004年1月3日，莫桑比克著名女子800米奥运会和世锦赛冠军穆托拉（Maria de Lurdes MUTOLA）及美国自行车运动员阿姆斯特朗（Lance Armstrong），当选国际体育记协评选的2003年世界女子和男子最佳运动员。

穆托拉在2003年取得了辉煌成就，不仅第五次获得世界室内田径锦标赛的冠军，而且还在8月的巴黎室外世界田径锦标赛上第三次收获了女子800米的冠军头衔。另外，穆托拉还在黄金联赛中保持全胜，最终独享了价值百万美元的黄金大奖。

英国橄榄球队因获得了世界杯的冠军，而获得了年度最佳团体奖。

阿姆斯特朗也因其第五次获得环法自行车赛的冠军而将男子最佳运动员荣誉夺走。2012年10月22日，UCI（国际自行

车联盟）主席宣布，他们将支持USADA（美国反兴奋剂机构）的决定，对阿姆斯特朗因被控服用禁药而给予终身禁赛的处罚，并将剥夺他此前获得的七届环法冠军。

2007年

美国高尔夫名将马森格尔心脏病突发逝世

2007年1月3日，美国高尔夫名将唐·马森格尔（Don Massengale）因心脏病突发逝世，享年69岁。马森格尔曾经两次赢得PGA（professional golfer association，职业高尔夫球员协会）巡回赛的冠军。

1960—1970年期间马森格尔一直在美巡赛中征战，1966年是他的巅峰赛季。他在圆石滩赢得了宾·克莱斯比国家职业/业余配对赛，当时他以一杆优势战胜"高球皇帝"阿诺·帕尔默。另外，唐当年还赢得了加拿大公开赛，在奖金榜上名列年度第二十七位。一年之后，他进入美国PGA锦标赛延长赛，可惜他却在科罗拉多乡村俱乐部败给了唐·简略利。在冠军巡回赛上，唐·马森格尔也曾两次夺冠，他最后一次胜利是在1992年的皇家加勒比精英赛上。

2009年

达喀尔拉力赛首次在南美举行

2009年1月3日，拥有30年历史的达喀尔拉力赛首次移师南美举行。阿根廷和智利联合承办这一举世瞩目的赛事。

2009达喀尔阿根廷—智利拉力赛从布宜诺斯艾利斯发车，于1月9日进入智利境内，1月18日返回布宜诺斯艾利斯，总行程9574公里，其中特殊赛段5652公里。据称，这条贯穿巴塔哥尼亚草原、阿塔卡玛沙漠以及安第斯山脉的路线并不逊色于原非洲大漠的艰难，仍全面考验车手的技巧、耐力与勇气。

每年1月1日进行的这项拉力赛，被世界上180个国家和地区的电视、广播、报纸以及杂志广泛报道，受到全球五亿人以上的热切关注。巴黎—达喀尔拉力赛的正式法语名称为"Le Dakar"。

2011年

蒋川1对20盲棋挑战成功破纪录

2011年1月3日，在江苏连云港进行的1对20盲棋挑战赛经过近七个小时的激战，蒋川以15胜5和的佳绩，打破了柳大华创造的原世界纪录。1995年，象棋特级大师柳大华在北京曾创造了盲棋1对19的吉尼斯世界纪录。

2010年堪称中国象棋的“蒋川年”。蒋川不仅拿到了全国个人赛的冠军、晋升特级大师，还率领北京队首夺象甲联赛冠军，并成为联赛胜率最高的棋手。

盲棋，全称盲目棋，又称蒙目棋、闭目棋等。盲棋就是指眼睛不看棋盘、手不摸棋子，凭借口述来说我下到哪儿。盲棋表演赛大多都是一人同时与多人对弈，其中表演者说我下到哪儿，众人则是在棋盘上动棋子下明棋，他们的着法通过专门的人员以口述“唱棋”表达出来。

1月3日备忘录

1970年1月3日　从1969年10月15日起，穿越非洲探险队乘坐温彻斯特SRN6水翼船航行了8000公里，探险队在领队大卫·史密斯带领下经过了8个国家，是最长的水翼船航行。

1977年1月3日　在英国托尔魁联队与剑桥联队的足球比赛中，托尔魁联队的后卫克鲁斯在开球后5秒钟即踢进本队一球，创造了最短时间内踢入自己球门的世界纪录。

1983年1月3日　美国的托尼·多塞特代表达拉斯牛仔队迎战明尼苏达海盗队，完成了一次99码长传后，又触地得分，创下美式橄榄球的一项长传纪录。

1996年1月3日　国际奥委会在总部洛桑发布的一份新闻公报称，朝鲜国家奥委会已表示接受国际奥委会的邀请，并确认将派运动员参加亚特兰大奥运会。这样，国际奥委会197个成员均将派队参加亚特兰大奥运会。

1999年1月3日　在澳大利亚的福布斯，新西兰的塔查·麦克莱伦创造了悬挂式滑翔飞行往返143.85千米的女子最远距离的纪录。

2000年1月3日　在佐治亚州亚特兰大市举行的第三十一届橄榄球超级碗赛上，库尔特·沃纳为圣路易斯公羊队跑了414码，成为奔跑码数最多的队员。

2000年1月3日　在澳大利亚新南威尔士州的托克姆沃尔，英国人帕梅拉·库尔斯琴斯·霍金斯驾驶滑翔机创造了时速153.83公里的女子滑翔机滑翔的最快世界纪录。

2001年1月3日　CBA联赛上八一奥神队恶战创两项纪录。李楠投中12个三分球，创造了职业联赛以来单场个人投中三分的新纪录，同时八一火箭队以147：117取胜，双方得分之和达到264分，这是联赛的又一新纪录。

2001年1月3日　辽宁足球俱乐部召开新闻发布会，公布了《关于曲乐恒非因公负伤的处理决定》。

2008年1月3日　申花足球俱乐部原董事长郁知非一审被判刑4年。

2009年1月3日　2009年建发厦门国际马拉松赛暨全国马拉松锦标赛在厦门举行。

2012年1月3日　第十二届全国冬季运动会在长春开幕。

1493年

克里斯托弗·哥伦布离开新大陆，结束他的第一次航行

克里斯托弗·哥伦布（Christopher Columbus），意大利航海家。1451 年 8 月或 10 月出生于意大利热那亚，1506 年 5 月 20 日卒于西班牙巴利亚多利德。一生从事航海活动。

1492 年 8 月 3 日，哥伦布受西班牙女王派遣，带着给印度君主和中国皇帝的国书，率领三艘百十来吨的帆船，从西班牙巴罗斯港扬帆出大西洋，直向正西航去。经 70 昼夜的艰苦航行，1492 年 10 月 12 日凌晨终于发现了陆地。哥伦布以为到达了印度，后来知道，哥伦布登上的这块土地，属于现在中美洲加勒比海中的巴哈马群岛，他当时为它命名为圣萨尔瓦多。圣萨尔瓦多便是救世主的意思，这个救世主拯救了刚刚兴起的欧洲，但是也许在改变历史的同时，也给其他大洲带去了灾难。

版画《哥伦布在海地岛》，1596 年

1493 年 1 月 4 日，尼尼雅号离开纳维达德，向东行驶，寻找平塔号，开始返回西班牙。

1911年

罗尔德·阿蒙森一行人到达南极大陆的鲸鱼湾

1911 年 1 月 4 日，阿蒙森一行人到达南极大陆的鲸鱼湾。阿蒙森在这里进行了 10 个月的充分准备。10 月 19 日，阿蒙森率领探险队员从基地出发，开始了远征南极点的艰苦行程。尽管遇到高山、深谷、冰裂缝等许多险阻，但由于准备充分再加上天公作美，仅用不到两个月的时间，阿蒙森一行五人就于 1911 年 12 月 14 日胜利抵达南极点。他们在南极点设立了一个名为“极点之家”的营地，进行了连续 24 小时的太阳观测，测算出了南极点的精确位置。最后阿蒙森的探险队又成功撤回了鲸鱼湾。

阿蒙森和他的队员

罗尔德·阿蒙森（Amundsen，Roald），挪威极地探险家，第一个到达南极点的人，1872 年 7 月 16 日生

于奥斯陆附近的博尔格。曾在挪威海军服役。1901 年到格陵兰东北进行海洋学研究。1903—1906 年乘单桅帆船第一次通过西北航道（从大西洋西北经北冰洋到太平洋），并发现北磁极。

1935年

两次夺得世界重量级冠军的第一人弗洛伊德·帕特森出生

洛伊德·帕特森（Floyd Patterson），美国职业拳击运动员，两次夺得世界重量级冠军的第一人。1935 年 1 月 4 日，弗洛伊德·帕特森出生在美国北卡罗莱纳州一个贫穷的家庭，在纽约布鲁克林长大。帕特森在 1951 年和 1952 年夺得纽约金手套头衔，并在 1952 年芬兰赫尔辛基奥运会上夺得中量级金牌。

1956 年 11 月 30 日，他在芝加哥第五回合击倒阿切·摩尔，夺得退役的洛基·马西亚诺空出的重量级冠军头衔。当时，帕特森是获得这一荣誉最年轻的人。1960 年 6 月 20 日，帕特森在第五回合中击倒约翰松重夺冠军，并将冠军头衔一直保持到 1962 年 9 月 25 日。1972 年帕特森退出拳坛，在 64 场职业生涯比赛中共获胜 55 场，其中 40 次击倒对手。

1991 年，帕特森入选国际拳击名人堂。2006 年 5 月 11 日，弗洛伊德·帕特森逝世，享年 71 岁。

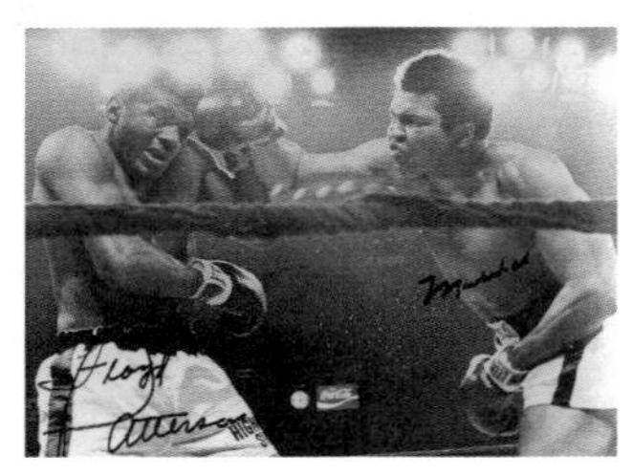

帕特森（左）在与阿里的比赛中

1942年

第一位在奥运会个人项目中获得两枚金牌的运动员梅尔·谢波德逝世

1883 年 9 月 5 日，梅尔·谢波德（Mel Sheppard）出生在美国，中长跑运动员，是第一位在奥运会个人项目中获得两枚金牌的运动员。1942 年 1 月 4 日逝世，享年 59 岁。

谢波德是纽约市爱尔兰裔美国人田径俱乐部的成员。1906 和 1907 年，他在 880 码和 1000 码比赛中创造了世界纪录。在 1908 年伦敦奥运会上，他夺得 800 米和 1500 米比赛的金牌，并且是 4×400 米比赛冠军接力队的成员。

在1912年斯德哥尔摩奥运会上，谢波德夺得800米比赛银牌，并且是获得金牌的4×400米接力队的成员，该接力队创造了3分16秒6的世界纪录，直到1924年才被打破。他还是4×440码接力队的成员，并以3分18秒2（1911—1915年）创造了世界纪录；他也是4×880码接力队的成员，并以7分53秒（1910—1920年）创造了世界纪录。

1974年

邓小平对体育工作作出指示

1974年1月4日，邓小平在对国家体委负责同志谈话中指出“要把学校体育工作搞好，要发展少年儿童业余训练”。“军队可以养一批少年运动员。你们分给他们一批，由他们自己训练，出了成绩也是中国的嘛！给他们一万名。不让他们挖，分配给他们嘛！业余队太少，也不行，军队可以养一半。水平提高了，都是中国的。业余队培养出来的好的，军队、地方各一半，或者地方三分之二，军队三分之一。可以把军队变成一个‘屯兵’的地方。国内比赛的劲头都不小，要到国际上为祖国争光，将来他们训练出来了，就把他们作为国家队嘛！国家队要分散，现在恐怕还不行。从发展方向来看，只要有几个强队，你追我赶，才进步得快。增加‘娃娃’的事，要专门写个报告，要包括军队在内。军队也不是一个队，各大军区都要有队。足球不从‘娃娃’搞起，是上不去的。围棋要从小搞起，有的八九岁、十一二岁就成名手了。吴清源十二岁就比较有名了。”

邓小平和朱德、贺龙出席全军第一届体育运动大会开幕式

邓小平87岁高龄时仍在北戴河游泳

1978年

第一位女子滑板滑雪奥运冠军卡琳·吕比出生

1978年1月4日，卡琳·吕比（Karine Ruby）出生于法国。卡琳·吕比参加过三届奥运会：1998年日本长野冬季奥运会、2002年盐湖城冬季奥运会和2006年都灵冬季奥运会，获得奥运金牌1枚和银牌1枚。

1998年的日本长野冬季奥运会上，滑板滑雪第一次被列为冬季奥运会正式比赛项目，因为天气的原因，大回转比赛推迟了一天才进行。来自法国的20岁运动员卡琳·吕比此

前曾七夺世界锦标赛的冠军，是这个项目的头号夺金热门。在长野，吕比没有让她的支持者们失望，轻松夺取女子滑板滑雪的第一枚奥运金牌。她还在2002年盐湖城冬季奥运会滑板滑雪的大回转比赛中获得银牌。

在都灵冬奥会后，吕比选择了退役。从那以后，她开始了登山向导员的培训。2009年5月29日，卡琳·吕比在勃朗峰山系的一次登山活动中不幸遇难身亡，年仅31岁。

1991年

中国运动员伏明霞成为最年轻的世界冠军

1991年1月4日，在澳大利亚珀斯举行的世界游泳锦标赛女子十米跳台比赛中，中国选手年仅12岁141天的伏明霞获得冠军，成为世界上年龄最小的世界冠军，被载入吉尼斯世界纪录。

伏明霞1978年8月16日出生，湖北武汉人，被称为“跳水女皇”。7岁进入少年体校学习跳水，9岁入选湖北省跳水队，1990年进入国家跳水队。1996年奥运会后从国家队退役，1998年复出参加悉尼奥运会。

伏明霞在1992年巴塞罗那奥运会上夺得十米跳台冠军时只有14岁，是中国奥运史上最年轻的冠军。1996年在亚特兰大奥运会上，她夺得台板双料冠军，成为继高敏夺得汉城和巴塞罗那奥运会三米板冠军之后，蝉联跳水冠军的第二人。悉尼奥运会上伏明霞再次获得三米跳板冠军，成为唯一一名参加三届奥运会都获得金牌的跳水选手，也是为数不多的同时获得跳台和跳板两个项目奥运金牌的选手。

伏明霞（左）与郭晶晶

2000年

旅韩中国女棋手芮乃伟执黑中盘战胜李昌镐引起轰动

2000年1月4日，旅韩中国女棋手芮乃伟九段，在韩国第四十三届“国手战”胜者组决赛中，执黑中盘战胜了李昌镐。国人一片沸腾，就如当年日本棋手喊出“打倒吴清源”一样，“打败李昌镐”几乎成了每一个中国棋手的共同追求。而一个中国女棋手在激烈的竞技舞台上将无比强大的“石佛”打翻在地，其轰动效应就可想而知了。

芮乃伟，1963年12月28日出生于上海，是世界围棋历史上第一个女子九段棋手。2000年，芮乃伟在韩国“国手战”中，打败李昌镐而取得挑战权，决赛中又以2：1力克李昌镐的师傅曹薰铉并夺冠，轰动了韩国和世界棋坛。从1993至2003年的十次世界女子棋战中，芮乃伟八夺世界冠军，横扫世界女子棋坛，成为当之无愧的女子围棋第一人。

2000年

贝利等荣获“世界世纪足球运动员”称号

1. 贝利，2. 贝肯鲍尔，3. 克鲁伊夫

2000 年 1 月 4 日，国际足球联合会历史统计部门授予巴西著名球星贝利“世界世纪足球运动员”称号，排名第二、第三的分别是荷兰的克鲁伊夫和德国的贝肯鲍尔。

贝利（Pele，1940.10.23— ），巴西。贝利被公认为历史上最佳球员，并不仅仅因为他是唯一一位三次夺得世界杯冠军的球员，也因为他是国际足联唯一确认的职业生涯进球数超过千球大关的球员（总共 1281 个）。

约翰·克鲁伊夫（Hendrik Johannes Cruijff，1947.4.25— ），荷兰。被国际足球历史与统计协会评为欧洲世纪球王，第一位三次欧洲金球奖获得者；1974 年世界杯亚军队长和最佳球员。

弗朗茨·贝肯鲍尔（Franz Beckenbauer，1945.9.11— ），德国。两次欧洲金球奖获得者；1972 年欧洲杯冠军队长；1974 年世界杯冠军队长；三次入选世界杯最佳阵容。

2000年

NBA20 世纪最后一个月的最佳球星称号被热浪队中锋莫宁夺走

2000 年 1 月 4 日，NBA20 世纪最后一个月的最佳球星称号被热浪队中锋莫宁夺走。这名取代奥尼尔入选美国奥运队的巨人在 1999 年 12 月的总共 14 场比赛中，轻松地完成 10 次“两双”。莫宁平均每场得 23.9 分、抢 10.5 个篮板球，盖帽数达到惊人的 5.29 次。

阿朗佐·莫宁（1970.2.8— ）出生于美国弗吉尼亚州切萨皮克，前美国职业篮球运动员，司职中锋，职业生涯共效力黄蜂队、篮网队和热浪队三支 NBA 球队，并帮助迈阿密热浪队在 2006 年夺得总冠军。他以强壮的体魄、顽强的意志著称，是 NBA 历史上著名的铁血硬汉。2009 年退役。

莫宁七次入选 NBA 全明星大赛（NBA All-Star Game），

两次获得最佳防守球员（1999和2000年），一次入选NBA最佳阵容第一队（1999年），一次入选NBA最佳阵容第二队（2000年），两次入选NBA最佳防守阵容第一队。

2002年

乔丹成为NBA历史上第四位得分超过三万分的球员

2002年1月4日，飞人乔丹率领华盛顿奇才队主场击败自己的老东家芝加哥公牛队，乔丹个人职业生涯总得分达到30014分，成为NBA历史上第四位常规赛得分超过三万分的球员。

迈克尔·乔丹当晚披着华盛顿奇才队的球衣，首次迎战自己曾经最热爱，并为之赢得过六枚总冠军戒指的芝加哥公牛队。本场比赛乔丹砍下29分，带领奇才队以89：83获胜。

乔丹在这场比赛中只需要得到15分，就能成为NBA历史上继贾巴尔、张伯伦和马龙之后第四个常规赛得分超越三万分的球员。但他在第二节比赛中就命中19分，并使奇才队带着20分的巨大优势进入到下半场。

当乔丹以两次罚球闯过三万分大关时，奇才队主场球迷打出巨大的横幅，向这位昔日的篮坛“飞人”表示敬意。乔丹也在球场播音员向他祝贺时，很有礼节地致意现场球迷。

乔丹与杰克逊

2003年

48岁的黑龙江“耐寒奇人”金松浩创耐寒世界纪录

2003年1月4日晚在哈尔滨，48岁的黑龙江“耐寒奇人”金松浩赤膊在室外最低温度为零下29摄氏度的冰天雪地里站立了4个小时3分钟，打破了他自己在2000年12月31日创下的3小时46分的耐寒世界纪录。

在冰天雪地里站着的金松浩上身裸露，下身只穿短裤。许多游人惊奇地驻足观看，争相与他合影留念。金松浩时年48岁，是一名公务员。十几年前的一个冬天，他偶然在室外用凉水洗脸，感到无比畅快，此后一直坚持进行耐寒运动。金松浩说，耐寒运动不仅可以强健体魄，还可以锻炼人的坚强意志。

1988年，金松浩为了给残疾人募捐，历时54天，赤膊从哈尔滨跑到北京天安门广场，以惊人毅力完成了“振兴中华耐寒越野长跑”的壮举。

2006年

一年连摘两级别拳王，梅威瑟当选年度最佳拳手

2006年1月4日，世界拳击理事会将超轻量级冠军弗洛伊德·梅威瑟（Floyd Mayweather，1977.2.24— ）评为2005年世界最佳拳手。2005年1月，梅威瑟获得了超轻量级冠军。2005年11月在次中量级拳王争霸展中，梅威瑟又击败了米歇尔，获得了次中量级的冠军。与此同时，国际拳击理事会还授予美国拳手泰勒荣誉最佳拳手奖、美国拳手克拉莱斯"最佳战斗奖"。

2006年4月28日，梅威瑟点数击败尤达赫，获得IBF（The International Boxing Federation，国际拳击联合会）次中量级金腰带；2006年11月4日，点数击败巴尔多米尔，获得WBC次中量级金腰带；2007年5月5日，点数击败德拉霍亚，获得WBC超次中量级冠军头衔；2007年12月8日，十回合击倒哈顿，卫冕WBC次中量级冠军头衔。

弗洛伊德·梅威瑟是当今世界职业拳坛最具拳击天赋的拳手之一，也是当今世界的超级拳王之一。他身体柔韧性好、速度快、脚下移动灵活，出色的躲闪、擅长搂抱和围城打法，体力充沛、智勇双全，以擅长防守反击的中远距离的技术性打法而见长。在比赛中，梅威瑟很少受伤，打完比赛，脸上总是干干净净，因此大家称他为"漂亮男孩"。梅威瑟至今保持着39场全胜的骄人战绩，而且其中有25场比赛是击倒对手获胜的。梅威瑟在其职业生涯中曾经击败过卡斯蒂洛、克拉雷斯、加蒂、尤达赫、哈顿等一大批名将，战绩显赫。

梅威瑟出生于一个拳击世家，其父亲老梅威瑟、叔叔罗吉都曾是著名的拳手。梅威瑟从小就受到家庭的熏陶，在父亲的指导下开始练习拳击。

2008年

达喀尔拉力赛自1979年举办以来首次取消比赛

2008年1月4日，达喀尔拉力赛组委会正式宣布，由于毛里塔尼亚境内安全无法得到保障，世界上最著名的拉力赛——达喀尔拉力赛在其30岁生日之际首次被迫取消。

2008年达喀尔拉力赛原定于1月5日从葡萄牙里斯本发车，于1月11日抵达毛里塔尼亚境内，1月19日离开。

此前，毛里塔尼亚政府曾经承诺，在1月11日车队进入毛里塔尼亚境内后，官方至少派出3000名军警来保障赛事的安全。不过毛里塔尼亚政府确认，有3名军人在之前几天检查一辆可疑车辆时突然被车里的枪手袭击。

达喀尔拉力赛赛事组织机构ASO为了保证比赛人员的安全，不得不取消当年的比赛。同

样的问题在2007年的比赛中也出现过，因为安全问题，赛事组委会被迫取消了在马里的赛段比赛。ASO方面对取消比赛表示遗憾，但他们表示达喀尔是一个标志，2009年将会是一个全新的开始。

2008年

首位全国冠军象棋泰斗杨官璘因病去世

2008年1月4日晚18时30分，我国首位全国象棋冠军杨官璘因患结肠癌晚期医治无效，不幸辞世，享年83岁。

杨官璘，1925年5月29日出生于广东省东莞县凤岗镇塘沥村，中国象棋特级大师。杨官璘6岁时以善弈闻名乡里，10岁被乡邻称为“乡下棋王”，1949至1951年在香港当职业棋手。1951年起在广州从事象棋研究及比赛。1956年杨官璘获得首届全国象棋赛的冠军宝座，成为新中国第一位象棋全国冠军。1957年杨官璘再次获得全国冠军。1959年杨官璘获得第一届全运会象棋赛冠军。1962年杨官璘第四次获得全国冠军。1977年杨官璘代表广东队首次夺得全国象棋团体冠军，1980、1981、1982年再获团体冠军。1987年杨官璘获得六运会象棋赛金牌。

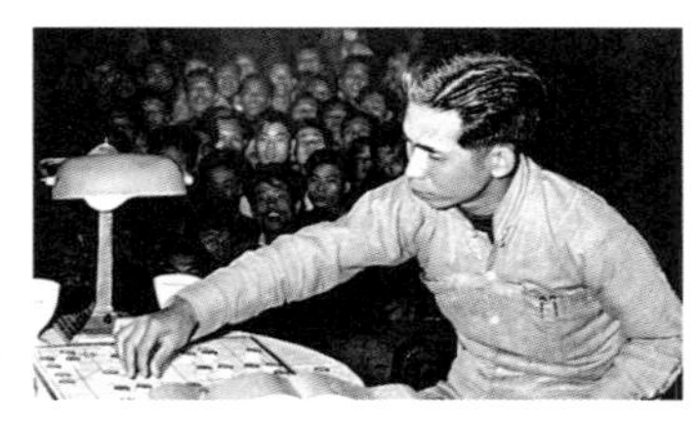

由于杨官璘在国际、国内象棋比赛中的优异成绩和对象棋界的杰出贡献，1999年他被评为“新中国棋坛十大杰出人物之一”。

2009年

特立尼达和多巴哥籍女拳王命殒车祸

2009年1月4日，特立尼达和多巴哥天才女拳王吉赛尔·萨兰迪（Giselle Salandy，1987.1.25— ）不幸遭遇车祸丧生，年仅21岁。萨兰迪被称为女子拳坛百年不遇的奇才，在参加的17场职业比赛中保持全胜。她11岁踏入拳坛，16岁就夺得国际女子拳击协会（WIBA）次中量级的金腰带，并因不足18岁就参加职业比赛引起各界争议。

2006年9月15日，在圣费尔南多市举行的拳王头衔争夺战中，年仅19岁的萨兰迪在第八回合技术性击倒美国女子拳坛健将丽兹·穆尼，一举夺下世界拳击联合会（WBA）和世界拳击理事会（WBC）超次中量级双料冠军头衔。

同年10月9日，她在一夜之间成为历史上第一位在一次比赛当中获得WBA（世界拳击协会）、WBC（世界拳击理事会）、WBE（世界拳击联盟）、NABC（北美拳击理事会）、IWBF（国际女子拳击联盟）和 WIBA（国际女子拳击协会）六条金腰带的选手。次年 3 月，她成功捍卫了自己六条金腰带拳王的称号。

2011年

波尔荣登国际乒联男单排名榜首宝座

2011 年 1 月 4 日，国际乒乓球联合会公布了最新一期的世界排名，德国名将波尔（Tim Boll，1981.3.8— ）超越中国选手马龙，坐上了男单的榜首位子。不要小看这一变化，这可是自从 2003 年 9 月以来，男单排名榜首位子首次被中国之外的选手占据，波尔打破了中国选手长达 88 个月的垄断，有意思的是，上一位排名世界第一的国外选手也正是波尔。

国际乒联从 2001 年 1 月开始实行世界排名系统，当时的第一期排名，男子榜首由王励勤占据，孔令辉位居第二，马琳第三。从那之后一直到 2002 年 9 月，王励勤一直占据着第一的位子。

外国选手首次登顶出现在 2003 年 1 月，当时吃螃蟹的人正是德国金童波尔，那时的波尔年方 21 岁，波尔把第一的位子一直保持到了世乒赛开始，但是他在世乒赛上早早负于邱贻可的糟糕表现让他从第一的宝座上跌落。

2011年

日本 61 岁癌症老人完成创举，两年时间绕着地球跑一圈

2011 年 1 月 4 日，日本 61 岁的癌症患者间宽平终于完成创举，重新回到了日本。他在日本福冈市的码头登陆，从 2011 年 1 月 5 日开始，他向着大阪进发，跑完最后的 620 公里。

间宽平 2008 年 12 月 27 日从日本大阪出发，计划以马拉松的方式横跨北美大陆，之后穿过大西洋、欧洲和亚洲，用两年多的时间再回到大阪，行程预计达 36000 公里（马拉松 20000 公里、游艇 16000 公里）。

间宽平的环球马拉松计划前期还进行得比较顺利，但 2009 年 3 月在美国体检时，他被发现“PSA 检查”（前列腺癌预警指标）指数呈现异常。但为了实现自己的梦想，他一边服用抑制炎症的抗生素一边坚持跑马拉松。

2011 年 1 月 21 日，历时两年一个月，间宽平完成共计 41000 公里的环球马拉松抵达终点大阪。

1/4

1月4日备忘录

1972年1月4日　　前拳王约翰·鲁伊兹（John Ruiz）出生。

1981年1月4日　　前世界羽毛球女双第一的中国运动员张洁雯出生。

1985年1月4日　　凯尔特人队运营部总裁奥尔巴赫2号球衣退役。

2001年1月4日　　前中国男排运动员朱刚（出生于1971年1月2日）因马方综合征突发，抢救无效去世。

2002年1月4日　　姚明加盟火箭队被评为2002年休斯顿地区华人十大新闻之一。

2002年1月4日　　俄罗斯艺术体操选手、世界冠军阿·卡巴耶娃和世界亚军伊·恰奇娜被证实使用了兴奋剂。

2002年1月4日　　德甲拜仁慕尼黑俱乐部队主帅希斯菲尔德获选2001年世界最佳足球俱乐部教练。

2007年1月4日　　兰迪斯公正基金在美国成立。

2009年1月4日　　济南奥体中心火灾事故开出罚单，10人被移交司法机关。

1/5 Jan

1587年

我国明代杰出的地理学家、旅行家徐霞客诞生

1587年1月5日，徐霞客出生，名弘祖，字振之，号霞客，汉族，明南直隶江阴（今江苏江阴市）人。伟大的地理学家、旅行家和探险家。

徐霞客自22岁起开始进行长达三十多年的野外考察，游历了祖国大部分地区的山山水水，并以笔记的形式记录了大量野外考察的见闻，这就是被后人整理出来的60万字的巨著《徐霞客游记》。

《徐霞客游记》是以日记体为主的中国地理名著，写有天台山、雁荡山、黄山、庐山等名山游记17篇和《浙游日记》、《江右游日记》、《楚游日记》、《粤西游日记》、《黔游日记》、《滇游日记》等著作。主要按日记述作者1613至1639年间旅行观察所得，对地理、水文、地质、植物等现象，均作详细记录，在地理学和文学上卓有成就。

1641年3月8日，徐霞客去世，享年54岁。

1920年

《体育周报》（长沙）周年纪念号刊登徐一冰的《二十年来体操谈》

1920年1月5日，《体育周报》（长沙）周年纪念号刊登徐一冰的文章《二十年来体操谈》。徐一冰（1881—1922年），浙江南浔人，体育教育家。青年时期思想激进，主张维新，光绪三十一年（1905），因不忍"东亚病夫"之辱，赴日本大森体操学校留学，其间加入同盟会。两年后学成回国，先在高阳里设华商体操会，同时任教于上海爱国女校、湖州旅沪公学、民立中学、中国公学等校。

光绪三十三年（1907年）底，与王季鲁、徐傅霖在上海创办中国体操学校，次年3月招生。他主张德、智、体三育并重，并身体力行，严格要求学生，在学校中实行军事训练。民国九年（1920年）将中国体操学校迁至浙江湖州市南浔镇。徐一冰因办学而拍卖家产，耗尽资财，曾创办《体育杂志》并亲任总编，有《徐氏教育学》等书留世。

当时中国体操学校创办人的合影（左一徐一冰）

1/5

1922年

英国探险家欧内斯特·沙克尔顿去世

1922年1月5日,英国探险家欧内斯特·沙克尔顿逝世,享年47岁。

欧内斯特·沙克尔顿(Ernest Shackleton),英国南极探险家,1874年2月15日出生于爱尔兰的基德尔郡,在10个孩子中排行第二。他以1907—1909年带领“猎人号”船向南极进发和1914—1916年带领“持久号”船在南极探险的经历而闻名于世。

沙克尔顿和他的三个伙伴于1908年11月3日出发向南极挺进,到了11月26号,他们已经打破了“发现号”探险的纪录了。1909年1月9日,他们向南极作最后的冲刺,最后把皇后赠与的国旗插在了南纬88度23分(88° 23'S),此地距南极只有97英里(大约180公里)。

沙克尔顿作为一名英雄返回英国,立刻被授予爵士称号。他的队伍比任何人在当时都更接近南极,因此他享誉全世界。对于他没有能到达南极极点,他自己评论说活着的驴要好过死去的狮子。

1932年

效力曼联队最长时间的传奇球员之一比尔·福克斯出生

1932年1月5日,比尔·福克斯(Bill Foulkes)出生在英格兰的圣海伦。比尔·福克斯是效力曼联队时间最长的球员之一,他为曼联的出场次数达到了惊人的688次。在球队历史上,仅次于同期的队友查尔顿爵士。

福克斯18岁就来到曼联队,在此后的18个赛季中一直是曼联后防线上的一块磐石。1958年2月6日,一个令亿万球迷心碎的日子,慕尼黑的风雪夺去了福克斯队友们宝贵的生命,但福克斯、查尔顿、格雷格却坚强地活了下来。福克斯作为空难的三名幸存者之一,以他的忠诚和无私奉献换回了应得的奖赏。他创下了为曼联队连续参加52场欧洲三大杯赛的纪录。福克斯在1952—1970年间效力于曼联,是曼联那个时代的代表人物之一。慕尼黑空难后,他带起了队长袖标,率领球队在浴火后走出难关,继续前进。

1952年

德国著名足球运动员乌利・霍内斯出生

乌利・霍内斯出生于1952年1月5日，为拜仁慕尼黑俱乐部踢了八年前锋（1970—1978年），获得两次联赛冠军（1972—1974年）、三次冠军杯（1974—1976年）和一次洲际杯（1976年）。在联邦德国队，他赢得了1972年欧洲杯冠军和1974年世界杯冠军。1978年乌利・霍内斯转会至纽伦堡。乌利・霍内斯代表拜仁在239场德甲联赛中打进86球，他一直处在一流水准，以灵巧的盘带而著称。球员时代，他已经展示出强烈的个性，伤病迫使他在27岁选择退役，随后加入了拜仁俱乐部的管理团队。30年的经理生涯，曾担任俱乐部副主席的霍内斯把拜仁经营成为世界上最成功的俱乐部之一，在竞技和财政两方面均跻身顶级行列。拜仁成为全球闻名的品牌，乌利・霍内斯是俱乐部“实干家”的代表。1999年，他凭借出色业绩被评为“年度最佳经理”。

1976年

独臂射击奥运会冠军匈牙利选手卡乐里・塔卡克斯逝世

1976年1月5日，独臂射击奥运会冠军、匈牙利选手卡乐里・塔卡克斯逝世，享年66岁。

1910年1月21日，卡乐里・塔卡克斯（Karoly Takacs）出生在匈牙利布达佩斯。1938年塔卡克斯已经是匈牙利射击队中的一员，当时他还是匈牙利军队的一名士官。一次执行任务时，敌人的一颗子弹击中了他的右手，致使他的右手残疾。在医院治疗了几个月后，塔卡克斯下定决心要学会用左手射击，第二年，他就获得了匈牙利射击冠军，并且代表匈牙利队在世界锦标赛中夺得自动手枪冠军。

在1948年英国伦敦夏季奥运会中，已经38岁的塔卡克斯代表匈牙利参加手枪速射比赛。比赛中，塔卡克斯将世界纪录提高了10环，并夺得这枚奥运金牌。4年后的芬兰赫尔辛基夏季奥运会上，塔卡克斯再次夺冠，成为第一位在奥运会手枪快射比赛中成功卫冕的运动员。

1982年

克罗地亚著名高山滑雪运动员加尼卡・科斯泰里奇出生

1982 年 1 月 5 日，加尼卡・科斯泰里奇（Janica Kostelic）出生在克罗地亚的萨格勒布。

1998 年，年仅 16 岁的科斯泰里奇参加了在日本长野举办的冬奥会，但年轻的科斯泰里奇在比赛中却颗粒无收。四年之后在盐湖城奥运会上，科斯泰里奇上演了辉煌的十天。在混合项目中的三轮比赛中，她都名列第一，最终以 1 秒多的优势夺冠；随后她又在超级大回转比赛中名列第二，以 0.05 秒的劣势与金牌擦肩而过；三天后，她以 0.07 秒的优势夺得了回转项目的金牌；最后，她在大回转比赛中夺得自己的第三枚奥运金牌。

在 2006 年都灵冬奥会上，科斯泰里奇也没有让支持者失望，她在高山滑雪混合项目中再次夺金，同时在超级大回转比赛中，获得银牌。这样，科斯泰里奇的奥运奖牌总数达到四金两银，她也成为了奥运历史上获得高山滑雪奖牌最多的女子运动员。

1983年

中国男篮运动员朱芳雨出生

1983 年 1 月 5 日，朱芳雨出生在广西柳州市。身高 2 米的朱芳雨弹跳力特别好，摸高可达 3.58 米。他基本功扎实，动作灵活，打球用脑，远投结合冲抢篮板二次进攻常常令对手防不胜防；三分球更是他的拿手好戏。

1998 年 9 月，年仅 15 岁的朱芳雨进入广西男篮，同年底，进入广东宏远青年队，后又被国家青年队相中。2000—2001 赛季，朱芳雨代表广东宏远队出现在 CBA 赛场，在逐渐成为队中绝对主力的同时，也成为 CBA 赛场上一颗冉冉升起的新星。

朱芳雨是中国男篮 2004 年雅典奥运会、2008 年北京奥运会和 2012 年伦敦奥运会的主力阵容之一。2004—2005 赛季 CBA 总决赛 MVP（Most Valuable Player，最有价值球员）；2007—2008 赛季 CBA 联赛中，朱芳雨一人包揽赛季常规赛和总决赛的双料 MVP，同时也是 CBA 的历史得分王。2013 年 1 月 1 日，客场作战的广东东莞银行队击败了青岛双星队，此役朱芳雨拿到 16 分，个人职业生涯得分总数超过 9000，继续领跑 CBA 联赛得分榜。

1988年

NBA 名人堂成员皮特・马拉维奇因心脏病突发去世

1988 年 1 月 5 日，NBA 名人堂成员皮特・马拉维奇（Pete Maravich），绰号“手枪皮特”

（Pistol Pete），在加州打一场街头篮球赛时因心脏病突发去世，享年 40 岁。

马拉维奇 1947 年 6 月 22 出生，身高 1 米 96，1970 年获全美大学最佳球员称号，2 次入选 NBA 最佳阵容，4 次当选 NBA 全明星球员。“手枪”皮特·马拉维奇的名字是 NBA 历史上最为响亮的招牌之一。1986 年，马拉维奇入选了美国篮球名人堂（Nai Smith Memorial Basketball Hall of Fame，奈史密斯篮球名人纪念堂）。

马拉维奇出生在宾夕法尼亚州的阿里奎帕尚的一个篮球家庭。父亲普莱斯·马拉维奇就是一名职业篮球选手。1970 年 NBA 选秀中，马拉维奇在第一轮第三顺位被亚特兰大鹰队选中，签下了一纸 190 万美元的合同，这在当时是一个巨大的数目。马拉维奇充满激情，善于表演，他将背后运球和腿间传球的技术发扬光大并日臻成熟，因此深受球迷们的欢迎。

1993年

北京国安足球俱乐部成立

1993 年 1 月 5 日，北京国安足球俱乐部成立仪式在钓鱼台国宾馆举行，正式对外宣布俱乐部成立。此前的 1992 年 12 月 29 日在北京国安宾馆进行了“内部签约”。北京国安实业发展总公司是中国国际信托投资公司在北京注册的地区性一级公司，为提高北京足球运动水平，推动足球事业发展，北京国安实业发展总公司与北京市体委领导协商，决定在原北京队基础上创办北京国安足球俱乐部，国安总公司出资 1000 万人民币注册成立北京国安足球发展有限公司，派有经验的专业人员创办经济实体，其盈利部分全部用于俱乐部发展。同时，国安总公司每年还投资 14 万人民币作为俱乐部的活动经费。北京国安足球队是北京国安足球俱乐部所属的职业足球队，也是中国 1992 年足球职业联赛以来迄今为止唯一一支从未改变东家的职业足球队。

北京国安足球队的前身是北京体育局所属的北京足球队，北京足球队于 1957、1958、1962、1963、1973、1982、1984 年获得全国甲级队冠军，于 1976、1985 年获得足协杯冠军。2003 年，北京国安队第三次加冕足协杯冠军，成为中国俱乐部中第一支三次获得足协杯冠军的球队。2004 年，北京国安队获得超霸杯冠军。2009 年，北京国安队获得中超联赛冠军。

1998年

山东鲁能泰山足球俱乐部正式挂牌成立

1998年1月5日，山东鲁能泰山足球俱乐部股份有限公司和山东鲁能泰山足球队正式挂牌成立。山东鲁能泰山足球俱乐部前身为1956年成立的山东省足球代表队。1993年12月2日，山东泰山足球俱乐部成立。1994年1月29日，更名为山东济南泰山足球俱乐部，1996年3月2日，更名为济南泰山将军足球俱乐部。1997年12月，山东省体委与山东电力集团公司协商，将原济南泰山将军足球俱乐部移交省电力集团公司管理，并改组为股份有限公司。

山东鲁能泰山队，中国顶级联赛传统四大豪门之一，与大连或上海的比赛被国内球迷称之为国家德比。其获得过很多荣誉，主要有中国顶级联赛冠军4次，足协杯冠军5次，中超杯冠军1次，2006年更是以创多项中国顶级联赛纪录的方式夺得联赛冠军。2008、2010赛季均获得了中国顶级联赛冠军。曾经多次代表中国参加亚冠联赛，并且取得较好战绩。

2003年

姚明东方男篮15号球衣退役

2003年1月5日晚上19点15分，效力于NBA休斯顿火箭队的原上海东方大鲨鱼队中锋姚明的“球衣退役仪式”，在上海东方大鲨鱼队主场卢湾体育馆举行。

远在休斯顿的姚明通过现场大屏幕向上海球迷送来问候：“能够获得这样一件退役球衣对我来说是一种莫大的荣誉，感谢俱乐部和上海球迷对我的支持。”

随后东方队主教练李秋平与队长刘炜拉开专门为此次仪式订做并专程送往美国让姚明签名的巨型15号球衣，从此，姚明的15号球衣将和东方队CBA总冠军锦旗永远悬挂在卢湾体育馆的上空。

这件悬挂于东方队主场上空的纪念球衣长3米，宽1.98米，是30名员工花了整整两周的时间精心制作而成，球衣的大小是姚明先前所穿球衣的10倍。

2005年

欧洲最佳男女运动员出炉，中长跑女皇携手三级跳天王

2005年1月5日，2004年欧洲最佳男女运动员出炉，英国女子中长跑名将霍尔姆斯和瑞典三级跳天王奥尔森分别当选。

2004年堪称霍尔姆斯（Kelly Holmes，1970.4.19— ）的丰收年，凭借在奥运会上独得女子800米和1500米两枚金牌的优异表现，霍尔姆斯在各大媒体和各大协会的评选中纷纷胜出。此前霍尔姆斯已经获得了2004年BBC年度体育人物奖、路透社年度最佳女子运动员、国际体育记者协会年度最佳女子运动员，还被英国皇室授予了爵士和帝国勋章等荣誉。

奥尔森（Christian Olsson，1980.1.25— ）同样在2004年威风八面，不仅众望所归地夺得了雅典奥运三级跳的金牌，而且还和威廉姆斯分享了黄金联赛的百万大奖。一心想在2005年再创辉煌的奥尔森由于在训练中受伤，不得不退出了当赛季的全部室内比赛，本次获奖对他也是个及时的安慰。

2012年

英退役盲人海军创造人类奇迹，耗时39天征服南极

2012年1月5日，31岁的前皇家海军水手艾伦·洛克完成了对南极的探险，他也成为第一个艰难跋涉到南极的盲人，耗时39天。这期间，他遭遇了咆哮的大风和零下35摄氏度的恶劣天气。

这场始于2011年11月22日的徒步探险，迄今（至2012年末）已经为拯救视力慈善会募资了1.5万英镑的善款，这笔款项将用于帮助发展中国家的盲人接受治疗，以及为盲人在旧金山培养导盲犬。洛克从英国萨默塞特郡出发，带上一本指南，和两位视力正常的队友安德鲁·延森和理查德·史密斯一起共同完成到南极的徒步探险。

尽管失去了视力，但洛克从未停止过他的探险，他已经完成了10次马拉松比赛，其中包括在撒哈拉沙漠举行的151英里马拉松；他还去过包括欧洲最高峰的众多山峰，并且在2008年，创造一项吉尼斯世界纪录，成为全世界第一位划船横渡过大西洋的视力障碍人士。

1月5日备忘

1905年1月5日	1948—1956年奥运会拳击金牌得主、匈牙利的拉斯洛·帕普出生。
1931年1月5日	1952年奥运会跳高金牌得主、美国的沃尔特·戴维斯出生。

1939年1月5日　1972年奥运会马术三日赛金牌得主、英国的布里吉特·帕克出生。

1944年1月5日　1968年奥运会男子200米跑金牌得主、美国的托米·史密斯出生。

1971年1月5日　首场国际板球一日赛在墨尔本板球场举行，此役是在澳大利亚队与英格兰队之间进行的。

1979年1月5日　中国著名羽毛球运动员夏煊泽出生。

1980年1月5日　2004年雅典奥运会网球比赛女子双打冠军李婷出生。

1980年1月5日　德国足球运动员塞巴斯蒂安·代斯勒（Sebastian Deisler）出生。

1984年1月5日　美国职业篮球队员阿德里恩·登特莱在犹他队对休斯敦队的比赛中，创造了一场篮球比赛中罚球进球最多者纪录——28个。

1987年1月5日　中国风筝协会成立。

1989年1月5日　第一届世界室内五人制足球锦标赛在荷兰鹿特丹举行。

1995年1月5日　蔡晟、冯志刚、张军成为向中国足协申请转会的首批足球队员。

2000年1月5日　《无锡日报》诉中国足协名誉侵权案在无锡市崇安区人民法院开庭审理。

2002年1月5日　国际体操联合会宣布，卡巴耶娃和恰辛娜已被证实服用了兴奋剂，两人均被禁赛两年。

2004年1月5日　中国正式向亚洲奥林匹克理事会提出举办2010年亚运会的申请。

2005年1月5日　第二十届聋人奥运会在澳大利亚维多利亚州首府墨尔本开幕。

2005年1月5日　经北京奥组委授权，人民日报海外版的《北京奥运特刊》正式创刊。

2008年1月5日　郑智创海外球员惊人纪录，英伦三大赛事首秀皆破门。

2011年1月5日　首届冬青奥会中国43人代表团正式成立。

1928年

美国田径名将阿尔文·克伦茨莱因逝世

阿尔文·克伦茨莱因（Alvin Kraenzlein）是美国早期田径名将，在1900年巴黎奥运会上，他一人独得60米、110米栏、200米栏和跳远四枚金牌，是现代奥运会史上在一届奥运会中获个人单项金牌最多的田径运动员，也是首位在一届奥运会上获得四金的运动员。

1876年12月12日，克伦茨莱因出生在美国密尔沃基一个医学世家。1900年，不满24岁的克伦茨莱因参加了巴黎奥运会，并在三天之内创造了勇夺四金的辉煌，其中他的60米成绩7秒0创造了世界纪录。在跨栏比赛中，克伦茨莱因使用了自己在训练中摸索出来的直腿跨栏技术，开创了现代跨栏的新纪元，此后，他曾两次打破跨栏世界纪录。此外，克伦茨莱因还曾五次打破跳远世界纪录。

退役后，克伦茨莱因成为了一名田径教练。1928年1月6日，他在50岁刚出头的时候就离开了人世，令人惋惜。

1934年

阿森纳队传奇教练赫伯特·查普曼去世

1878年出生的赫伯特·查普曼（Herbert Chapman）在球员时代并没有太多出彩的时刻，但走上教练岗位之后，查普曼却可以说是战果丰硕，并被认为是阿森纳蜕变成为一家成功俱乐部的奠基人。

查普曼引起阿森纳老板的注意源于他在哈德斯菲尔德城队的执教经历，在那里，他率队夺得了英格兰足总杯并连续两年登顶国内联赛。

1925年霍普曼入主阿森纳，仅用一个赛季就将球队从倒数第二带到联赛亚军。1930年，他终于迎来了执教阿森纳的首个冠军——足总杯冠军，而在随后的1931年和1933年，阿森纳两次问鼎联赛冠军。正在事业如日中天之时，1934年初，查普曼在随阿森纳三队前往客场的途中，不幸感染上了风寒。1934年1月6日，查普曼最终因肺炎去世，享年55岁。但是那个赛季阿森纳依然卫冕成功，之后的赛季，阿森纳依然所向披靡，三连冠成为了队员们对他们恩师查普曼的最佳告慰。、

1939年

最年轻的连获三枚奥运金牌的游泳健将穆雷·罗斯出生

穆雷·罗斯（Muray Rose）是国际泳坛的传奇人物之一。1939年1月6日出生于苏格兰的罗斯在二战期间随家人移民澳大利亚。在1956年墨尔本奥运会上，17岁的他大放异彩，分别夺得了男子400米自由泳和1500米自由泳的比赛冠军。接着他又与队友合作以8分23秒6的成绩，刷新了奥运会4×200米自由泳接力赛纪录，并夺得该项目金牌，成为历史上最年轻的在单届奥运会上连夺3枚金牌的选手。

1960年罗马奥运会上，他又在400米自由泳比赛中以4分18秒3破奥运纪录的成绩夺得了他的奥运第四金。他的成功打破了奥运泳坛长期被美国人垄断的局面。

1965年，罗斯成为首批名列国际游泳名人堂的游泳健将之一。2000年悉尼奥运会开幕式上，他也毫无争议地成为了护旗手之一。

2012年4月15日，穆雷·罗斯逝世，享年73岁，而这位泳坛豪杰的名字将永远地留在奥林匹克的史册中。

1942年

国际奥委会第三任主席亨利·德·巴耶·拉图尔逝世

1942年1月6日，从1925年起担任国际奥委会第三任主席的比利时人亨利·德·巴耶·拉图尔（Henri de Baillet-Latour）因心脏病突发在美国逝世，享年65岁。

拉图尔是社会活动家和奥林匹克运动的积极支持者，曾为田径、马术运动选手，担任主席期间，坚决对抗希特勒反犹太政策，坚持政治不得干预体育。

1876年3月1日，拉图尔生于比利时贵族家庭。他喜爱并积极参加体育活动。20年代初任比利时驻荷兰外交官，后受比利时国王委派，负责指导比利时的体育活动。

1903年拉图尔当选为国际奥委会委员。1904年组建比利时国家奥委会，并筹备1905年在布鲁塞尔召开第三届奥林匹克代表大会。1908年和1912年两次率比利时体育代表团参加在伦敦和斯德哥尔摩举行的第四、第五届奥运会。由于他热心奥林匹克运动和非凡的组织才能，

自1925年继顾拜旦之后当选为国际奥委会主席。可以说，拉图尔和奥林匹克运动都在迎接新的挑战。

拉图尔在任期间，第一次出现了电台转播的纠纷，第一次出现了赞助。

如果说顾拜旦在任时的主要精力是用于创立、发展、完善奥林匹克运动和实现奥林匹克理想的话，拉图尔则不得不把很大的精力放在对付商业化对奥林匹克运动的侵蚀，以及新闻媒介对奥运会的插足。与此同时，在得知德国纳粹党颁布了《保护德国血统法》而使许多准备参加奥运会的犹太血统的优秀运动员被迫停止训练后，拉图尔非常气愤，并于1935年11月5日到达柏林，亲自与希特勒就种族歧视问题进行会谈。巴耶·拉图尔多次与希特勒对话，在重大原则问题上不妥协，并取得一定成效。

拉图尔主张奥林匹克运动商业化和超脱于政治，这对后来奥林匹克运动的发展产生了一定的影响。

1947年

创造奥运会最多参赛次数纪录的选手伊恩·米勒出生

2012年伦敦奥运会的马术赛场见证了一个奥运新纪录的诞生，1947年1月6日出生的伊恩·米勒（Ian Miller）代表加拿大参赛，第十次参加奥运会的米勒也创造了奥运参赛次数的新纪录。此前这个纪录则是由米勒和澳大利亚帆船选手休伯特·劳达舍尔（Hubert Raudaschl）共同保持。

1972年慕尼黑奥运会是米勒第一次代表加拿大出征，那时他25岁，从此之后除了被加拿大政府抵制的1980年莫斯科奥运会以外，在每一届奥运会的马术赛场上都能看到米勒的身影。但直到2008年北京奥运会，也就是他第九次参加奥运会时，他才获得了他的首块奥运会奖牌——奥运马术场地障碍赛团体赛银牌，弥补了他最大的遗憾。

1996年，米勒和同他并肩作战了23年的名马“Big Ben”进入加拿大体育名人堂。

1951年

NBA历史上历时最长的一场比赛诞生

1951年1月6日这一天，注定要载入NBA史册，印第安纳波利斯奥林匹亚队与罗彻斯特皇家队进行了一场六个加时的超长比赛，全场比赛历时四个多小时，创造了NBA历史上历时最长的纪录。由于年代久远，这场比赛的过程已经鲜有记录，只留下最终的比分79∶75，罗切斯特皇家队获得了最后的胜利。从比赛得分之低可以

皇家队赢得队史第一座总冠军奖杯

想象，当时的比赛场面该有多沉闷，这跟当时双方总是控球而不投篮有关。直到 1954 年 24 秒进攻限制规则的出台，才使 NBA 比赛变得激烈起来，六个加时的情况也从客观上被杜绝了。

此外，在 NBA 的历史上还曾出现过 2 次五加时，9 次四加时的比赛。最近一次是 2012 年的 3 月 25 日，老鹰历经四个加时以 139：133 战胜爵士，而这距离上一次四加时已经过去了 15 年。

1976年

“短道速滑常胜将军”韩国名将全利卿出生

1976 年 1 月 6 日，“短道速滑常胜将军”韩国名将全利卿（Lee-Kyung Chun）出生。韩国一直是冬季项目短道速滑赛场上的强国，而其中最出色的女运动员，非全利卿莫属。她曾 3 次参加冬奥会（1992 年的法国阿尔贝维尔、1994 年挪威利勒哈默尔及 1998 年的日本长野冬季奥运会）。在挪威，年仅 18 岁的全利卿就夺得两金：1000 米短道速滑和 3000 米接力；在 4 年后的日本，全利卿卫冕双金，尤其是 1000 米决赛中，击败中国名将杨杨卫冕。

此外，全利卿在世界锦标赛上也创造了佳绩，共获得金牌 4 枚（1995、1996、1997、1998 年）、银牌 5 枚、铜牌 3 枚。

1982年

NBA 球员吉尔伯特·阿里纳斯出生

1982 年 1 月 6 日，吉尔伯特·阿里纳斯（Gilbert Arenas）出生于美国加利福尼亚州洛杉矶，美国职业篮球运动员，司职后卫，现为自由球员。2009 年 12 月 24 日，由于被发现在储柜里藏有枪支，违反了 NBA 的相关规定，在 2009—2010 赛季阿里纳斯缺席了大部分的比赛。

阿里纳斯的绰号是“G.A”和“GIL”，游戏 ID“Agent Zero（0 号特工）”，中国球迷叫他“大将军”，他自创的口号（口头禅）：Hibachi（美国日式餐厅的铁板烧，形容自己的手感热得像铁板烧一样）！最崇拜自己的父亲老阿里纳斯（一名跑龙套的好莱坞演员，曾是迈阿密大学橄榄球队的中卫）。

2011 年 12 月，据奥兰多魔术队官网报道，魔术总经理奥蒂斯·史密斯宣布，球队正式决定裁掉吉尔伯特·阿里纳斯，并且使其成为球队的特赦球员。在 NBA 新的劳资协议下，联盟球队可以在当地时间 12 月 9—16 日使用“特赦条款”，阿里纳斯成为 NBA 联盟“特赦条款”的第一个牺牲品。

2012 年 3 月 21 日，灰熊用老将底薪与阿里纳斯签约，“0 号特工”重新回到了 NBA 的赛场。

2012 年 11 月 19 日，上海大鲨鱼俱乐部官网宣布阿里纳斯正式加盟上海玛吉斯。

1984年

中国男子 110 米栏选手史冬鹏出生

1984 年 1 月 6 日，中国男子 110 米栏选手史冬鹏在河北保定出生。大史最早练的是跳高，还曾改练过三级跳远，直到高中才转练 110 米栏。2001 年，17 岁的史冬鹏第一次参加全运会，获得了一枚宝贵的男子 110 米栏铜牌。2002 年牙买加金斯敦世界青年田径锦标赛中，史冬鹏又夺得了 110 米栏的亚军。

10 年辛苦付出，史冬鹏逐渐和刘翔一起站在了世界 110 米栏的第一方阵里。他的出现使刘翔不再孤独，也使得中国田径在 110 米栏项目上取得突破的希望大大增加。

2007 年大阪田径世锦赛，大史跑出 13 秒 19 个人生涯最佳成绩并获得第五。

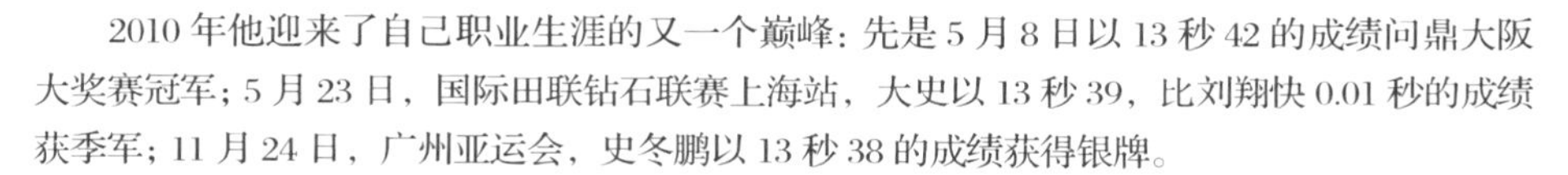

2010 年他迎来了自己职业生涯的又一个巅峰：先是 5 月 8 日以 13 秒 42 的成绩问鼎大阪大奖赛冠军；5 月 23 日，国际田联钻石联赛上海站，大史以 13 秒 39，比刘翔快 0.01 秒的成绩获季军；11 月 24 日，广州亚运会，史冬鹏以 13 秒 38 的成绩获得银牌。

“他在追赶刘翔中超越自我”。这句话，正是对大史运动生涯最精彩的概括。

1985年

中国游泳运动员庞佳颖出生

1985 年 1 月 6 日，中国女子游泳名将庞佳颖在上海出生。自由泳项目是上海游泳队的传统强项，而庞佳颖可以算是上海女子自由泳的代表人物之一。

2004 年雅典奥运会，19 岁的庞佳颖初出茅庐，与队友合作拼得 4×200 米自由泳接力银牌；2008 年北京奥运会，23 岁的她进入事业成熟期，在女子 200 米自由泳决赛中，她以 1 分 55 秒 05 的成绩拿下一枚铜牌，并破了世界纪录。除此之外，庞佳颖还和队友们一起再获 4×200 米自由泳接力银牌、4×100 米混合泳接力铜牌。2009 年罗马世锦赛，庞佳颖终于加冕世界冠军，她和队友朱倩蔚、杨雨、刘京组成的中国队赢得 4×200 米自由泳接力金牌，并打破世界纪录。2012 年，已经 27 岁的庞佳颖再度参加伦敦奥运，成为中国游泳队为数不多的奥运三朝元老。

1987年

首获奥运奖牌的中国男子游泳运动员张琳出生

1987年1月6日，中国游泳运动员张琳在北京出生，2008年第二十九届北京奥运会上，张琳实现了中国男子运动员在奥运会游泳项目上奖牌零的突破。

张琳可谓年少成名，2002年时只有15岁的他就入选了中国国家队，在2003年巴塞罗那世锦赛上，年仅16岁的张琳在男子800米自由泳比赛中取得第八，表现出了很好的潜质和天赋。此后，他的状态突飞猛进，2005年，张琳在第十届全运会上连夺三项冠军。2007年末，张琳赴澳大利亚深造，师从澳洲名将哈克特的教练丹尼斯，竞技状态有了显著的提升，在2008年北京奥运会上张琳以3分42秒44的成绩夺得400米自由泳银牌，为中国男子游泳带来期盼已久的首枚奥运奖牌。

2009年罗马世界游泳锦标赛800米自由泳比赛中，张琳以7分32秒12的成绩夺冠，并将澳大利亚名将哈克特保持的世界纪录提高了6秒多，而更重要的意义是：这是中国男子游泳在世界大赛上获得的第一枚金牌。

2002年

意大利著名裁判皮·科里纳第四次当选世界最佳足球裁判

2002年1月6日，国际足球历史与统计联合会在威斯巴登评选出2001年的世界最佳足球裁判，意大利著名裁判皮埃路易吉·科里纳（Pierluigi Collina）第四次获得这个荣誉，他被来自78个国家的足球记者评为最佳裁判，得到创纪录的129分。同时，科里纳也追平了匈牙利名哨桑·普赫尔保持的四次当选最佳裁判的纪录。而此后，科里纳还两次当选“世界金哨”，打破了自己的纪录。

1960年出生于意大利博洛尼亚的科里纳，身高1米88，以光头闻名于世，还以尖锐锋利的目光著称。科里纳可谓博学多才，他取得过博洛尼亚大学经贸学院的学士学位，懂得意大利文、西班牙文、法文、英文等多国语言，正业是银行的金融顾问。有趣的是，这位足球裁判最喜欢的运动却是篮球。

2002年

德国选手斯文·汉纳瓦尔德成为跳台滑雪50年历史上第一个夺得大满贯的选手

2002年1月6日，德国选手斯文·汉纳瓦尔德（Sven Hannawald）在奥地利萨尔茨堡州比绍夫斯霍芬举行的跳台滑雪四站赛最后一站比赛中再次夺冠，从而成为这项赛事50年历史上第一个夺得大满贯的选手。

跳台滑雪四站赛于1953年开始举行首届比赛，每年岁末和翌年年初先后在德国的奥伯斯特多夫、加米施—帕滕基兴和奥地利的因斯布鲁克、比绍夫斯霍芬举行。此前，有7位选手曾连续获得三站比赛的冠军，但最后都饮恨比绍夫斯霍芬。两天前，汉纳瓦尔德在因斯布鲁克的上一站比赛中第三次获得冠军后，许多人预计他有可能在比绍夫斯霍芬改写跳台滑雪四站赛的历史。汉纳瓦尔德果然不负众望，他在第一轮比赛中就跳出了139米的最好成绩，并打破了由他本人保持的该跳台137米的纪录；在第二轮中他又跳出了131.5米的好成绩，以282.9分再夺第四站比赛的冠军。

2003年

罗马尼亚体操名将拉杜坎正式退役

安德雷娅·拉杜坎（Andreea Mădălina Răducan）是体操运动一个颇具争议的名字，她小小年纪就一鸣惊人，16岁首次参加体操世锦赛（1999年天津世锦赛）就帮助罗马尼亚女队取得团体冠军，又斩获自由体操冠军和平衡木亚军，个人全能项目也进入了前五，成为冉冉升起的新星。

2000年悉尼奥运会上她一跃成为女子全能冠军，然而赛后药检却呈阳性，金牌被取消。2001年根特世锦赛，拉杜坎卷土重来，一举拿下团体、平衡木、自由操金牌和个人全能、跳马铜牌。然而此后，伤病和状态问题接踵而至，终于在2003年1月6日，只有19岁的拉杜坎正式宣布退役。退役后，罗马尼亚外交部长授予她一本特殊的外交护照，她也成为了罗马尼亚的体育大使。

2005年

意甲赛场惊现法西斯幽灵，迪卡尼奥纳粹礼使全国激愤

保罗·迪卡尼奥（Paolo Di Canio）在意大利足坛也许算不上特别出名，但在2005年1月6日那天，他却“吸引了”全世界的目光。在那场罗马德比中，迪卡尼奥打进一球，帮助拉齐奥3∶1击败罗马，而他进球后向拉齐奥的球迷行纳粹礼的动作在意大利引起了轩然大波。虽然迪卡尼奥表示这个姿势只是连续动作中的一部分，记者只是捕捉到某个瞬间的

姿势然后将其指称为有某种象征，但最终意大利足协仍决定予以一万欧元的处罚。此后，他还两次向球迷行过纳粹礼，再次被意大利足协处以停赛一场、罚款一万欧元的处罚，国际足联也表示考虑将迪卡尼奥逐出职业足球，随后迪卡尼奥只得承诺不在比赛中行纳粹礼。讽刺的是，他还曾获 2001 年度国际足联公平竞赛奖。2008 年 3 月 10 日，迪卡尼奥宣布退役。

2011年

美国女足常青树莉莉宣告退役

2011 年 1 月 6 日，被誉为国际女子足坛常青树的美国中场球星克莉斯汀・莉莉（Lilly Kristine，1971.7.22— ）正式退役，一代传奇就此与绿茵场挥手作别。从 16 岁到 39 岁，莉莉为美国女足征战长达 24 年，是名副其实的女足“活化石”。莉莉的足球生涯和中国很有缘分：她第一次代表国家队出场的对手是中国队，她第一个国家队进球也是打进了中国队的大门。

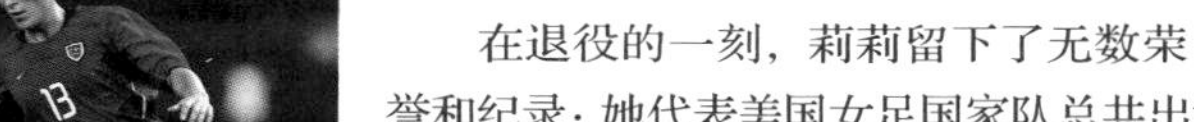

在退役的一刻，莉莉留下了无数荣誉和纪录：她代表美国女足国家队总共出场 352 次，是世界足球历史上包括男足在内国家队出场次数最多的球员；她是女足历史上唯一一位参加了五届世界杯的球员；她为美国女足奉献了 130 个进球和 105 次助攻；她是美国历史上最年轻的进球队员，也是最老的进球队员。莉莉总共帮助美国四夺世界冠军，包括 1991、1999 年女足世界杯冠军和 1996、2004 年奥运会女足冠军。

2011年

委内瑞拉 30 年来首位 F1 车手正式亮相

2011 年 1 月 6 日，委内瑞拉历史上第二名，也是该国 30 年来首位成为一级方程式赛车车手的帕・马尔多纳多（Pastor Maldonado，1985.3.9— ）在委内瑞拉首都加拉加斯正式亮相。作为 2010 赛季 GP2 世界冠军，马尔多纳多被威廉姆斯 F1 车队招致麾下，成为了巴西老将巴里切罗的队友。

2011 年，F1 处子赛季，马尔多纳多在比利时大奖赛上排名第十，获得了他个人 F1 生涯第一个积分，同时也是本赛季唯一的一个积分。

2012 赛季，马尔多纳多的实力逐渐展现出来，5 月 13 日 F1 西班牙大奖赛正赛，马尔多纳多从杆位发车，并获得冠军，这也是威廉姆斯车队时隔 132 场比赛再次夺冠。

2011年

一代武术宗师赵剑英武当山下与世长辞

2011年1月6日凌晨4时15分，中国武坛一代武术宗师赵剑英（1926年9月30日出生）在武当山下丹江口市第一医院因病医治无效，安详离世，享年86岁。

中国武林，“北崇少林，南尊武当”。赵剑英为首批国家级非物质文化遗产武当武术代表性传承人、武当全真龙门派宗师、武当山嫡传太乙五行拳正宗传人。

6岁时，赵剑英因体弱多病才“误”与武术结缘，自幼学习小洪拳、大洪拳、燕青拳、十二路弹腿等许多武术套路，直到54岁她才开始师从武当山嫡传太乙五行拳正宗传人金子弢，一心研习武当真功“武当太乙五行拳”。赵剑英毕生致力于武当拳法和武当养生功法的修炼和钻研，她上过各大“擂台”，弟子遍布海内外。

2012年

巴西2002世界杯夺冠主力“五星”巴西门将马科斯宣布退役

2012年1月6日，曾帮助巴西国家队夺得2002年韩日世界杯冠军的帕尔梅拉斯门将马科斯·罗伯托·西尔维拉·雷斯（Marcos Roberto Silveira Reis，1973.8.4— ）宣布退役，他也结束了自己长达20年的帕尔梅拉斯生涯。马科斯在2002年以主力门将的身份帮助巴西国家队夺得世界杯冠军。他还帮助巴西国家队在1999年夺得美洲杯冠军、在2005年夺得联合会杯冠军。在2002年的韩日世界杯中，马科斯打满了巴西队的所有7场比赛，共有4场比赛零封对手，在巴西队的7场比赛中仅仅丢掉4球。马科斯一共代表巴西国家队出战了29场比赛。

时年38岁的马科斯在1992年开始就为帕尔梅拉斯效力，至今一共为这家巴西豪门出战了532场比赛，帮助帕尔梅拉斯夺得巴甲冠军等诸多荣誉。

帕尔梅拉斯在其官网挂上了马科斯的巨幅照片，在俱乐部的声明中写道：“在为帕尔梅拉斯奉献了20年时光之后，门将马科斯决定挂靴。”

1月6日备忘录

1955年1月6日　国家体委在北京召开全国体育工作会议。
1973年1月6日　国家体委发布《关于进一步开展农村体育活动的意见》。
1975年1月6日　1996年奥运会垒球金牌得主、美国的劳拉·伯格出生。
1976年1月6日　1996年奥运会游泳金牌得主、美国的杰雷米·林恩出生。
1980年1月6日　费城飞行者队创造了在一个赛季（北美冰球联赛）35场不败的纪录（1979.10.14—1980.1.6），其中胜25场，平10场。
1990年1月6日　国家体委发布《国家体育锻炼标准施行办法》。
1993年1月6日　在南非的布兰德弗雷，美国的罗比·惠特尔用瓶装氧气驱动滑翔伞滑翔，达到惊人高度4526米。
1994年1月6日　美国女子花样滑冰运动员南希·克里根遭到暴力袭击。
1999年1月6日　中国奥委会审议并批准了北京市人民政府关于举办2008年奥运会的申请。
2000年1月6日　第一届国际足联世界俱乐部足球锦标赛在巴西开幕。
2001年1月6日　北京2008年奥运会申办委员会在新侨饭店接受了由浙江省临海市政府送交的“世纪圣火”。
2003年1月6日　南非、摩洛哥、利比亚、埃及、尼日利亚和突尼斯等六个非洲国家正式提出申办2010年世界杯足球赛，最终比赛落户南非。
2004年1月6日　挪威体育运动联合会和挪威奥委会在首都奥斯陆举行的一次会议上决定，同意在北极圈内的北部城市特罗姆瑟申办2014年冬季奥运会。如申办成功，挪威将成为第一个举办北极冬奥会的国家。最终比赛落户俄罗斯的索契。
2005年1月6日　北京奥组委重大人士变动，新一届执委召开首次会议。
2005年1月6日　中国救生协会在北京成立。

1785年

布朗夏尔与杰弗里斯乘坐气球第一次飞越英吉利海峡

1785年1月7日，法国发明家、热气球飞行先驱让–皮埃尔·布朗夏尔（Jean–Pierre Francois Blanchard）和试验资助者美国人约翰·杰弗里斯，乘坐热气球成功飞越英吉利海峡。

当时他们从英国多佛堡出发，一路飞抵法国圭尼斯，总飞越时间2小时30分钟，完成了世界上第一次飞渡英吉利海峡的壮举。法国国王路易十六因此奖励给了布朗夏尔一笔丰厚的养老金。

生于1753年的布朗夏尔一生致力于飞行试验，同年的6月3日，他在伦敦首次将吊有动物的降落伞从气球上抛下并安全降落地面。他还曾在美国、荷兰、德国、比利时等国乘气球升空约60次，连美国总统华盛顿都曾观看过他的气球升空表演。

1875年

被认为"最早的服药选手"奥运会马拉松冠军托马斯·希克斯出生

1875年1月7日，托马斯·希克斯（Thomas Hicks）出生在英国。1904年在美国圣路易举行的第三届奥运会上，29岁的希克斯代表英国参加了马拉松比赛。当天气温高，条件恶劣，比赛中他体力不支，难以继续，几乎退出赛场。这时他的教练拿出早已准备好的混有马钱子碱的白兰地酒，不断地让他喝下去，于是"奇迹"出现了，他不仅走火入魔般地跑完全程，而且还登上了冠军的宝座，只是他冲过终点后便倒地不起，经紧急抢救才苏醒过来，在众人搀扶下走上领奖台，成为奥运史上一大奇闻。托马斯·希克斯由此也被认为是"最早的服药选手"。不过当时国际奥委会对禁药没有任何规定，即使事后一些国家的代表对如此做法提出抗议也无济于事。

1942年

苏联举重运动员瓦西里·阿列克谢耶夫诞生

1942 年 1 月 7 日，苏联举重运动员瓦西里·阿列克谢耶夫（Vasily Alekseyev）出生。

或许对于很多体育迷而言，阿列克谢耶夫只是一个相对陌生的名字，但在 20 世纪 70 年代的世界举重界，他的地位却至高无上。1970—1978 年间，阿列克谢耶夫从未品尝过失败的滋味，他赢得了 1972 年慕尼黑奥运会冠军、1976 年蒙特利尔奥运会冠军和期间的 6 次世界锦标赛冠军。他曾先后 80 次打破世界纪录，是创世界纪录次数最多的运动员。可以毫不夸张地说，阿列克谢耶夫就是那个时代体坛最具统治力的一个符号。

除了难以企及的成绩，他有着 350 磅（161.75 公斤）的体重，日常的一顿早餐就要吃掉 36 个煎蛋卷。

2011 年 11 月 25 日，阿列克谢耶夫由于严重的心脏病在德国一家诊所里去世，终年 69 岁。

1972年

湖人创造 NBA 最长连胜（33 场）纪录

1972 年 1 月 7 日，湖人队客场 134：90 战胜亚特兰大老鹰队，这是自 1971 年 11 月 5 日他们击败巴尔迪摩子弹队之后，球队取得的第三十三场连胜，创造了至今为止 NBA 的最长连胜纪录。

当时的湖人在 11 月份取得 14 连胜，接着是 12 月份的 16 连胜，从而轻而易举地打破前一个赛季密尔沃基雄鹿队创下的 20 连胜纪录。1972 年开始，他们又连胜 3 场，直到以 104：120 输给卫冕冠军雄鹿队，才终结了连胜的步伐。

33 连胜是前无古人，后难有来者的世纪纪录。当时的湖人队中拥有张伯伦、韦斯特、古德里希、莱利等名将。那个赛季季后赛湖人先以 4：2 淘汰卫冕冠军雄鹿队，并最终在总决赛 4：1 轻松击败纽约尼克队，成为总冠军。

1985年

英国一级方程式赛车手刘易斯·汉密尔顿出生

1985 年 1 月 7 日，F1 史上第一位黑人车手刘易斯·汉密尔顿（Lewis Hamilton）在英国出生。

在汉密尔顿出现之前，除了偶尔能看到几张黄色面孔外，F1大奖赛56年的历史几乎都是白人车手的天下。直到2007赛季，F1终于迎来历史上第一名黑人车手。2006年11月24日，麦克拉伦车队宣布21岁的英国小将刘易斯·汉密尔顿将和阿隆索一起组成下赛季车队的主力阵容。

2007年首次参加F1，汉密尔顿就成为F1史上连续9站站上领奖台的第一人，只是最后一站出现失误，以1分之差憾失唾手可得的总冠军。

2008年，汉密尔顿卷土重来，从法拉利手中夺回了年度车手总冠军，从而以23岁的年纪成为当时F1历史上最年轻的世界冠军。

1991年

林莉夺得我国在游泳项目上的第一个世界冠军

1991年1月7日，在澳大利亚帕斯举行的第四届世界游泳锦标赛上，中国女子游泳运动员林莉（1970.10.9— ）勇夺女子400米混合泳金牌，成为中国游泳的第一个世界冠军，从此名扬海外。在那届比赛中，她还获得了200米混合泳的金牌。

1992年巴塞罗那奥运会上，林莉已经是中国泳坛五朵金花的领军人物，她不仅获得200米混合泳金牌，成为第一个在奥运会上打破世界纪录的中国选手，也成为了第一位同时既夺奥运会金牌又创世界纪录的中国运动员。此外，她还同时获得了400米混合泳、女子200米蛙泳的两块银牌，成为当时中国获得奥运奖牌最多的游泳运动员。

1996年亚特兰大奥运会，已经26岁的林莉在退役担任教练之后，再次出现在奥运赛场上，并夺得了女子200米混合泳的铜牌。

2000年

江苏舜天足球俱乐部成立

2000年1月7日，江苏舜天国际集团正式接管江苏加佳俱乐部，俱乐部和球队名称分别更改为江苏舜天足球俱乐部股份有限公司和江苏舜天足球队。

江苏舜天足球俱乐部由江苏舜天国际集团和江苏省体育局共同建立，是在江苏省工商局、中国足球协会注册的职业足球俱乐部和具有独立法人资格的经济实体。舜天足球俱乐部的前身可追溯到1958年成立的江苏省足球队。俱乐部现隶属于江苏国信资产管理集团。俱乐部现建有江苏国信舜天队、江苏国信舜天二队，以及U-19、U-17、U-15等不同年龄结构的后备梯队，逐步完善后备力量培养体系，梯队建设已形成一定的系统和规模，处于全国领先地位，不断向国家级球队输送优秀运动员。江苏舜天队中超联赛成绩为：

2009 年 9 胜 10 平 11 负，最终排名第十位；2010 年 8 胜 11 平 11 负积 35 分，最终排名第十一位；2011 年 14 胜 5 平 11 负积 47 分，最终排名第四位，创历史最佳成绩；2012 年 14 胜 12 平 4 负积 54 分，最终排名第二位，首获亚冠资格。

2003年

伍兹连续四年夺得 PGA 年度最佳球员

2003 年 1 月 7 日，通过 PGA 巡回赛的投票，世界排名第一的泰格·伍兹（Eldrick“Tiger”Woods，1975.12.30— ）再次夺得 PGA 巡回赛年度最佳球员，这是他连续第四年捧走“杰克·尼克劳斯奖杯”。2002 年伍兹共赢得 5 个 PGA 冠军，其中包括两个大满贯赛事。在 2002 年奖金排名榜上，伍兹也以 6912625 美元连续第四次夺得“奖金王”桂冠。

伍兹绝对是迄今为止高尔夫球坛最伟大的球员，从历史上第一个职业高尔夫黑人球员，到坐上世界排名第一的宝座，伍兹只用了不到 3 年的时间，而在老虎转职业后的 13 年间，他总共 10 次赢得 PGA 巡回赛年度最佳球员，最近的一次正是在“情妇门”刚刚曝光之时。

2009 年 11 月 28 日伍兹在家门制造车祸，在随后短短的几周内，引出了多达十几位的情妇队伍，舆论哗然，而老虎伍兹的事业也随之陷入了低谷。

2003年

“光头”科里纳连续 5 年当选世界最佳裁判

意大利最著名的足球裁判科里纳，以绝对优势被评选为 2002 年度世界最佳裁判。这已经是科里纳连续第五次获得这一荣誉。

发起这次评选的是德国的国际足球历史与统计联合会（IFFHS）。科里纳在评选中获得了 222 分，第二名，来自瑞士的裁判迈耶仅仅获得 72 分。

IFFHS 在他们的官方网站上说，科里纳的得分以及领先第二名的优势都创造了此项评选的新纪录，并说：“他在自己的国家似乎没有得到应得的评价。”

生于意大利博洛尼亚的科里纳那时已经进入了自己裁判生涯的第十一个年头。在 2002 年的世界杯上，他执法了最后的决赛比赛；另外，他还一直是意甲焦点战中的执法者，主吹了众多国内外大赛的关键比赛。

2003年

科比创造一场比赛投中12个三分球的NBA三分球纪录

2003年1月7日，在洛杉矶湖人队对西雅图超音速队的比赛中，洛杉矶湖人队的球星科比·布莱恩特（Kobe Bryant，1978.8.23— ）全场投中12个三分球，创造了NBA单场三分球新纪录。这场比赛科比打了37分钟，共得到45分，湖人队以119∶98获得了最终的胜利。

在此之前NBA单场比赛投进三分球最多的纪录，是丹尼斯·斯克特在1996年创造的11个三分球。科比在此之前从来没有在一场比赛投进超过5个三分球的，但在那场比赛他突然大发神威，18次三分线外出手命中12球，其中还有9个三分球是连续投中的，这也是一项NBA新纪录。

不过仅仅两年后，猛龙队替补出战的马绍尔就在一场只上场28分钟的比赛里追平了科比的这一纪录。全场马绍尔三分线外19投12中，目前，他和科比共同保持着NBA单场三分球纪录。

2004年

国际奥委会副主席金云龙承认曾受贿达260万美金

2004年1月7日，负责调查国际奥委会副主席、韩国人金云龙腐败一案的韩国检察官表示，他们已经掌握了金云龙承认受贿的证词。时年73岁的金云龙承认，曾经在2001年竞选国际奥委会主席的活动中接受了来自国内外总额高达260万美元的资金；同时，金云龙还被指以世界跆拳道联合会主席的身份挪用了该协会数十亿韩元的捐款。国际奥委会史上轰动一时的高官受贿丑闻自此正式揭开帷幕。2004年6月，金云龙因在各种国际体育组织任职期间，侵吞公款及受贿被汉城高级法院判处有期徒刑两年半，并处以7.88亿韩元（约合69万美元）罚款，后经上诉，刑期缩至两年。

金云龙曾经在国际体坛叱咤风云多年，是韩国政坛和体育界的重量级人物。在韩国申奥期间，金云龙四方游说，为韩国成功申办和承办1988年汉城奥运会立下汗马功劳，他在韩国乃至亚洲体坛的声望也由此达到了顶点。1992年金云龙成功当选国际奥委会副主席。

2007年

卡恩正式宣布退役日期，一代传奇门将锁定2008告别

2007年1月7日，德国拜仁慕尼黑俱乐部队长、德国足球时任精神领袖卡恩（Oliver Rolf Kahn，1969.6.15— ）宣布，自己将于2008年夏天正式退出足坛。

“我将在2008年夏天完成我和拜仁慕尼黑俱乐部现在的合同后退出足坛。那时我将是39岁，我想那是终止我的足球生涯而去做些其他事情的时候了。”卡恩对《图片报》周末版说。

卡恩曾86次代表德国国家队出赛，获得1次欧洲杯亚军，1次世界杯亚军。而在14年的拜仁生涯中更是留下无数荣耀：7次德甲冠军，5次德国杯冠军，1次联盟杯冠军，1次冠军杯冠军，联赛188场不失球纪录。在2002年的世界杯上，已经33岁的卡恩第一次以主力门将的身份参加世界杯并夺取亚军，卡恩个人还获得了那届世界杯的金球奖，成为第一个获得此项荣誉的守门员。

2009年

14岁美少女举起两倍于体重的杠铃，惊人力量震惊伦敦

2009年1月7日，英国《每日邮报》报道，英国一位年仅14岁身材娇小的女孩竟然能够举起是自己体重近两倍的杠铃，成为英国最强壮的女孩。这位14岁女孩名叫佐伊·史密斯（Zoe Smith），她身高只有1米60，体重为57公斤，2008年在一次挺举比赛中，惊人地举起了95公斤的杠铃。另外，佐伊还创造了同龄人在举重项目上的世界纪录——抓举和挺举总重量达到了159公斤。

这位被英国奥组委给予厚望的举重奇才佐伊·史密斯自然顺利地入围伦敦奥运，参加了女子举重58公斤级的比赛，不过最终只获得了第十二名，冠军属于中国选手李雪英。

2011年

IFFHS过去10年最佳主帅：温格力压弗格森居首，穆帅第三

2011年1月7日，IFFHS公布了过去10年（2001—2010年）最佳主帅排名，结果阿森纳主帅温格力压曼联主帅弗格森位列榜首，皇马主帅穆里尼奥作为入围名单中最年轻的主帅

弗格森

穆里尼奥

温格

排在第三位，卡佩罗以及希丁克分列第四、第五位。

IFFHS 的 10 年最佳主帅是以每位主帅在年度排名（分为俱乐部、国家队主帅两个榜单）中的位置来换算积分（第一名 20 分、第二名 19 分，以此类推），再以过去 10 年中的积分累加得出最终排名。

温格虽然在最近的 10 年中从没获得过年度最佳，但其常年保持在排名的前列让他能够在 10 年榜单中折桂。IFFHS 对温格的评价中称其对年轻人的培养令人敬佩。

2012年

"低调狼王"破尘封 36 年纪录，25+15 比肩贾巴尔

2012 年 1 月 7 日，不经意间，凯文·勒夫（Kevin Love，1988.9.7— ）又追平了一项 NBA 纪录。自 1975 年的卡里姆·阿卜杜尔·贾巴尔以来，还没有球员能在新赛季的前六场比赛中拿到场均 20+ 和 12+ 的数据，如今的勒夫是 36 年来第一人。"凯文是联盟中最棒的年轻球员。"热浪后卫德维恩·韦德在提到勒夫时感慨说："每次你和他交手，都会觉得他越来越棒了。看他的比赛，你会发现 20 分 16 篮板，28 分 30 篮板这样的数据经常出现，他太神奇了。"

1月7日备忘录

1876年1月7日　第一个人造冰面冰场在英国伦敦建成，并对外开放。

1924年1月7日　国际曲棍球联合会成立于巴黎。

1980年1月7日　全国体育工作会议在北京召开，共 163 人参加，1 月 23 日闭幕。

1983年1月7日　英国人克雷格·斯特朗在伦敦北部的埃德蒙顿创造了在自行车后轮上直

立的最长时间纪录：1 小时 16 分 54 秒。

1988年1月7日	中国足球协会主席年维泗与奇星药厂厂长朱柏华，在广州签订协议书，共建中国女子足球队，开创了企业共建国家级运动队的“奇星模式”。
1993年1月7日	经过 50 天长达 1310 公里的滑行，29 岁的挪威探险家艾林·卡格清晨到达南极极点，成为世界上第一个不需他人辅助，独自用滑雪板滑行到南极的人。
1994年1月7日	在奥地利的比朔夫斯霍芬，奥地利的埃娃·甘斯特创下了女子跳台滑雪的 112 米远的纪录。
2001年1月7日	埃及国家队前锋胡萨姆·哈桑代表国家队在开罗踢了第 150 场比赛，平了德国球星马特乌斯所创下的世界纪录。
2002年1月7日	绿城交出“黑哨”名单，8 人中收“黑钱”最多达 16 万。
2002年1月7日	2002 年韩日世界杯裁判名单公布，陆俊成为首位执法世界杯决赛阶段的中国裁判。
2002年1月7日	长春亚泰俱乐部诉中国足协行政处罚不当。
2004年1月7日	足球报刊登《“国资委”阻击中国足球》署名文章。
2004年1月7日	世界反兴奋剂机构（WADA）主席庞德表示，如果国际足联还不在《世界反兴奋剂条例》文件上签字，那么足球就可能从 2004 年雅典奥运会上消失。5 月 21 日，国际足联主席布拉特最终同意签字。
2007年1月7日	鲍威尔获封英联邦运动联合会年度最佳。
2007年1月7日	六城会会徽吉祥物揭晓：晶晶楚楚精彩亮相。
2008年1月7日	新加坡足球总会宣布辽宁广原球会总经理兼领队王鑫涉嫌操纵球赛。

1324年

意大利威尼斯商人、旅行家、探险家马可·波罗逝世

1324年1月8日，意大利威尼斯商人、旅行家、探险家马可·波罗逝世。

马可·波罗（Marco Polo）1254年9月15日生于意大利威尼斯一个商人家庭，也是旅行世家。马可·波罗17岁时跟随父亲和叔叔，途经中东，历时四年多于1265年到达蒙古帝国的夏都上都（今中国内蒙古自治区多伦县西北）。他在中国游历了17年。回到威尼斯之后，马可·波罗在一次海战中被俘，在监狱里口述旅行经历，由鲁斯蒂谦写出《马可·波罗游记》。但其到底有没有来过中国却引发了争议。《马可·波罗游记》（又名《马可·波罗行记》，《东方闻见录》）记述了马可·波罗在东方最富有的国家——中国的见闻，是欧洲人撰写的第一部详尽描绘中国历史、文化和艺术的游记。此书激起了欧洲人对东方的热烈向往，对以后新航路的开辟产生了巨大的影响。同时，西方地理学家还根据书中的描述，绘制了早期的“世界地图”。

在1324年马可·波罗逝世前，《马可·波罗游记》已被翻译成多种欧洲文字，广为流传。现存的《马可·波罗游记》有各种文字的119种版本。

1943年

服务国际奥委会时间最长的古特·亚尔科夫斯基逝世

1943年1月8日，服务国际奥委会时间最长，同时也是捷克奥委会创始人的古特·亚尔科夫斯基（Guth Jarkovsky）逝世。

古特·亚尔科夫斯基是国际奥委会首批委员之一，自1894年到他逝世的1943年，捷克人总共在国际奥委会服务了49年。

亚尔科夫斯基喜爱滑冰、游泳、骑马和骑自行车。1882年获博士学位。1891年赴巴黎学习法国体育教育时，与顾拜旦结成好友；1894年成为国际奥委会首批委员，其杰出的才能很快使他成为国际奥委会的重要成员，1919—1923年任国际奥委会秘书长。作为首批国际奥委会委员的代表，亚尔科夫斯基1921年当选国际奥委

会执委会委员，是顾拜旦忠诚的支持者。

而对于捷克体育，亚尔科夫斯基同样地位特殊，1897 年他开始出任捷克业余运动联合会主席；1898 年创建捷克奥委会，至 1929 年一直任主席一职；同时，他还是著名的文学家，在其回忆录中有两章专门记叙了他的奥林匹克生涯。

1972年

意大利足球运动员法瓦利出生

1972 年 1 月 8 日，意大利优秀后卫法瓦利（Giuseppe Favalli）出生在意大利奥兹努奥维。

法瓦利的职业生涯从克雷莫纳起步，随后在 1992 年转会到了拉齐奥，并在蓝鹰度过了 12 个辉煌的赛季，当上队长，入选国家队，成就个人职业生涯巅峰；2004 年法瓦利转投国际米兰，打了两个赛季的主力；2006 年，法瓦利自由转会到 AC 米兰并随米兰获得 2007 年的辉煌成绩；2010 赛季冬歇期后，米兰后防大面积伤病，这名老将连续首发，表现可圈可点，意大利后卫的敬业指数和优秀传统在其身上体现得淋漓尽致。2010 年 5 月 16 日，法瓦利在 AC 米兰退役，结束了其 22 年的足球生涯。

职业生涯荣誉：意甲联赛冠军 2 次：1999—2000（拉齐奥），2005—2006（国际米兰）；意大利杯冠军 5 次；意大利超级杯冠军 3 次；2007 年随 AC 米兰连续获得欧洲冠军杯冠军、欧洲超级杯冠军和世界俱乐部杯冠军。

1977年

中国第一位女子举重奥运会冠军杨霞出生

1977 年 1 月 8 日，中国第一位女子举重冠军杨霞在湖南的一个小乡村里出生。小时候她在任体育教师的姐夫指导下练田径，后被选为湘西自治州体校女子举重班的首批队员。

2000 年 9 月 18 日，悉尼奥运会女子举重 53 公斤赛场几乎成为杨霞个人表演的舞台。在抓举比赛中她举起了 100 公斤，并且在接下来的挺举比赛中举起了 125 公斤，最后以总成绩 225 公斤的成绩，战胜劲敌中华台北选手黎锋英，勇夺女子 53 公斤级金牌，除了成就中国女子举重在奥运会上金牌零的突破，她也成为了中国奥运历史上第一个少数民族（土家族）的奥运冠军。与此同时，杨霞夺金时所创造的这三个单项的成绩，也都打破了这个级别全部三个项目的世界纪录。

1978年

中国香港台球运动员傅家俊出生

中国香港著名斯诺克选手傅家俊（英文名 Marco · Fu）1978 年 1 月 8 日出生在香港。

1998 年转打职业赛，当时世界排名第 377 位的傅家俊在世界职业斯诺克大奖赛上一鸣惊人，一路杀进决赛，不仅成为进入这个赛事决赛的第一个中国人，也成为打入决赛的世界排名最低的选手。

2007 年世界斯诺克大奖赛成为了傅家俊丰收的时刻，他一路过关斩将再次闯入决赛，但决赛对手却是两届世锦赛冠军“火箭”奥沙利文，这一次，傅家俊打出了罕见的好状态，最终以 9：6 力克奥沙利文，夺得个人第一个排名赛冠军。

此外，1998 和 2002 年，傅家俊同队友合作，为中国香港夺得曼谷和釜山亚运会斯诺克团体冠军。2010 年广州亚运会，他战胜丁俊晖最终夺得了个人赛的金牌。而在 2000 年的马耳他杯和 2012 年的海口世界公开赛资格赛上，傅家俊还曾打出过两杆 147 满分杆。

1981年

中国第七位羽毛球女单世界冠军谢杏芳出生

1981 年 1 月 8 日，中国第七位羽毛球女单世界冠军谢杏芳出生在广东梅州。

2004 年落选雅典奥运会既是谢杏芳运动员生涯的小挫折，也是刺激她勇攀更高峰的转折点。雅典奥运会后，谢杏芳加大运动量，尤其是针对自己身体单薄、力量不足的弱点，在国家队训练馆里练得比谁都苦。

终于在 2005 年，从丹麦公开赛开始，她一口气连拿 6 站公开赛冠军，开创了羽坛先例，并超越了张宁、周蜜等名将，首次登上了世界女单第一宝座。

2005 年的美国世锦赛上，谢杏芳在女单决赛中苦战三局以 2：1 战胜雅典奥运会和上届世锦赛双料冠军张宁，首次夺得世锦赛女单冠军，成为继李玲蔚、韩爱平、唐九红、叶钊颖、龚睿那和张宁之后，中国第七位女单世界冠军，也是首位广东籍世界女单冠军。

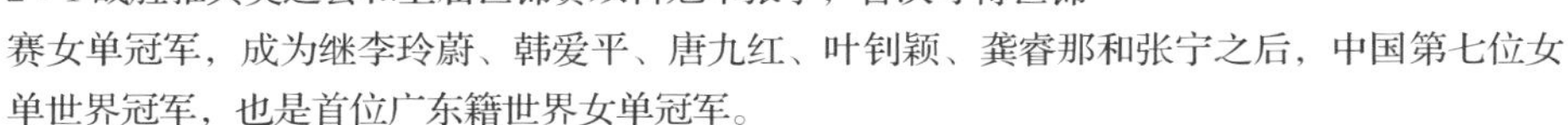

此后，谢杏芳长期占据着羽毛球女单世界排名第一的宝座，但在 2008 年北京奥运会上，她惜败队友张宁，获得银牌。

2009 年 11 月，头顶 8 个世界冠军头衔的谢杏芳在上海正式退役，2012 年 9 月，谢杏芳与羽毛球世界冠军林丹喜结连理。

1981年

羽毛球前中国和世界的一号女双选手之一黄穗出生

1981 年 1 月 8 日，羽毛球前中国和世界的一号女双选手之一黄穗出生在湖南。

黄穗（右）与队友高崚

黄穗，前中国羽毛球队运动员，1999 年进入国家一队，教练是田秉毅，黄穗右手握拍，力量型打法，进攻凶狠，控球能力强，与高崚配合双打后多次在世界大赛中夺冠，曾经是中国和世界的一号女双选手。

从国家队退役前，黄穗和搭档高崚组成的女双组合长期稳居世界榜首，由于成绩出众，当时这对女双早早被中国羽毛球队列为北京奥运会夺金的“重中之重”。然而，在 2007 年 4 月，黄穗突然向国家队提出退役申请。在中国羽毛球队总教练李永波以及高崚等队友的劝说下，黄穗才重新拿起了球拍。为了让黄穗有一个安心备战的大环境，湖南省体育局当时就任命她为省羽毛球运动管理中心副主任。

但因为父亲病重等变故，黄穗最终在2007年年底选择离开国家队。从中国羽毛球队退役后，三届羽毛球世锦赛冠军黄穗便逐渐淡出人们的视野。

2012 年 4 月，黄穗突然宣布复出，代表澳大利亚参加作为奥运积分赛之一的澳大利亚黄金大奖赛。

1983年

2008 年北京奥运会中国首金得主陈燮霞出生

1983 年 1 月 8 日，2008 年北京奥运会中国首金得主陈燮霞出生在广东番禺。

2007 年首次参加世锦赛，陈燮霞就夺得女子 48 公斤级抓举、挺举和总成绩三项冠军，自然而然成为北京奥运会夺金热门。

但就在临近奥运会不到一个月的备战训练中，陈燮霞拉伤了大腿肌肉，这让整个中国举重队都忧心忡忡，尤其是比赛当天，传来了中国射击队名将杜丽没能为中国代表团夺得既定首金的时候，陈燮霞身上的压力就更大了。好在，她没有让大家失望，抓举 95 公斤、挺举 117 公斤（破奥运会纪录）、总成绩 212 公斤（破奥运会纪录），陈燮霞稳稳地将中国代表团北京奥运会首金收入囊中，也为中国举重队拿下了奥运历史上的第十七块金牌。

1995年

"阿根廷最伟大的拳击运动员"卡洛斯遇车祸身亡

卡洛斯·蒙松（Carlos Monzon，1942.8.7— ）是阿根廷拳击中量级世界冠军，曾独霸世界中量级拳坛，14次卫冕成功，成为阿根廷历史上为数不多的几位最受崇拜的超级体育明星之一。蒙松14年的拳击生涯，共参加了102场比赛，除开始的3场以点数落败外，后面的99场中胜89场平10场，其中66场将对手击倒。

然而作为阿根廷的全民偶像，蒙松却在1988年因怀疑妻子有外遇而将妻子扔下二楼阳台致其死亡，他也因杀人罪锒铛入狱，被判11年监禁。但由于在狱中表现良好，再加上政府大赦，从1994年开始，蒙松被破例准许每周回他的家乡圣贾维尔的一个体育馆教青少年练习拳击。

1995年1月8日，就在即将提前出狱的时候，蒙松却在外出教学的途中遭遇严重车祸，当场死亡。被誉为"阿根廷最伟大的拳击运动员"的卡洛斯·蒙松就这样意外地离开人世，噩耗传来，阿根廷举国震惊。

阿兰德龙（左）陪伴卡洛斯走向拳击台

2002年

艾弗森拿下职业生涯的第一个"三双"

艾弗森拿下30分、11次助攻和10个篮板，实现个人职业生涯的第一个"三双"，助76人队以116∶92力克洛杉矶快艇队。

身为前一个赛季NBA最有价值球员，艾弗森向来以能投善射而著名，他此役的表现也堪称面面俱到，22投10中，帮助76人队拿下本赛季的最高得分。

艾弗森说："我知道这是个了不起的成绩，但这也是全队的成就。""没有队友的鼎力协助，我也拿不了三双。他们不仅投篮相当了得，而且还能挡住对手，为我传球、助攻。像我这样身高的人抢不到几个篮板球。没有我的队友，这都是不可能的。"76人队总教练拉里布朗说："艾弗森在这场比赛中真是光芒四射。"

76人队的哈普林投中19分，穆托姆博也有16分和12个篮板进账。该队以53∶38领先结束上半场，并一路领先攻克对手。

阿伦·艾弗森（Allen Iverson），美国NBA著名篮球运动员，曾多次入选NBA全明星阵容，曾任美国男篮梦之队队长。原地净弹跳高度达到40.5英吋，助跑净弹跳高度更是达到了45英吋（即1米14左右）。1996年6月26日被费城76人队选中，成为NBA历史上最矮的状元秀，绰号"答案（The Answer）"。

2006年

哥伦比亚国脚拜塞拉遭枪击身亡

2006年1月8日，哥伦比亚国脚拜塞拉（Elson Becerra，1978.4.26—2006.1.8）与朋友在自己家乡磅他赫纳（哥伦比亚海港城市）的一家夜总会内遭枪击身亡。哥伦比亚当地警方对于案发经过的描述为：拜塞拉因与一名男子发生争执，遭到对方枪击，身中四枪，当场身亡。

27岁的拜塞拉作为哥伦比亚国家队主力前锋随队征战了2006年德国世界杯预选赛，身披7号球衣，并有着出色的发挥。当时他正效力于沙特俱乐部（Al Jazzira）。

拜塞拉也成为继1994年美国世界杯著名的“埃斯科巴枪击事件”之后，哥伦比亚足坛又一位遭枪击身亡的国脚。可以说，暴力冲突、毒品泛滥已成为当时哥伦比亚整个社会的代名词，2004年，前哥伦比亚国家队主教练戈麦斯也曾遭到枪击，但幸运的是保住了性命。

2008年

瑞典跳高女将突然宣布退役，2005年世界冠军无缘2008年奥运会

2008年1月8日，瑞典跳高女将、2005年世锦赛冠军博格奎斯特（Kajsa Bergqvist，1976.10.12— ）突然宣布退役，结束自己的运动员生涯。博格奎斯特是年刚刚31岁，做为一名田径运动员这个年龄应该还不算老，但这位昔日的“瑞典猎豹”却作出了令人惊讶的决定。

博格奎斯特在新闻发布会上说：“这并不是一个突然的决定，我为此已经考虑了很久。整个2007年我都在试图寻找一种比赛和训练的动力，这些动力我以前曾经有过，但现在我发现自己已经无法找到它们了。去年夏天在苏黎世的比赛之后，我尝试着休整了一段时间，但后来证明这段时间没给我带来太大帮助，现在我没有比赛的动力了，即使2008年奥运会即将到来。”

博格奎斯特否认自己是因伤病选择退役，她说：“我现在身体很好，没有伤病，但是经过一段长时间的职业运动生涯之后我觉得是该让‘任务结束’的时候了。”

博格奎斯特职业生涯重要时刻回顾：

2000至2006年期间参加全部室内、室外世

锦赛及奥运会比赛，获得一次室外世锦赛、两次室内世锦赛冠军，一次欧锦赛冠军和一次欧洲室内锦标赛冠军；

2005 年世锦赛，在赫尔辛基的凄雨冷风中一举夺冠；

2006 年 2 月 4 日，在德国阿恩施塔特国际室内跳高比赛中以 2 米 08 打破德国名将海基亨克尔在 1992 年创造的 2 米 07 的世界室内女子跳高纪录。

2009年

C 罗遭遇车祸幸毫发无损，法拉利被撞面目全非

2009 年 1 月 8 日，当时仍在英格兰曼联队效力的克里斯蒂亚诺·罗纳尔多（Cristiano Ronaldo，简称 C 罗）驾驶着法拉利 599GTB 跑车前往俱乐部参加训练，在经过曼彻斯特机场附近隧道时不慎撞上了旁边的路障，价值不菲的法拉利立刻面目全非。根据现场的照片显示，跑车的前部已经完全被掀开，一只车轮也从底盘上脱落。但所幸这位 2008 年世界足球先生和欧洲足球先生得主自身没什么大碍，并未受伤。事故发生后，C 罗也在现场积极配合警察处理完这起交通事故后离开，随后参加了曼联队的训练。

事后这辆出事的跑车被一个企业主仅以 3.8 万欧元买走。然而，令人意想不到的事发生了，在上次事故发生近四年后，这辆倒霉的跑车又上演了离奇的一幕。2012 年 10 月，这辆法拉利在运输过程中突然莫名其妙地自燃着火，再一次面目全非。

2009年

意甲“黑手党”经纪公司丑闻宣判，莫吉入狱 18 个月

2006 年世界杯前夕，意大利足坛爆发了震惊世界的“电话门”丑闻，尤文图斯被勒令降级并剥夺了两个赛季的冠军头衔，当事人之一的前尤文图斯总经理卢西亚诺·莫吉被禁止从事足球工作 5 年。但随后的事实证明，莫吉父子控制的 GEA 经纪人公司（GEA World）内部藏有更多不可告人的黑幕，被人指为“黑手党”经纪公司，很多证据表明，当时莫吉之所以能做出一些低价买入高价售出的神奇转会，与他们使用非法手段有关，其中包括恐吓、暴力等非法手段。

2009 年 1 月 8 日，GEA 集团操纵转会案宣判：71 岁的莫吉入狱 18 个月，而他的儿子亚历桑德罗·莫吉被判入狱 14 个月。

然而等待这个“老狐狸”的惩罚远远没有结束，2011 年 11 月 9 日，“电话门”事件一审宣判。莫吉因操纵比赛和在转会操作中的欺诈等违法行为，被判处 5 年零 4 个月的有期徒刑。这个意大利足坛的毒瘤可以说是“恶贯满盈”。

2010年

正准备参加非洲国家杯足球赛的多哥队在安哥拉卡宾达省遇袭

2010年1月8日，非洲国家杯足球赛留下了灰色的一页，正准备赴安哥拉参赛的多哥国家队在安哥拉卡宾达省遇袭，他们乘坐的大巴遭当地反政府武装袭击，助理教练和球队新闻发言人在袭击中身亡，此外包括守门员在内的多名球员和工作人员受伤。袭击发生后，卡宾达省当地分裂势力“卡宾达解放组织”所属的武装组织宣称对袭击负责。按这一组织的说法，袭击目标是护送多哥国家队的安哥拉安全部队。袭击事件发生后，多哥队离开了安哥拉，并退出了那届非洲杯比赛。

足球本身无罪，为何总处于致命政治斗争漩涡，这些问题引人思索。

2010年

国际钓鱼协会宣布，一男子钓到超大黑鲈鱼平77年前世界纪录

2010年1月8日，国际钓鱼协会宣布，一位名叫栗田学（Manabu Kurita）的日本男子于2009年7月2日在日本琵琶湖钓起一条大口黑鲈，重达22磅4盎司（约合10.1公斤），平了世界纪录。这条黑鲈鱼的重量平了77年前乔治·佩里在格鲁吉亚创造的世界纪录。栗田学在钓鱼的过程中使用了25磅重的鱼线，还用一条蓝鳃鱼作为活诱饵。

2012年

陕西人和官方宣布，2012年起球队注册地变更为贵州

2012年1月8日，陕西人和足球队官方宣布，球队自2012年起注册地变更为贵州。俱乐部也就此发表公告，证实了这一消息。公告称：经我俱乐部董事会研究决定，经省级主管部门批准，陕西人和足球队自2012年起注册地变更为贵州省。

贵州人和国酒茅台足球队，位于贵州贵阳，现为中国足球协会超级联赛球队。俱乐部于1995年在上海成立，当时名为上海浦东足球俱乐部，后来多次历经产权所属变化，先后改名为上海中远、上海国际。2006年球队从上海搬迁到西安，又曾改名为西安国际、陕西宝荣浐灞。2011年中超结束，球队南迁贵州省贵阳市，并于2012年1月6日正式更名为贵州人和国酒茅台足球队。

1月8日备忘录

1910年1月8日　法国飞行员休伯特·拉丹创下飞行高度的新世界纪录。他驾驶一架单翼飞机飞至5300米以上的高空。

1950年1月8日　中华全国体育总会筹委会第二次常务委员会在京召开。

1954年1月8日　中共中央批转中央体委党组《关于加强人民体育工作的报告》。

1973年1月8日　国家体委下发《关于进一步开展农村体育活动的意见》的通知，要求各级体委与有关部门密切配合，切实做好农村体育工作。

1977年1月8日　英国诺福克郡的彼德·克里斯琴在钓鱼比赛中以钓到最小的鱼而获胜。他钓到的是一条古胍鱼，仅重1.76克。他以这条小鱼击败107名对手夺得冠军，因为他们连一条鱼也没有钓到。

1987年1月8日　全国体委主任会议在北京举行，17日结束，会议着重研究体育体制改革和加强体育战线精神文明建设问题，为做好1987年全国体育工作进行了部署。

1991年1月8日　国际田联承认李惠荣创造的14.54米为女子三级跳远第一个世界纪录。

1993年1月8日　广州太阳神足球俱乐部成立。

1997年1月8日　第五批全国体育先进县命名表彰大会在北京举行，共有80个县（市、区）被命名为第五批全国体育先进县。

1999年1月8日　盐湖城冬奥会组委会主席约克里克和第一副主席戴夫·约翰逊宣布引咎辞职。

2001年1月8日　乌拉圭《观察家报》发表了一份研究报告，称中国国家足球队在2000年创造了两项世界第一：平均每场比赛进球数第一和单场比赛进球数第一。

2002年1月8日　中国第十九届冬季奥运代表团在北京成立。

2005年1月8日　国际马术联合会因赛马使用违禁药物取消德国马术奥运团体金牌。

2007年1月8日　深圳足球队正式更名为上清饮队。

2012年1月8日　曼联宣布斯科尔斯复出效力至赛季结束。

1/9 Jan

1873年

“链球三冠王”约翰·佛纳甘出生

绝大多数人可能都没有听说过约翰·佛纳甘（John Jesus Flanagan）这个名字，但是在100年前，他却是世界闻名的田径超级巨星。1873年的1月9日，约翰·佛纳甘出生在以色列，但他并不是以色列人，而是爱尔兰国籍。从小佛纳甘就展现出超强的田径天赋，1897年移民到美国时，这位只有24岁的小将已经是当时的链球世界纪录保持者。

1900年法国巴黎夏季奥运会上，佛纳甘轻松获得链球冠军；四年后，圣路易斯夏季奥运会上，佛纳甘轻松卫冕；1908年英国伦敦夏季奥运会上，佛纳甘实现链球三连冠。他总共在历届奥运会上获得3枚金牌和1枚银牌。

在佛纳甘41岁196天的时候，他扔出了56.18米，也就此成为田径历史上年龄最大的世界纪录创造者。1911年，佛纳甘返回爱尔兰，并在那里定居下来，直到1938年6月4日逝世。

1900年

“蓝鹰”拉齐奥俱乐部成立

除了著名的“米兰德比”外，意大利足球甲级联赛中还有鼎鼎大名的“罗马德比”，这也是意大利足球吸引外界关注的另一道风景。“罗马德比”其中一支球队是罗马队，另一支球队就是拉齐奥。1900年1月9日，“拉齐奥足球队”由路易吉·比利亚迪创建，与同城俱乐部罗马共用罗马奥林匹克体育场。拉齐奥俱乐部的9名创始会员希望球队不仅仅属于所在地罗马市，因此选择所在行政区——拉齐奥为俱乐部命名。当时的创办人比吉亚雷利出于对神圣的奥林匹克运动会的景仰，而将俱乐部的标志色定为希腊国旗的蓝白两色，而绰号“蓝鹰”显然就是因为他们的队徽而得名。俱乐部成立之后参加的第一项竞技比赛是20公里竞走，直到1907年足球队才首次参加常规联赛赛事。

拉齐奥队历史上曾获得诸多荣誉，包括两次顶级联赛冠军，分别是1973—1974赛季和1999—2000赛季，5次意大利杯冠军，3次意大利超级杯冠军，另外还有一次欧洲优胜者杯冠军和一次欧洲超级杯冠军进账。

1909年

欧内斯特·沙克尔顿成为第一个到达南极的人

欧内斯特·沙克尔顿（Ernest Shackleton）是一位著名的英国南极探险家，从1907年开始，他以两次驾船赴南极探险的经历而闻名于世。

1908年11月3日，沙克尔顿和他的3个伙伴出发向南极挺进，然而在挺进南极的过程中，他的团队也遇到了重重困难，最严重的是用来运输的4匹小马掉进了一冰窟窿里，还差点把一个伙伴也拽进去。这也令他们设备缺乏，几乎排除了到达南极的可能性。到了1909年1月9日，沙克尔顿的团队向南极点作最后的冲刺，最后把皇后赠与的国旗插在了南纬88度23分。尽管此地距南极点只有97英里（大约180公里），但大家已经筋疲力尽，而且缺乏补给，不得不日夜兼程往回赶，以便在饿死前赶回船上。

为防止船等不及他们而开走，沙克尔顿想出了这样一个办法，他和一个较强壮的伙伴先出发，把另两个人留在一个储备丰富的补给站，然后沙克尔顿再带队来接人，最终4人都成功获救。

1967年

“风之子”卡尼吉亚出生

克劳迪奥·保罗·卡尼吉亚（Claudio Caniggia）是阿根廷足球运动员，绰号“风之子”，司职前锋。代表阿根廷国家队出场50次，打进16球，帮助阿根廷获得1991年在智利举行的美洲杯冠军。

1967年1月9日，卡尼吉亚出生在阿根廷布宜诺斯艾利斯市亨德森镇。1985年，18岁的卡尼吉亚在河床队开始足球生涯，在那里拿到阿根廷联赛冠军，1988年他登陆意甲效力维罗纳队，1989年转投亚特兰大。在1989—1990赛季，卡尼吉亚出场31次，打进10球，第二年出场23场进8球，后被罗马队相中招入队内。

卡尼吉亚最出名的就是他的速度，他“风之子”的绰号也由此而来。1985年，当时18岁的卡尼吉亚在南美20岁以下青年田径锦标赛中跑出百米10秒07的成绩，他也因为跑得快而被河床球探看中，从此进入足坛。

2006年，卡尼吉亚在接受意大利访谈节目时称，自己的巅峰速度是9秒98，这个成绩比1984年奥运会百米冠军的刘易斯还快0.01秒。卡尼吉亚的启蒙教练常说，如果没有足球他完全可以拿奥运金牌。

卡尼吉亚（右）和马拉多纳

1968年

“我实在跑不动了”，圆谷幸吉留下真诚而悲哀的绝响

1968年1月9日，日本马拉松选手圆谷幸吉在1968年墨西哥奥运会前，留下了“我实在跑不动了”的遗书后自杀身亡。

圆谷幸吉在1964年东京奥运会上，获得10000米竞走第六名；然后又在最后的压轴项目马拉松比赛中获得铜牌。因为当时日本在田径项目上还从没见过奖牌的影子，这块铜牌等于给日本田径界打了一剂强心针，圆谷幸吉一下子成了大英雄。然而，圆谷幸吉的代价也够大的——不仅恋爱对象与他分手了，他的身体也疲惫不堪。他最信任、懂科学、能理解他的教练被调走了，而干部候补生的功课又不能放松。面临着墨西哥奥运会的到来，一连串的问题使圆谷幸吉苦恼到极点。

在接受了疝气和脚筋手术后，圆谷幸吉开始备战，但身体远未达到最佳状态，加上对手的成绩日益提高，使他看不到夺取奥运金牌的任何希望。1968年1月9日，深感完不成国民重托的圆谷幸吉，在宿舍用双刃刀片切断颈动脉自杀身亡。他死后被发表的遗书曾在日本引起轰动。遗书中写道：父母亲大人：幸吉已经筋疲力尽，跑不动了。请原谅我吧！

这封遗书被诺贝尔文学奖得主川端康成评论为：“美丽、真诚而悲哀的绝响。”

1975年

美国首位奥运射箭个人冠军贾斯汀·胡伊什出生

1975年1月9日，贾斯汀·胡伊什（Justin Huish）出生在加利福尼亚的芳泉谷市。有意思的是，尽管贾斯汀·胡伊什的父母拥有一家射箭俱乐部，但他直到14岁时才开始从事这项运动。经过刻苦的训练，胡伊什一年后便赢得了自己的首场比赛，并且在18岁时入选美国国家队。

硕大的运动太阳镜、反戴的棒球帽，外加马尾辫和耳环，这就是胡伊什独具个性的参赛装束，在1996年亚特兰大奥运会上一举拿下个人和团体两枚金牌的他，立刻成为万众瞩目的明星。当时世界排名只有24位的胡伊什在决赛中以112：107击败瑞典选手马格纳斯·皮特森。在亚特兰大独揽两枚金牌的胡伊什也成为首位赢得奥运会射箭个人赛冠军的美国人。

1978年

意大利足球运动员格纳罗·伊万·加图索出生

1978年1月9日，著名意大利足球运动员格纳罗·伊万·加图索（Gennaro Ivan Gattuso）出生于意大利卡拉布里亚大区的卡拉布罗市。

加图索在场上司职后腰，以不知疲倦的奔跑和凶狠的铲抢闻名。他在2003和2007年帮助AC米兰夺得欧洲冠军联赛冠军；2006年德国世界杯，加图索也是冠军队意大利队成员。

球场上的加图索无疑是成功的典范，而在场外，他也不遗余力地帮助那些困难的人。他成立了一个基金会，专门帮助那些饥寒交迫的穷人，并把自传《真实的里诺》的全部所得注入到基金会中。

早在1997—1998赛季，加图索在苏超流浪者队效力期间认识了自己后来的妻子莫妮卡。两人完婚后育有一儿一女。

2000年

刘小光对弈139人创吉尼斯新纪录

刘小光，1960年3月20日生，河南开封人，中国围棋国手。1988年他被中国围棋协会授予九段。他棋手生涯获得冠军众多，是与聂卫平齐名的围棋大师。

2000年1月9日，刘小光九段在桂林举办的“2000挑战吉尼斯围棋赛”中，同时与139人对弈。

上午9时40分，刘小光九段挑战吉尼斯围棋车轮战开始，139人棋盘摆成了约200米周长的矩形方阵。刘小光独居其中，轮番与139位挑战者进行对弈。这139名围棋爱好者中绝大多数拥有业余段位，更有两位多次在广西获得过冠军称号。经过10个小时的比赛，至下午7时40分比赛结束。最终刘小光取得120胜3和16负的成绩，超过王海钧七段1998年创造的1人对130人的围棋车轮战吉尼斯纪录。

在刘小光输掉的16盘棋中，他让子负5盘，让先负11盘，胜率达80%以上。在10个小时的比赛当中，刘小光没休息一分钟，没吃一点东西，没上一次厕所。据粗略估算，刘小光在比赛当中至少行走了20公里路程。

2001年

帕克里克·尤因得到职业生涯第24000分

1985年尤因和乔丹出现在杂志封面上

2001年1月9日，超音速队球员帕克里克·尤因（Patrick Ewing）得到职业生涯的第24000分，在NBA历史上列第十三位。

尤因11次入选NBA全明星队，5次入选NBA最佳阵容，1992年入选梦之队，取得1984年和1992年两届奥运会金牌，他也是最近20年中，NBA中锋里面投篮技术最好的球员之一。尤因在纽约尼克度过了15个赛季，平均每场得22.8分和10.4个篮板。此后还效力过超音速和魔术。他曾经两次打进总决赛，并且11次当选全明星，是NBA历史上最伟大的50位球星之一。在尤因的17年NBA生涯中，共得到24815分，抢到11606个篮板。

2008年，尤因正式入选奈史密斯篮球名人堂。

2002年

NBA公布“刺头”老板库班的罚款列表

马克·库班（Mark Cuban）1958年7月31日出生在美国匹兹堡市，他在1983年创立计算机资讯公司MicroSolutions，并在网络经济最繁荣的时候将其转卖，获得了不菲的收入。2000年1月14日，库班购买了NBA球队达拉斯小牛队，虽然库班非常喜欢自己的这支球队，但他却屡次因为攻击裁判等原因遭到联盟罚款。

在2000到2002不到两年的时间内，库班遭遇的全部罚款条目如下：

2000年11月14日，在小牛队输给国王队后批评裁判，被罚款5000美元；2000年11月20日，在小牛队和太阳队的比赛中因和裁判发生冲突被驱逐出场，并被罚款1.5万美元；2000年11月22日，在小牛队和超音速队比赛中辱骂裁判并且公开批评裁判，被罚款2.5万美元；2001年1月4日，在小牛队和活塞队比赛后批评当值裁判，被罚款25万美元；2001年1月11日，在小牛队和森林狼队的比赛中坐在底线附近，被罚款10万美元；2001年2月16日，在小牛队和骑士队的比赛中冲进场内阻止双方球员打架，被罚款1万美元，禁赛2场；2001年4月13日，在小牛队106：111输给太阳队的比赛中做出下流姿势，被罚款10万美元；2002年1月8日，在小牛队103：105输给马刺队比赛后公开批评裁判，被罚款50万美元。

2002年

前利比亚领导人卡扎菲成为尤文图斯第二大股东

2002年1月9日，当时的利比亚领导人卡扎菲做出一个惊人的举措，他向意大利著名足球俱乐部尤文图斯队投资1400万英镑，从而成为该队仅次于汽车巨头阿涅利家族的第二大股东。

此次投资很可能是卡扎菲送给儿子艾尔·萨迪的礼物，后者不仅是尤文图斯队忠实的球迷，同时也是利比亚伊蒂哈德俱乐部的主席。除此之外，卡扎菲另一个目的可能是想借此寻求尤文图斯队对利比亚足球提供帮助，争取让国家队打进2006年世界杯。

其实很早以前，卡扎菲就与尤文图斯俱乐部有着千丝万缕的联系。20世纪70年代，世界石油危机曾使阿涅利家族控制的菲亚特公司一度陷于困境，卡扎菲在关键时刻买进该公司将近10%的股票，才让阿涅利家族度过了难关。

除了购买尤文的股票外，卡扎菲还支持自己的儿子从事足球事业，他的第三个儿子萨阿迪·卡扎菲后来曾加盟意甲的佩鲁贾队。

2002年

中国足坛重磅级转让：万达退实德进

大连万达足球俱乐部前身是成立于1983年11月的大连市足球代表队。1994年3月8日，万达集团入主，俱乐部更名为大连万达足球俱乐部。大连万达足球俱乐部是中国足球甲A联赛的创始球队之一，曾经8次夺得顶级联赛冠军，并多次代表中国参加亚洲赛事，是中国足坛最为成功的足球俱乐部之一。

2002年1月9日，曾经在中国足坛代表着辉煌与冠军的“万达”正式退出足坛，大连实德集团出资1.2亿元购买了万达集团的全部股权，大连万达队也更名为大连实德队。这是大连足球史上一次世纪的转换，在中国足坛也是一次规模最大的俱乐部的转让。大连足球在新千年之初跨入了“实德时代”。

2010年

《中国足球内幕》新书发布

2010年1月9日，知名足球记者李承鹏、刘晓新、吴策力三人合著的《中国足球内幕》新书在京发布。

李承鹏透露，《中国足球内幕》有大量不为人知的重磅事实：2003年甲A联赛价值1200万的连环假球；2004年青岛队主教练汤乐普深夜被赌博集团的人用枪顶着头押出家门；2007年沈阳金德队员李振鸿为何遭到活埋威胁；中国足协不作为等等劲爆内幕。

对于新书内容涉及的人和事，李承鹏高调表态："欢迎对号入座、欢迎诉讼公堂、欢迎上级调查、欢迎群众举报。"

该书出版时正值中国足坛反赌扫黑刚刚开始的时候，不久，曾经的中国足协领导人物南勇、谢亚龙、杨一民，以及陆俊、黄俊杰等裁判先后被警方带走调查，这也揭开了长达三年的中国足坛反赌扫黑的序幕。

2011年

朝鲜在第一个"体育日"举行集体长跑活动

为了推动全民体育运动热潮，朝鲜政府将每年年初的第二个星期日定为"体育日"。2011年1月9日是朝鲜第一个"体育日"，朝鲜中央各部委的机关干部当天在首都平壤举行了集体长跑活动。

1月9日备忘录

1914年1月9日　1968年奥运会马术金牌得主、英国的德雷克·奥尔胡森出生。

1948年1月9日　国际信鸽爱好者联合会成立。

1985年1月9日　国家体委、教育部公布105所中、小学为1984年全国体育传统项目学校先进集体。

1989年1月9日　NBA球员迈克尔·比斯利出生。

1989年1月9日　国家教委公布参加国际中学生体育竞赛活动若干问题的暂行规定。

2001年1月9日　北京申办2008年奥运会的重要文件《申办报告》编撰完成。

2001年1月9日　拉齐奥队在百年华诞的日子里以6：3战胜中国国家队。

2002年1月9日　雅典2004年奥运会组委会宣布，历时5个月的奥运圣火接力将途径南、北美洲，亚洲，澳大利亚，非洲和欧洲，这是奥运火炬接力首次跨越全球各大洲（南极洲除外）。

2002年1月9日　全国乒乓球工作会议产生了新一届中国乒协领导人名单。全国政协主席李瑞环任名誉主席，徐寅生连任主席，另有李富荣等17名副主席。

2004年1月9日　中国足协全面封杀《足球》报，取消其一切采访资格。

2004年1月9日　马里无力控制恐怖活动，达喀尔拉力赛两个赛段取消。

2006年1月9日　达喀尔第九赛段传来噩耗，科尔德考特不幸丧生。

2007年1月9日　美国奥委会做出申办2016年奥运会的决定。

2012年1月9日　中国钓鱼运动协会在北京成立。

1/10 Jan

1935年

澳大利亚传奇田径选手埃德温·弗莱克去世

1935年1月10日，1896年奥运会男子田径800米、1500米金牌得主，澳大利亚的埃德温·弗莱克（Edwin Harold "Teddy" Flack）去世，享年60岁。

埃德温·弗莱克别名“泰迪”·弗莱克，是一名田径和网球运动员。在1896年，他从田径霸主美国人手中抢到金牌，获得了1896年奥运会800米和1500米两项冠军。这两枚奥运金牌也是澳大利亚历史上获得的前两枚奥运金牌。为了纪念伟大的埃德温·弗莱克，澳大利亚特别把毗邻2000年悉尼奥运会奥林匹克体育场边的一条街道以埃德温·弗莱克的名字命名。

1949年

一代拳王乔治·福尔曼出生

1949年1月10日，乔治·福尔曼（George Foreman）出生在美国德克萨斯州。乔治·福尔曼的职业生涯极为辉煌，人送外号“魔鬼乔治”。他曾获得过1968年墨西哥奥运会重量级冠军，转为职业拳手后一路击倒对手，最终登上拳王宝座。

1973年1月22日，福尔曼在向拳王乔·弗雷泽挑战时，两个回合内竟然6次击倒对手，吓得裁判赶快停止了比赛，福尔曼从此登基，获得WBC、WBA重量级拳王金腰带，成为世界上无可争议的重量级冠军（注：当时世界上职业拳击组织只有WBC、WBA两家）。

1974年福尔曼输给阿里，随后在1977年退役当了一名牧师，然而在10年后，这位曾经的伟大拳王却复出了，1994年11月5日，45岁的福尔曼在不被人看好的情况下将WBA（世界拳击协会）和IBF（国际拳击联合会）“双料”重量级冠军米切尔·穆勒击倒，成为拳击史上年龄最大的重量级拳王。

福尔曼（左）鏖战阿里

1964年

著名花游双胞胎姐妹克伦·约瑟夫森和莎拉·约瑟夫森出生

1964年1月10日，连续16次获得各项比赛冠军的花样游泳双胞胎姐妹克伦·约瑟夫森和莎拉·约瑟夫森（Karen·Josephson，Sarah·Josephson）出生在美国康涅狄格州布里斯托尔。

克伦·约瑟夫森和莎拉·约瑟夫森12岁时首次参加了全国高级花样游泳比赛，并在16岁时加入了美国国家队。1988年，她们在汉城奥运会上获得银牌。在1991年澳大利亚珀斯世界锦标赛上，她们创造了国际花样游泳史上双人比赛的总体最高分199.762分，并获得了她们的第一个世界双人花样游泳冠军。

在1991和1992年，她们连续16次获得各项比赛冠军，其中就包括1992年的巴塞罗那奥运会，当时这对双胞胎姐妹凭借技术分的4个满分，以及艺术印象分的4个10分赢得了金牌。她们5分钟的规定动作获得了99.600的总分，1992年奥运会后，约瑟夫森姐妹退役。

1973年

美国NBA球员“大狗”格伦·罗宾逊出生

1973年1月10日，NBA前密尔沃基雄鹿队前锋、1996年奥运会金牌得主格伦·罗宾逊（Glenn "Big Dog" Robinson）出生在美国印第安纳州加里。

格伦·罗宾逊身高2米01，体重102公斤，场上司职小前锋。他于1994年毕业于普杜大学，因为他在球场上的“凶猛”，得到了著名的“大狗”绰号。

大学时代轰动全美的“大狗”罗宾逊在1994年以状元秀身份进入NBA，加盟密尔沃基雄鹿队。罗宾逊与雷·阿伦以及“外星人”萨姆·卡塞尔组成了当时闻名全联盟的“三个火枪手”组合。

1976年

奥运会乒乓球冠军刘国梁出生

1976年1月10日，是中国乒乓球的代表人物之一刘国梁的生日。1996年亚特兰大奥运会，刘国梁在乒乓男单半决赛和决赛中分别击败罗斯科普夫和队友王涛，夺得男子单打奥运金牌，随后在男双比赛中又和孔令辉搭档夺冠。

刘国梁的运动员职业生涯可谓荣誉无数，他是中国第一位世乒赛、世界杯和奥运会男单“大满贯”得主。在乒乓球的技术层面，他还是第一位在正式比赛中采取直拍横打技术并取得成功的乒乓球选手。此后直拍横打技术才开始被广泛采用。

刘国梁退役后担任中国乒乓球队教练、男队主教练，2008 年北京奥运会和 2012 年伦敦奥运会，刘国梁率中国男乒包揽所有金牌。

2006 年 8 月 18 日，刘国梁和女友王瑾喜结良缘，目前两人已育有一对双胞胎女儿。

1982年

曹桂凤囊括全国速滑达标赛全部比赛项目金牌

1982 年 1 月 10 日，全国速滑达标赛在张家口开幕。当时 24 岁的曹桂凤一人独得成年人 500 米（43 秒 99）、1000 米（1 分 34 秒 23）、1500 米（2 分 24 秒 91）和 3000 米（5 分 9 秒 63）4 个单项和全能（191.03 分）冠军，获得了 5 枚金牌，成为我国速滑史上前所未有的第一人，也成为我国速滑史上第一个囊括全部比赛项目金牌的运动员。

曹桂凤生于 1958 年，来自伊春山区一个林业工人家庭。在教练王界新的严格训练下，她从一个稚气的姑娘成长为一名优秀运动员。

虽然当时中国速滑项目在世界上的地位还不高，曹桂凤在世界大赛中也没有获得过奖牌，不过她的表现却鼓舞着一代又一代中国运动员，经过长年的努力，中国速滑界后来终于涌现出杨扬、王濛等一批世界冠军。

1982年

中国男足兵败新加坡，痛失出线权

20 世纪 80 年代初期，当时的中国男足拥有容志行、古广明等一批技术型球员。1982 年第十二届世界杯预选赛，中国男足在亚大区四强赛中，与沙特阿拉伯、科威特、新西兰进行主客场比赛，前两名出线。1981 年 11 月 30 日，中国男足 0：1 负于科威特，率先结束了全部比赛，只要新西兰最后一轮没有净胜沙特队 5 个球以上，中国男足就可以进军世界杯。但沙特“恰好”输给新西兰 5 个球，致使中国与新西兰积分与净胜球均相同，排名科威特之后并列第二。

1982 年 1 月 10 日，中国和新西兰在新加坡加赛一场。结果准备不足的中国男足仓促上阵，最终以 1：2 痛失出线权。

1988年

刘小光获第一届中国围棋名人战冠军

1988 年 1 月 10 日，在有 64 名棋手参加的第一届中国围棋名人战中，刘小光九段在决赛中以 3：1 战胜俞斌，夺得冠军，获得与当年日本围棋名人冠军小林光一九段争夺中日名人战冠军的资格。

中国围棋名人战是中国历史悠久的一项传统围棋比赛之一，由《人民日报》和中国围棋协会主办，每年举办一届。第一届名人战于 1988 年举行，之后采用挑战赛制，由预选赛、本赛产生一位挑战者向上届冠军挑战。从第十三届开始本赛的挑战者决定战采用 3 局 2 胜制。决赛一直采用 5 局 3 胜制。

2001年

哈桑成为当时代表国家队出场次数最多的球员

2001 年 1 月 10 日，霍萨姆·哈桑（Hossam Hassan）代表埃及国家队参加了同赞比亚的热身赛，这是他第 151 次披上“国字”战袍，从而成为当时世界上代表国家队征战次数最多的球员。

当时代表国家队征战次数最多的世界前五位的球员为：

1. 哈桑（埃及）151 场；2. 马特乌斯（德国）150 场；3. 苏亚雷斯（墨西哥）149 场；4. 拉维利（瑞典）142 场；5. 阿卜杜拉（沙特）140 场。

但是不久以后，哈桑的纪录又被改写，目前代表国家队出场次数最多的是沙特传奇门将代亚耶亚，他代表国家队总共出场了惊人的 181 次。

2001年

新中国第一位体育比赛转播员张之逝世

2001 年 1 月 10 日，新中国第一位体育比赛转播员、原中央人民广播电台体育比赛转播员张之因病在北京逝世，享年 71 岁。

1930 年 1 月，张之生于北京。1951 年 5 月，新中国举行了第一次篮球、排球比赛大会。中华全国体

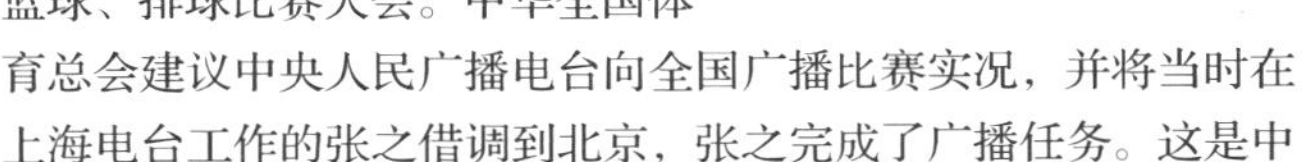

育总会建议中央人民广播电台向全国广播比赛实况，并将当时在上海电台工作的张之借调到北京，张之完成了广播任务。这是中

国人民广播史上第一次转播体育比赛实况。他也成为了新中国第一位体育比赛转播员兼评论员。

四十多年来，张之多次在国内外采访，为广播电台采写新闻、通讯，主持过几十次国内外重大体育比赛广播、电视实况转播，为我国的体育实况转播做了开拓性的工作，并培养了第二、第三代体育广播员，他的学生就包括著名体育解说和评论员宋世雄。

2004年

英国最伟大主帅排名，赫伯特·查普曼名列榜首

赫伯特·查普曼

2004年1月10日，英国最大的《泰晤士报》评选出英国有史以来的最伟大教练，70年前就与世长辞的赫伯特·查普曼名列榜首。而近15年中最成功的教练弗格森爵士在本次评选中仅排在第九位。

泰晤士报认为，查普曼虽然从未带队参加过欧洲赛事，也没有在海外执教的经历，但在仅有两项国内赛事的时代，查普曼是首屈一指的。他帮助英国足球走出了长达一代的低谷。

曼联主帅弗格森在评选中排名第九，成为唯一入选名单的现任教头。

十位最伟大主教练其他九人依次如下：2. 乔克·斯特恩（John 'Jock' Stein）；3. 马特·巴斯比（Matt Busby）；4. 鲍勃·派斯利（Robert Bob Paisley）；5. 比尔·香克利（Bill Shankly）；6. 阿尔夫·拉姆齐（Alf Ramsey）；7. 比尔·尼克尔森（bill nicholson）；8. 布赖恩·克劳夫（Brian Clough）；9. 阿莱克斯·弗格森（Alex Ferguson）；10. 汤姆·沃特森（Tom Watson）。

2004年

“乌鸦嘴”给贝利带来大麻烦，球王被判犯有诽谤罪

巴西球王贝利的“乌鸦嘴”早已是众所周知，但仅仅对比赛结果预测不准倒还无伤大雅，然而这张嘴却也曾给贝利带来过真正的麻烦。

2004年1月10日，巴西圣保罗州法庭作出判决：由于在报纸上刊文攻击自己的前商业合作伙伴维亚纳，贝利已经构成了侵犯

个人名誉罪，他必须接受向对方赔付 42400 美元的惩罚。

事情的起因是贝利对名下的“贝利体育市场开发公司”账目存有怀疑，他在没有确切证据的情况下就指控维亚纳从公司为帮助美国孤儿而成立的基金中私自支取了 70 万美元挪作他用，因此法院最终判定贝利侵犯了他人的名誉。

2004年

英国女子孤身走南极

2004 年 1 月 10 日，37 岁的英国妇女菲奥娜·索恩威尔在没有外界帮助的情况下，经过 42 天的艰苦跋涉，独自徒步到达南极，并打破了该项目的世界纪录。

索恩威尔从南极洲埃库莱斯湾出发，在 42 天里跨越了约合 1127 公里的冰天雪地，最后到达南极。她也打破了此前由韩国人保持的 44 天到达南极的纪录。

索恩威尔的壮举再一次印证了南极探险并非男性的专利，其实早在 1994 年，挪威人利芙·安德森就已经成为第一个独自走到南极的女性。

2006年

科比创 NBA 连续四场得分 45 分 41 年新纪录

2006 年 1 月 10 日，科比拿到 45 分，率领湖人主场 96∶90 力克步行者，取得三连胜。科比也成为 1964 年 11 月以来，第一位连续四场比赛得分都达到 45 分的球员。上一位连续四场比赛都至少得到 45 分的球员是张伯伦，他在 1964 年 11 月达到了这个数字，而另一位曾有此成就的球员是埃尔金·贝勒，他在 1961 年 11 月有过此惊人表现。

科比在 2005 年 12 月 28 日与灰熊队的比赛中得到 45 分，之后 2006 年 1 月 1—3 日，他因为被禁赛缺席了与爵士队的两场交锋，复出之后他在与 76 人队的比赛中得到 48 分，与快船队的比赛中得到 50 分，当天对阵步行者，又砍下 45 分。

当时的湖人主帅杰克逊这样评价科比的连续四场 45 分表现：“我认为这是一个非凡的成就。”

2010年

CBA15 年篮板王再次易主，35 岁巴神夺回自己的荣耀

2010 年 1 月 10 日，主场作战的新疆男篮在当晚进行的 CBA 联赛第十轮的比赛中，以 96∶91 击败青岛双星队，取得四连胜，也是主场的六连胜。本场比赛中巴特尔虽然只有 3

分入账，进攻端表现并不如意，但是他在比赛中抢到10个篮板，让他一举超越积臣的3908记篮板，以3911个篮板球成为CBA联赛历史上的篮板王。

2009、2010、2011年，巴特尔连续三年率领新疆队获得CBA亚军，这也创造了新疆男篮历史上的最好成绩。由于2010年之后，巴特尔还继续征战CBA，因此CBA历史篮板纪录随后也被不断刷新。

2011年

梅西荣膺首届FIFA金球奖，伊涅斯塔和哈维分列二、三位

2011年1月11日，国际足球联合会（FIFA）2010年度颁奖大典在苏黎世举行。梅西荣膺FIFA金球奖，成为2005年小罗后首位蝉联国际足联年度最佳的男子球员，为西班牙夺得世界杯的伊涅斯塔和哈维分列二、三位。梅西得票率为22.65%，伊涅斯塔则以17.36%稍稍领先哈维（16.48%）。梅西在领奖致辞中说："说实话，我没想到今天会当选，能到这里站在两名队友旁边，已经很高兴。"

最佳女球员玛塔

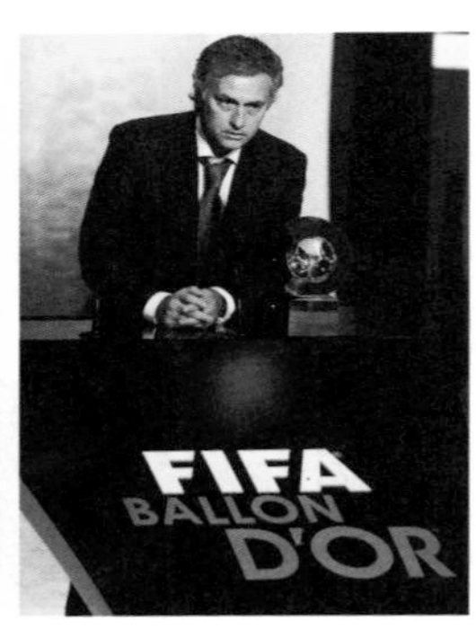

最佳教练穆里尼奥

超过150个国家和地区转播了颁奖盛况。在新金球奖评选中，以往两大奖项的评委都有评选资格。国家队主教练、队长和《法国足球》指定媒体记者各占1/3权重。在国家队主教练和队长的选票中，梅西得票率都排名首位。媒体记者选票前4位依次是：斯内德、伊涅斯塔、哈维和梅西。本届FIFA年度大奖一览（按颁奖顺序）：

最佳阵容：卡西利亚斯/麦孔，卢西奥，皮克，普约尔/哈维，斯内德，伊涅斯塔/梅西，比利亚，C·罗纳尔多。

梅西荣膺金球奖

公平竞赛奖：海地U17女足

最佳女足教练：奈德

最佳男足教练：穆里尼奥

国际足联主席奖：图图

普斯卡什奖（年度最佳进球）：大阿尔滕托普。"普斯卡什奖"是2009年度新增加的奖项，由布拉特提议创立，以此向有史以来最出色的前锋之一、匈牙利传奇球星普斯卡什致敬。

世界足球小姐：玛塔，这是玛塔第五次当选世界足球小姐，她以38.20%的得票率击败了两名德国球员普林茨（15.18%）和拜拉迈（9.96%）。

金球奖：梅西

2012年

梅西获2011年FIFA金球奖，三连冠比肩普拉蒂尼

2012年1月10日，2011年度国际足联颁奖礼在苏黎世歌剧院举行。梅西力压哈维和C·罗纳尔多获得FIFA金球奖殊荣，成为首位连续三年获得国际足联最佳球员的男子足球运动员。此外，瓜迪奥拉获得了最佳男足教练奖。

梅西同时还入选了当年的最佳阵容。最佳阵容为433阵型：门将是皇家马德里的卡西利亚斯；后卫包括巴塞罗那的阿尔维斯、皮克，皇家马德里的拉莫斯和曼联的维迪奇；中场方面，三人分别是巴塞罗那的伊涅斯塔和哈维，以及皇家马德里的阿隆索；前锋线上除了梅西之外，另两人是皇家马德里的C·罗纳尔多和曼联的鲁尼。

1月10日备忘录

1939年1月10日	1968年奥运会十项全能金牌得主，美国的比尔·图米出生。
1959年1月10日	1984年奥运会田径4×100米接力金牌得主，美国的坎德拉·奇斯伯勒出生。
1976年1月10日	博比·查尔顿宣布复出，加盟爱尔兰的沃特福德联队。
1976年1月10日	2004年奥运会男子跳台跳水金牌得主，中国运动员胡佳出生。
1980年1月10日	英国布克斯地区塔普罗市41岁的大卫·J·斯普林贝特，完成了最快速度的环球航行。他于1980年1月8—10日完成了37124公里的航程。
1998年1月10日	关颖珊在费城夺得美国全国锦标赛女子单人滑冠军。
1998年1月10日	英国人西沃恩·邓恩（生于1991年6月30日）在美国田纳西州纳什维尔举办的世界青少年排舞舞蹈比赛中荣获冠军，当时年仅6岁零194天。
2002年1月10日	米卢与江津、马明宇、李玮峰、张恩华四位国脚，登上“爱彼表2001年度风云人物榜”。
2003年1月10日	中国足坛第一例自由转会完成，张玉宁“走进”申花。
2004年1月10日	曼城董事会飞机空中惊魂，发动机爆炸起火险酿空难。
2004年1月10日	关颖珊在亚特兰大夺得美国全国锦标赛女子单人滑冠军。

2004年1月10日　一部名为《10号，在天堂和地狱之间》的音乐剧在阿根廷首都布宜诺斯艾利斯上演，情节为描写球王马拉多纳的传奇故事。

2005年1月10日　哈尔滨获得2009年世界大学生冬季运动会承办权。

2005年1月10日　达喀尔拉力赛传出噩耗，一名西班牙业余摩托车车手，41岁的何塞·曼努埃尔·佩雷兹身亡。

2005年1月10日　12岁少年唐韦星创造神话，勇夺第十八届全国业余围棋赛冠军。

2006年1月10日　上海国际召开发布会宣布正式西迁，球队更名西安浐灞国际。

2008年1月10日　“官秀昌案”篮协开出超级罚单，剥夺新疆季后赛资格。

2009年1月10日　最大规模的二人三足跑创吉尼斯纪录。

2010年1月10日　多哥正式宣布退出非洲杯，政府质疑安哥拉安保工作。

2011年1月10日　湖北绿茵股权转让更名中博，新赛季投入2300万打中甲。

2012年1月10日　恒大处罚4名外援共罚款125万，克莱奥50万孔卡最少。

1/11 Jan

1896年

天津基督教青年会发布中国最早的篮球公告

1895 年天津基督教青年会成立，在当日的庆祝活动中，该会总干事来会理即兴进行了篮球表演，这是中国近代史上的第一次篮球表演。当年距离篮球这项运动的发明仅仅不过 4 年。

1896 年 1 月 11 日，天津基督教青年会在《天津公报》发布了英文的篮球公告：A game of basketball will be played this afternoon，all young men interested in are athleties are invited to be at the room promptly at 4 o'clock in order to join the game.（译文如下：一场篮球赛将于今日下午举行，所有爱好运动的青年，请于四时踊跃参加。）虽然后来这场比赛因下雨推迟，但这则布告仍然被后人珍藏，它现存于美国纽约百老汇 291 号基督教青年会历史图书馆内。而这也是迄今为止我国有关篮球活动最早的文字记载。

1949年

投进 NBA 历史上第一个三分球的克里斯·福特出生

克里斯·福特，全名克里斯多夫·约瑟夫·福特（Christopher Joseph Ford），1949 年 1 月 11 日生于新泽西州大西洋城，是美国职业篮球运动员和教练。

1979—1980 赛季，NBA 首次增加了三分线，虽然当时规定仅限于常规赛使用，但已经极大地丰富了球队的进攻手段。

1979 年 10 月 12 日，在凯尔特人 114：106 战胜火箭队的比赛中，克里斯·福特在第一节还剩 3 分 48 秒时投中了 NBA 史上第一个三分球。而这场比赛也是后来的神射手——拉里·伯德的 NBA 首演。

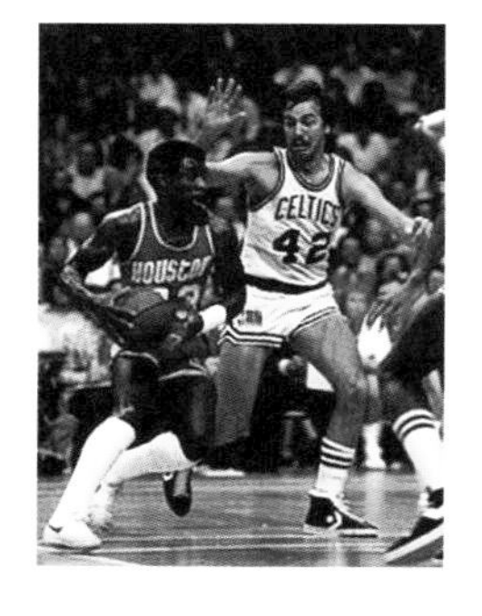

尽管在那个时候，各队对于三分球的威力认识不足，队员们也缺乏远投的训练，不过这项技术在最近的 30 年中已经有了长足进步，到目前为止，NBA 三分球出手次数占总出手数的比例，已经从初期的 3.1% 增加到了 22.4%。

1956年

中华人民共和国体育运动委员会公布 1955 年 102 项全国纪录

1956 年 1 月 11 日，中华人民共和国体育运动委员会公布了 1955 年的 102 项全国纪录，这是我国第一次正式公布全国纪录。其中，78 项是在 1955 年创造的，18 项是在解放以后其他年份创造的，只有 6 项是在解放前创造的。

20 世纪 50 年代，我国的竞赛制度尚在形成过程中，主要以单项运动为主。1953 年，在天津举办了“全国篮、排球比赛和网、羽毛球表演大会”，1954 年 8 月下旬，在广州举行了“全国游泳竞赛大会”，1955 年又分别在哈尔滨、北京、上海举行了“全国冰上运动大会”、“全国举重测验赛”、“全国田径测验赛”、“全国乒乓球冠军赛”。这一期间召开的全国性综合运动会主要有：1953 年 9 月在天津召开的“全国民族形式体育运动大会”，1955 年 10 月在北京召开的“第一届全国工人体育运动大会”。在如此众多的单项和综合性体育盛会中，也诞生了非常多的全国纪录。

1957年

英格兰足球队长布赖恩·罗布森出生

1957 年 1 月 11 日，布赖恩·罗布森（Bryan Robson）出生于英格兰切斯特勒斯特里特。

罗布森在俱乐部和国家队都担任过队长。球员生涯曾效力过西布朗维奇、曼联和米德尔斯堡队。其中在加盟曼联的时候，他的转会费 170 万英镑还创造了当时的球员转会费纪录。罗布森曾随曼联队四次夺取英格兰足总杯、一次欧洲优胜者杯和首届英超联赛冠军。他一共代表英格兰队参赛过 90 场，打进 26 球。

由于罗布森的球风非常硬朗，这也使他在职业生涯中伤病不断，职业生涯末期几乎都是在受伤和恢复中度过的。虽然曼联邀请他加入教练组，但罗布森还是在1994年成为米德尔斯堡的球员兼教练。在帮助球队打入1997年的足总杯决赛后，他宣布挂靴，随后担任米德尔斯堡的教练。

1963年

著名游泳选手特蕾西·考尔金斯出生

特蕾西·考尔金斯（Tracy Caulkins），1963 年 1 月 11 日出生在美国明尼苏达州。她被认为是史上最多才多艺的游泳选手之一。她的全能战绩非常耀眼：她是唯一在所有泳姿上创造过美国纪录的游泳选手。

考尔金斯8岁开始游泳，1977年获得第一个业余冠军头衔，此后便一发不可收，到了1982年，她超过了由琼尼·韦斯穆勒保持的36项美国全国冠军的纪录。

在1984年美国洛杉矶奥运会上，考尔金斯在200米和400米个人混合泳以及400米混合泳接力三项比赛中获得金牌。在退役时她总共赢得48个全国冠军并66次打破世界或美国纪录。1990年考尔金斯入选国际游泳名人堂。

1965年

中国第一个跳水奥运会冠军周继红出生

1965年1月11日，周继红出生，周继红1984年在洛杉矶奥运会上夺得女子跳台跳水冠军，为中国跳水项目在奥运会上实现了零的突破。

在整个运动员生涯中，周继红还收获了1985年世界杯的跳台冠军，以及混合团体冠军、女子团体冠军。在中国跳水的历史上，周继红应该是一个标志性的人物，之后被人们所称道的“中国跳水梦之队”的历史就从她开始。

1986年周继红退役进入北京大学学习英语，1990年毕业回到中国跳水队担任教练，2000年以后出任中国跳水队领队，培养出一系列跳水世界冠军和奥运冠军。她是中国跳水界当之无愧的功勋人物。

1966年

芬兰最早的现代杰出长跑运动员翰内斯·科勒赫迈宁逝世

1966年1月11日，芬兰长跑运动先锋翰内斯·科勒赫迈宁（Hannes Kölehmainen）逝世，享年77岁。

翰内斯·科勒赫迈宁是芬兰长跑运动史上第一位伟大的运动员，他1889年12月9日出生在芬兰库奥皮奥的一个体育家庭，是家里兄弟排行最小的一个。他参加了1912年瑞典斯德哥尔摩夏季奥运会和1920年比利时安特卫普夏季奥运会，共获得金牌4枚、银牌1枚。

在1912年瑞典斯德哥尔摩夏季奥运会上，他打破5000米长跑世界纪录，成为世界上第一个跑进15分钟的运动员，并夺得1枚奥运金牌。在这届奥运会上，他还同时获得10000米金牌和个人越野比赛的金牌，以及团体越野比赛的银牌。3000米也是他的强项，当时的世界纪录就是由他保持的。1916年奥运会因为世界大战被迫取消，这也让科勒赫迈宁失去了夺取更多奥运金牌的机会。1907年，

科勒赫迈宁开始参加马拉松比赛，1917 年他在波士顿马拉松赛中名列第四；1920 年比利时安特卫普夏季奥运会上，他获得马拉松冠军；在之后的几年里，他成功刷新 25 公里和 30 公里世界纪录。在 1952 年的奥运会上，作为芬兰杰出运动员代表，科勒赫迈宁点燃了赫尔辛基奥运会的开幕式火炬。

科勒赫迈宁奔跑时步幅平稳、手臂位置较高，挥动双臂的动作也与众不同。他训练十分刻苦，并且是一位素食者。从 1912 年到 1921 年，他居住在美国，在那里继续参加各种室内和室外比赛，并在 1913 年创造了多项比赛纪录。在 1920 年安特卫普奥运会上，他代表芬兰参加了历届奥运会中距离最长（42750 米）的马拉松比赛，并在大雨中以微弱优势获胜，成绩为 2 小时 32 分 35 秒 8。

1972年

巴塞罗那奥运会女子 50 米自由泳金牌得主杨文意出生

1972 年 1 月 11 日，杨文意出生在上海。她是 1992 年第二十五届巴塞罗那奥运会女子游泳 50 米自由泳的金牌得主。

杨文意的身高达到 1 米 78，这在游泳运动员中是非常好的身材，杨文意 6 岁时开始学习游泳，曾多次打破全国少年游泳纪录。

1986 年，杨文意入选国家队，此后便开始书写自己的辉煌纪录。曾先后获得全国冠军、亚洲冠军。1988 年汉城奥运会，当时年仅 16 岁的杨文意求胜心切，结果以 0.1 秒的微弱劣势遗憾屈居亚军。但是以后的 4 年中她发奋训练，终于在 1992 年巴塞罗那奥运会上夺得了 50 米自由泳的金牌，圆了自己的奥运冠军梦，同时杨文意还打破了当时由她自己保持的世界纪录。

1974年

奥运男子跳水三米板金牌得主熊倪出生

1974 年 1 月 11 日，亚特兰大、悉尼奥运会男子跳水三米板金牌得主，悉尼奥运会男子跳板双人金牌得主熊倪出生。

熊倪于 1986 年成名，当时他参加全国跳水冠军赛，凭借四项冠军的表现被选入国家队。1988 年，当时年仅 14 岁的熊倪便参加了汉城奥运会，虽然表现完美，却因为裁判因素而以微弱劣势输给了洛加尼斯屈居亚军。

1992 年巴塞罗那奥运会，熊倪再度错失金牌，但他并没有气馁，而是一口气连续参加了 1996 年亚特兰大奥运会、2000 年悉尼奥运会。终于，在亚特兰大奥运会上，熊倪收获跳水三米板冠军，圆了自己的奥运冠军梦，而他也成为第一位获得奥运男子跳板金牌的中国选手。四年之后，在悉尼奥运会上，熊倪不但卫冕男子三米板金牌，还与肖海亮搭档获得男子三米板双人金牌。

1988年

苏联宣布将参加汉城奥运会，这是以苏联名义参加的最后一届

1988 年 1 月 11 日，苏联宣布将参加汉城奥运会。不过，这却成为苏联的最后一次奥运会之旅。

在汉城奥运会中，当时的苏联再一次成为世界体坛的霸主，共获得了 55 枚金牌、31 枚银牌以及 46 枚铜牌，奖牌总数高达 132 枚，远远超越其他所有对手。不过当苏联解体以后，前苏联的国家仍在 1992 年巴塞罗那奥运会上以独联体的身份联合作战，当时独联体收获 45 金 38 银 29 铜，虽然领先于美国的优势在缩小，但仍占据当时奖牌榜第一的位置。不过随着独联体国家的各自为战，俄罗斯也渐渐失去了在奥运奖牌榜的领跑地位，在随后的很长一段时间内，世界体育霸主被美国所取代。俄罗斯随后三届独立组团参加奥运会，获得的金牌数仅为 26、32 和 27 枚。

1999年

国际足球历史与统计协会选出了 20 世纪各洲最伟大的足球运动员

贝利

1999 年 1 月 11 日，在德国罗腾堡举行的国际足球历史与统计协会年会上，足球专家与新闻记者评选出了 20 世纪各洲最伟大的足球运动员。

荷兰足球名宿克鲁伊夫当选“欧洲世纪足球先生”；“球王”贝利无可争议地当选为“南美洲世纪足球先生”；利比里亚球员乔治·维阿当选为“非洲世纪足球先生”；韩国的车范根当选为“亚洲世纪足球先生”；新西兰的威顿·鲁夫以及墨西哥的乌戈·桑切斯分别当选为大洋洲和中北美洲的“世纪足球先生”。

2002年

国际足联宣布 2002 年足球世界杯赛将高奏日韩两国共同创作的主题曲

2002 年 1 月 11 日，国际足球联合会在法国尼斯发表公报说，2002 年足球世界杯赛将高奏题为“日本—韩国”的主题曲。这支主题曲是由日本和韩国的创作组人员共同创作的现代乐曲，赞颂日韩两国合作举办足球世界杯赛开创了新纪元。正在法国尼斯参加国际足球展览会的国际足联主席布莱特认为，这支主题曲是连接足球世界杯赛两个主办国日本和韩国的纽带，将向全世界展现这两个东方国家的文化。公报说，这支主题曲的磁带和 CD 盘将于 3 月中旬分别在日本和韩国出售。

第十七届世界杯足球赛（官方名称：2002FIFA World Cup Korea/ Japan™）决赛周，于2002年5月31日至6月30日在韩国和日本举行。本届是首次在亚洲举行的世界杯，最终巴西国家队夺冠，卡恩（德国）获得金球奖，罗纳尔多（巴西）获得金靴奖。

2005年

瓦勒里·博季诺夫以17岁零11个月成为意甲最年轻的外援进球者

瓦勒里·博季诺夫（Valeri Bojinov，1986.2.15— ）是一名保加利亚足球运动员，他在不满16岁的时候就代表莱切足球俱乐部征战意甲联赛，他也创下了意甲外籍球员最年轻的出场纪录。

博季诺夫跑速快，身体强壮，技术娴熟。在2005年的1月11日，博季诺夫在莱切对阵博洛尼亚的比赛中攻入个人意甲首球，以17岁零11个月成为意甲最年轻的外援进球者。

在博季诺夫18岁的时候，他来到了意甲的佛罗伦萨队，随后在2006年被租借到国际米兰半年，之后回归佛罗伦萨。

在最近的6年里，博季诺夫辗转多支球队，他曾经先后效力过意甲老妇人尤文图斯、英超“蓝月亮军团”曼城，以及意甲的帕尔马，而到了2011—2012赛季，博季诺夫淡出欧洲五大联赛，效力于葡萄牙的里斯本竞技队。

2005年

达喀尔拉力赛再传噩耗：摩托冠军车手梅奥尼身亡

2005年1月11日，达喀尔拉力赛再传噩耗，又一位摩托车手在比赛中丧生。遭遇此次厄运的是意大利车手梅奥尼（Fabrizio Meoni），在当日的比赛途中他因为心脏病突然发作死亡。本届达喀尔拉力赛主管拉维格尼（Etienne Lavigne）表示：“当我们看到他倒下时便立刻派直升机送往医院抢救，但不幸的是此时他的心脏已经停止了跳动，没办法，我们没能救他！”

梅奥尼曾是2001年和2002年两届达喀尔拉力赛的摩托车组冠军得主，他时年47岁，家里有妻子和两个小孩。此次他驾驶的是编号为004的KTM摩托车，在10日的比赛结束后，梅奥尼还牢居摩托车组选手成绩榜亚军的位子，没想到当天却遭遇此般厄运，消息传出，震惊了整个达喀尔参赛阵营。

也就在10日，西班牙车手佩雷兹（Jose Manuel Perez）也因车祸医治无效身亡。

2008年

第一位登上珠穆朗玛峰的新西兰登山家埃德蒙·希拉里去世

2008年1月11日，第一位登上珠穆朗玛峰的新西兰登山家埃德蒙·希拉里爵士（Sir Edmund Percival Hillary）因心脏病去世，享年88岁。

1919年7月20日，埃德蒙·珀西瓦尔·希拉里出生于新西兰奥克兰附近的图阿考。16岁时，他就表现出对登山运动的极大兴趣。1953年，34岁的埃德蒙·希拉里和同伴丹增一起，从珠穆朗玛峰尼泊尔一侧，即珠峰南侧攀登成功，第一次站在了世界之巅。

1971年希拉里与当年登顶的向导丹增·诺尔盖再次重逢

1953年希拉里与向导丹增·诺尔盖

除了攀登珠峰以外，埃德蒙·希拉里还登上了喜马拉雅山脉的所有11座山峰，这些山峰全部在海拔6000米以上。在此之后的1958年，他完成了独自穿越南极的壮举。这是他又一次成功的冒险经历。

为了纪念这位伟大的登山家和冒险家，新西兰特别将埃德蒙·希拉里的肖像印在了5元货币上。

2012年

亚洲首支职业洲际自行车队亮相，终极目标参加环法赛

2012年1月11日，世界首支亚洲职业洲际自行车队在北京隆重登场，它就是注册为中国车队的卓比奥斯洲际职业队，是顶尖的专业定制服饰生产商卓比奥斯公司于2012赛季推出的一支新的专业洲际单车队。车队创始人史铭德表示，组建这支车队的终极目标是成为中国首支参加世界巡回赛赛事以及亚洲首支参加环法自行车赛的队伍。

据了解，卓比奥斯队是世界首支亚洲职业洲际自行车队，主教练是中国自行车运动协会以及香港自行车协会的总教练，拥有丰富执教经验的名教头沈金康。现有的18名队员，分别来自四大洲的10个国家和地区，其中4名中国最出色的队员更是引人关注，分别是来自上海的前全国冠军徐刚，来自甘肃的焦彭达，来自云南的姜坤和来自青海的刘彪。

国际选手包括来自爱沙尼亚的基·科斯普夫（Jann Kirsipuu），他曾是环法黄衫得主，并多次取得过赛段冠军；另外还包括爱沙尼亚全国冠军Mart Ojavee、澳大利亚街道赛冠军Aaron Kemps等好手。众多国际自行车名将的加盟，让卓比奥斯队对于未来的前景充满信心。

1月11日备忘录

1960年1月11日　国家体委在北京召开全国体育工作会议。

1960年1月11日　美国犹他州的拉马·克拉克在美国内华达州拉斯维加斯创造了拳击比赛中连续击倒对手44次的纪录。

1962年1月11日　美国的B-52H创造了直航线飞行距离20168.78公里的世界纪录，这是在1962年1月10—11日两天内创造的。

1981年1月11日　美国人安德森驾驶“维尼”号从埃及出发，进行了人类历史上首次气球环球尝试，48小时后降落在印度，共飞行了4306公里。

1981年1月11日　英国人雷纳夫·法因斯、奥利弗·谢波德和查尔斯·博顿完成了穿越南极洲的旅程。他们从1980年10月28日开始穿越活动。这是1980—1982年穿越地球探险的一部分，被认为是跨越南极洲的最短时间。

1982年1月11日　在英国曼彻斯特德奥尔德姆举行的拉达超级司诺克台球赛上，由斯蒂夫·戴维斯创造了在重大斯诺克比赛中首次获得正式承认的一杆147分，在比赛中他与约翰·斯潘塞对阵。

1989年1月11日　丹佛金块队在丹佛以163：155胜圣安东尼奥马刺队时，创造了NBA比赛中在规定时间进球总积分的纪录：318分。

2002年1月11日　英国《卫报》连发两文，将孙继海誉为“正在升起的太阳”。

2003年1月11日　美国娱乐与体育节目电视网（ESPN）称：姚明是第三号天才，票数冠绝中锋最令人震惊。

2004年1月11日　昔日五连冠上海女排在全国女排联赛中不敌山东队惨遭降级。

2005年1月11日　中央和17个部门组成联合协调小组，打击赌球。

2005年1月11日　国际奥委会否决英国广播公司（BBC）提出的为申奥城市举办“首届电视辩论”的建议。

2006年1月11日　成都谢菲联俱乐部正式成立。

2006年1月11日　北京2008年奥运会奖牌设计征集工作面向全球启动。

2006年1月11日　足球腐败愈演愈烈，亚足联主席发出警告约束所有成员。

2006年1月11日　CBA江苏队客场123：94大胜新疆队，两名江苏队球迷因兴奋过度突发心脏病导致身亡。

2007年1月11日　郑智亮相查尔顿队新闻发布会，举起自己9号球衣。

2012年1月11日　马布里砍下25+8，北京队惊魂逆转，七年客场首胜新疆。

1/12

1873年

首届现代奥运会马拉松比赛冠军斯普利顿·路易斯出生

作为1896年首届现代奥运会马拉松比赛的冠军，希腊田径运动员斯普利顿·路易斯（Spyridon Louis）是奥运会历史上的明星和希腊人心目中的民族英雄。

1873年1月12日，路易斯出生在雅典北部的一个小村庄。1896年首届现代奥运会马拉松比赛，路易斯成为完成比赛的17名运动员（其中13名希腊运动员和4名法国运动员）之一。而他的完赛过程也令人忍俊不禁，他甚至在中途一个叫做皮克米的小镇短暂休息了一段时间，还在一个小酒馆里喝下一杯葡萄酒，并且宣称自己将超越领跑者。最终他果然实现了自己的诺言，以2小时58分50秒的成绩获得冠军。

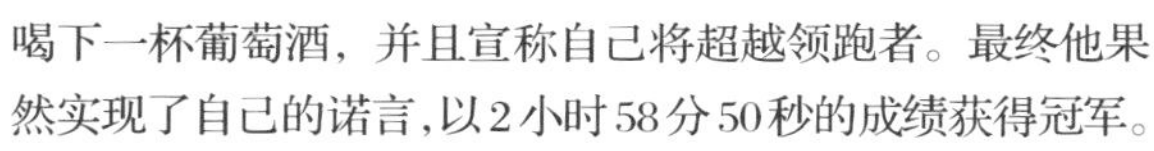

夺冠后的路易斯就此退役，过起了安逸的农夫生活。1940年3月26日，斯普利顿·路易斯去世，享年67岁。

1936年路易斯在柏林

1944年

世界上第一个击倒拳王阿里的选手乔·弗雷泽出生

1944年1月12日，乔·弗雷泽（Joe Frazier）出生在美国费城。作为世界上第一个击倒拳王阿里的人，乔·弗雷泽是前世界拳击协会重量级拳王及世界拳击理事会重量级拳王。1964年奥运会，他收获一枚拳击金牌，随后又夺得1968—1973年世界重量级拳王称号。

弗雷泽（左）与阿里的经典之战

1971年，弗雷泽对阵拳王阿里，比赛中他两次将阿里击倒，并最终以十五回合点数获胜，使阿里首次尝到败绩滋味。同时，弗雷泽也成为了第一位击倒拳王阿里的选手。

2011年11月7日，67岁的乔·弗雷泽倒在了自己位于美国费城的家中，肝癌夺走了这个巨人的生命。当今世界拳坛著名拳击经纪人唐·金评价说，乔·弗雷泽是"人类中的巨人"。

1960年

“人类电影精华”多米尼克·威尔金斯出生

1960 年 1 月 12 日，杰克斯·多米尼克·威尔金斯（Jacques Dominique Wilkins）出生于法国巴黎，高中毕业后的威尔金斯升上了美国佐治亚州大学。也就是在那里，他的出众才华和球技为他赢得了“人类电影精华”这一至今脍炙人口的外号。

威尔金斯是 NBA 历史上最能震撼人心的球员之一。他的个人荣誉包括了 1983 年新秀第一阵容，7 次进入 NBA 最佳阵容，以及连续 9 年入选全明星的经历。而威尔金斯与乔丹在全明星扣篮大赛上的对决，至今还为人们所津津乐道。

威尔金斯曾获得两届扣篮王称号，其中 1985 年扣篮大赛他甚至击败了乔丹。1988 年扣篮大赛，威尔金斯与乔丹再度相遇，结果乔丹以一个惊世骇俗的罚球线起跳扣篮击败了威尔金斯，而后者也称得上虽败犹荣。

威尔金斯职业生涯曾效力于老鹰、快船、凯尔特人、希腊帕纳辛奈科斯、意大利博洛尼亚、马刺及魔术队，2001 年 1 月 13 日，威尔金斯的 21 号球衣在老鹰队退役。

1969年

南斯拉夫、克罗地亚著名球员罗伯特·普罗辛内茨基出生

1969 年 1 月 12 日，罗伯特·普罗辛内茨基（Robert Prosinecki）出生于德国的一个南斯拉夫裔家庭。1987 年普罗辛内茨基开始代表南斯拉夫国家队出赛，并于 1990 年世界杯之际获得该届最佳年轻球员称号。1991 年普罗辛内茨基协助南斯拉夫班霸贝尔格莱德星队赢得 1991 年欧洲联赛冠军杯。

南斯拉夫分裂之后，普罗辛内茨基代表克罗地亚国家队出赛。1998 年世界杯，普罗辛内茨基在 6 场比赛中贡献了 2 个入球，帮助球队获得该年世界杯季军。

1991 年普罗辛内茨基开始转战西甲，曾效力于皇家马德里、奥维耶多、巴塞罗那和塞维利亚等多个西班牙球队。1997 年他重返克罗地亚联赛效力。2001—2006 年普罗辛内茨基投效英格兰小型球会朴茨茅斯，凭借坚实的中场控制能力帮助球队升级英超。

普罗辛内茨基于 2006 年末退役，退役后在克罗地亚首都萨格勒布开了一家酒吧。

1971年

兰尼·威尔肯斯成为NBA历史上年龄最大的全明星赛MVP

1971年1月12日，33岁的西雅图队球员兰尼·威尔肯斯（Lenny Wilkens）在圣地亚哥举办的全明星赛上砍下21分，成为了此前NBA历史上年龄最大的全明星赛MVP。

兰尼·威尔肯斯1937年10月28日出生，身高1米86。1960年，威尔肯斯开始其NBA球员生涯。共征战15个赛季，先后在圣路易斯鹰队、西雅图超音速队、克里夫兰骑士队和波特兰开拓者队打过球。至1975年退役时，他共得17772分，助攻211次，9次入选NBA全明星队。退役后的他开始了NBA教练生涯，一度是NBA联盟中唯一一位赢球场数超过1000场的NBA主教练，因此也有“千胜教练”之称。

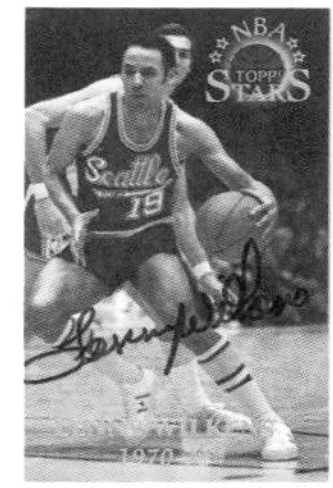

1989年，威尔肯斯入选美国篮球名人堂。

1980年

我国科学工作者首次登上南极大陆

1980年年初，我国首次派出两位科学工作者赴澳大利亚南极凯西站进行为期47天的科学考察与访问。

1月12日，这批科学家首次登上了南极大陆，在南极探险和开发史上隆重地写下了“中国”的名字。

1980年1月12日董日乾（左一）、张青松（左三）从新西兰南岛基督城飞往南极麦克默多站前合影

我国科学工作者首次登上南极大陆，标志着我国极地考察事业的起步。此后，我国极地考察事业迅猛发展。1983年6月，我国加入《南极条约》，成为其缔约国；1984年11月，我国首次自行组队前往南极；1985年2月，在西南极乔治王岛建成了长城站；同年10月，我国成为《南极条约》协商国；1986年6月，我国成为国际南极研究科学委员会的正式成员国；1990年，我国在东南极建立了中山站，并在上海成立极地研究所。

2000年

夏洛特黄蜂队鲍比·雷·菲尔斯二世在车祸中丧生

2000 年 1 月 12 日，夏洛特黄蜂队的鲍比·雷·菲尔斯二世（Bobby Ray Phills II，1969 年 12 月 20 日出生），在和队友的一次飙车中发生车祸而丧生。车祸是在 11 时左右发生的，当时菲尔斯刚刚参加完黄蜂队的训练课，他驾驶的黑色保时捷跑车与一辆小轿车以及一辆小型卡车相撞，菲尔斯当场死亡，其他两辆车的驾驶员也受了伤。30 岁的菲尔斯是一位人品极好的球员，热心社会公益事业，经常参与面向儿童的慈善活动，被 NBA 当局以及社会各界引为楷模，纵然菲尔斯没有超级巨星的地位，他的去世却受到了全联盟的深切追悼。

1991 年 NBA 选秀大会上，菲尔斯在第二轮总第四十五顺位被密尔沃基雄鹿队选中，但在当年的 12 月，还没有代表雄鹿队出过场的菲尔斯就被球队裁掉。随后他同 CBA 联盟的苏城瀑布天空力量队（Sioux Falls Skyforce）签约。在 CBA 联盟，他场均拿下 23.1 分，出色的表现也让他赢得了一份 NBA 的合同——克利夫兰骑士队同他签约到 1991—1992 赛季结束。

1997 年 8 月 19 日，成为自由球员的菲尔斯同黄蜂队签约。在黄蜂队，菲尔斯依然能够持续稳定地发挥。在黄蜂队的前两个赛季，他都是首发得分后卫位置上的不二人选，场均都能得到 30 分钟以上的出场时间并能贡献两位数的得分，而菲尔斯的领导才能在黄蜂队也渐渐开始显露。1999—2000 赛季，菲尔斯成为球队的队长之一。

2000 年 2 月 9 日，黄蜂队将菲尔斯的 13 号球衣退役。这也是黄蜂队队史上第一件退役的球衣。

2001年

20 世纪 50 年代风靡世界的三级跳之王阿德玛·达西尔瓦逝世

2001 年 1 月 12 日，20 世纪 50 年代风靡世界的三级跳之王，第十五、十六届奥运会的三级跳远冠军阿德玛·达西尔瓦（Adhemar Dasilva）逝世，享年 73 岁。

达西尔瓦 1927 年 9 月 29 日出生于巴西的圣保罗。1950 年 12 月 3 日，达西尔瓦以 16 米的成绩平了田岛直人创造的世界纪录，威震世界体坛。

达西尔瓦也是南美洲第一位创造世界纪录的田径运动员。1956 年，29 岁的达西尔瓦第三次来到奥运赛场，并以 16.35 米的成绩蝉联奥运会三级跳远冠军。

在达西尔瓦的一生中，他 5 次平、破世界纪录。1950—1956

年间保持60场比赛连胜，被世人誉为“50年代世界三级跳之王”。达西尔瓦退役后，一直在家乡任律师，业余时间从事青少年田径训练工作。

2012年达西尔瓦入选国际田径联合会名人堂。

2002年

国际乒联主席沙拉拉再出重拳，团体赛有望亮相奥运

2002年1月12日，国际乒联巡回赛总决赛新闻发布会上，国际乒乓球联合会主席沙拉拉抛出了一枚“重磅炸弹”——国际乒联已决定在北京2008年奥运会上对乒乓球项目进行重大调整，以男子团体和女子团体比赛取代男子双打和女子双打比赛。

为了取得最广泛代表的支持，沙拉拉为奥运团体赛选出一种折衷的方式，即在奥运团体比赛中将单打和双打统统包括进去，这样就可以兼顾到双打选手的利益。

从2008年北京奥运会开始，乒乓球团体赛进入奥运会，不过整体实力非常强大的中国队还是没有让金牌旁落，在北京和伦敦两届奥运会中包揽了团体在内的所有金牌。

2003年

F1车手投票评选年度最佳，舒马赫法拉利两手空空

2003年1月12日，一年一度的由F1参赛车手参加投票的“F1最佳车手奖”最终揭晓，全年独领风骚的法拉利车队及其主打车手舒马赫都意外落选最佳，意大利车手吉安卡洛·费斯切拉（Giancarlo Fisichella）则独享了这一殊荣。

吉安卡罗·费斯切拉

时年已经30岁的费斯切拉，已经代表乔丹车队参加了107次F1分站赛，却从没有一次获得过胜利，能够获得这项荣誉，摘取这座小金人——伯尼杯，确实让人大吃一惊。

不过此举后来被媒体分析认为，F1是想有意遏制法拉利的一家独大势头，努力增加赛事冠军的悬念。果然，在后面几个赛季，F1呈现了百花争艳的局面。

2007年

国际奥委会荣誉委员、前国际奥委会副主席姆巴耶病逝

2007年1月12日，国际奥委会荣誉委员、前国际奥委会副主席凯巴·姆巴耶（Kéba Mbaye）病逝，享年82岁。

姆巴耶1924年出生于塞内加尔的考拉克，曾担任过海牙国际法庭副主席。1983年，姆巴耶担任体育仲裁法庭主席；1999年，姆巴耶成为国际奥委会道德委员会主席。

从 1973—2002 年，姆巴耶一直在国际奥委会任职，曾两次担任国际奥委会副主席（1988—1992，1998—2002），两次入选国际奥委会执行委员会（1984—1988，1993—1998）。

国际奥委会主席罗格在致辞时表示：“姆巴耶是一个用博爱和感召力可以影响别人一生的人。他热爱奥林匹克运动，他的超凡口才可以完美地诠释奥林匹克精神，他无可撼动的博爱和能力可以营造一个更美好的世界。他全身心投入到奥林匹克运动当中，我们失去了一个伟大的人。”

2001 年，在罗格的正式就任仪式上，前国际奥委会副主席姆巴耶将 IOC（International Olympic Committee，国际奥林匹克委员会）总部的金钥匙交给他时说：“这把钥匙象征你要引导的航船，这艘航船上已很拥挤，海上也不时有暴风雨，领航的任务将很艰巨，但我相信你是一名出色的船长。”

2001 年，北京获得 2008 年夏季奥运会举办权时，姆巴耶是监票员，正是他把装有选举结果的信封交到当时的国际奥委会主席萨马兰奇手中的。

2008年

世锦赛预赛梁文博、刘闯晋级，携手同创中国台坛纪录

2008 年 1 月 12 日，2008 年斯诺克世界锦标赛资格赛全部结束。在最后一天的比赛中，位于下半区的中国小将梁文博和刘闯再创佳绩，分别以 10：3 和 10：5 击败了实力不俗的大卫·吉尔伯特和大卫·格雷，晋级 3 月份的第二阶段资格赛，这也是首次有两位中国大陆选手同时通过资格赛晋级世锦赛 48 强。

梁文博

斯诺克世界锦标赛，历来都是每个赛季地位最为重要的一项赛事，其两倍于普通排名赛的积分以及高额的奖金，都成为球手为之争夺的原因，而能够打进在克鲁斯堡举行的世锦赛正赛，也被很多球手视为职业生涯的一大荣誉。

刘闯

2013 年以前，中国选手在世锦赛上的最高荣誉属于台球神童丁俊晖，小丁在 2011 年历史性地打入世锦赛四强，最终半决赛不敌特朗普而无缘决赛。

2008年

美国法院公布琼斯处罚结果，女飞人被判入狱六个月

2008 年 1 月 12 日，美国地方法院宣布对前奥运冠军马里昂·琼斯（Marion Jones）的处罚，女飞人因禁药事件被判入狱 6 个月。

琼斯 1975 年出生于美国加利福尼亚州洛杉矶，是女子短跑史上最耀眼的明星之一，曾 3 次获得国际田联最佳运动员称号。

然而 2007 年对于琼斯来说却是不幸的一年，先是被查出服用兴奋剂，无奈中她宣布退役，

随后奥运金牌被收回，成绩被取消，紧接着又被处以入狱 6 个月。琼斯从 1908 年的 3 月 11 日起开始服刑，并且她还要被监督释放两年，外加进行 400 小时的社区服务。

值得一提的是，琼斯曾经的丈夫，美国短跑名将蒙哥马利也是一个“药罐子”，后者也曾因为服用兴奋剂而遭遇停赛和监禁。

2010年

权威机构评 2009 年世界最佳国家队主帅，博斯克力压卡佩罗当选

2010 年 1 月 12 日，西班牙国家队主教练博斯克被国际足球历史与统计协会评选为 2009 年最佳国家队主教练。

评选委员会由来自世界 85 个国家的代表组成。博斯克在这一年的评选中获得了 185 分；带领英格兰队打进南非世界杯的意大利教头卡佩罗得到了 151 分，排名第二；排在第三的是巴西国家队的主教练邓加，他获得了 149 分；智利队教练贝尔萨以 82 分、美国队教练布兰德利以 32 分分别排名第四和第五位。

国际足球历史与统计协会此前公布的 2009 年各项年度最佳还包括——世界最佳联赛：英超；世界最佳裁判：布萨卡（瑞士）；世界最佳俱乐部：巴塞罗那；世界最佳俱乐部主教练：瓜迪奥拉（巴塞罗那）。

值得一提的是，博斯克的前任阿拉贡内斯，在率领西班牙队成功夺得 2008 年欧锦赛冠军之后，也在当年获得了该协会评出的最佳国家队主教练的荣誉。

2010年

日本国脚名波浩退役，四万余球迷向他致敬

名波浩（Hiroshi Nanami）出生于 1972 年，是静冈县藤枝市人，在 2000 年亚洲杯比赛中，当时从海外归来的他带领日本队获得了亚洲杯的冠军，并获得了亚洲最佳球员的称号。

2010 年 1 月 12 日，这位日本国家队前 10 号，时年 37 岁的名波浩在日本静冈袋井市的静冈球场进行了自己的挂靴赛。20 世纪黄金十年的日本国家足球队队员悉数到场为他捧场，多达 43077 名球迷来为他送行。

在这场挂靴比赛中，日本老国脚三浦知良还担任了前锋。

1/12

2012年

霍华德荣膺“史上罚球次数第一人”

2012年1月12日，当时效力于奥兰多魔术队的德怀特·霍华德（Dwight Howard）在魔术客场117：109战胜金州勇士队的比赛中，获得了令人瞠目的39次罚球，一举打破了传奇球星张伯伦保持了49年的单场罚球纪录。

德怀特·霍华德1985年12月8日出生于美国佐治亚州亚特兰大，在NBA中司职中锋。2004年，德怀特·霍华德成为当年NBA选秀状元，2008年他成为全明星赛扣篮大赛冠军。2009、2010和2011年，霍华德连续三年荣获NBA年度最佳防守球员的奖项，并且在篮板、盖帽两项数据上连续两年均排在全联盟首位。2012年夏季，湖人与魔术完成大交易，霍华德转投洛杉矶湖人，与科比成为搭档。

1月12日备忘录

1935年1月12日　朱德、红军战士与学生在遵义省立第三中学打篮球。

1965年1月12日　毛泽东对《关于如何打乒乓球》作出批示：“徐寅生同志的讲话和贺龙同志的批语，印发中央工作会议同志们一阅。……这是小将们向我们这一大批老将挑战了，……讲话全文充满了辩证唯物论，处处反对唯心主义和任何一种形而上学。多年以来，没有看到过这样好的作品。他讲的是打球，我们要从他那里学习的是理论、政治、经济、文化、军事。如果我们不向小将们学习，我们就要完蛋了。”

1985年1月12日　体操奥运冠军肖钦出生。

1988年1月12日　在新西兰的奥马拉马上空，新西兰的伊冯娜·罗德尔创造了女子滑翔机飞行10212米的最大相对高度的世界纪录。

1992年1月12日　在美国亚拉巴马州的特罗伊，特罗伊州立大学队以258：141战胜亚特兰大大学的弗里学院队，创下了美国全国大学生体育协会（NCAA）所统计的大学生篮球比赛的最高得分纪录：399分。特罗伊州立大学的得分也代表了一场比赛之中一支球队所取得的最高分数。

1998年1月12日　全国体委主任会议在北京召开。

1999年1月12日　美国的费尔迪·阿多伯在美国亚利桑那州图克孙的福特·洛维尔公园创

下了30秒钟内颠球（足球）136个，他1分钟的颠球次数为262次。

2002年1月12日　德国权威体育内参《Sport Intern》(国际体育界最权威的体育刊物，也是国际奥委会官员的必读刊物)，刊出了其评选的2001年十位体育风云人物，北京2008年奥运会组委会主席、北京市市长刘淇名列第九位。

2002年1月12日　美国广播公司（ABC)、娱乐与体育电视网（ESPN）和美国在线·时代华纳三家公司宣布，他们已联手买断美国职业篮球联赛（NBA）未来4年的电视转播权，这个转播合同的总价值将达到26.4亿美元，再次刷新了NBA电视转播费的纪录。同时，这也宣告了NBA与美国全国广播公司（NBC）长达12年转播合作的终结。

2004年1月12日　印度奥委会宣布，首都新德里将申办2016年夏季奥运会。

2006年1月12日　国际网球联合会（ITF）作出决定，给予兴奋剂检测呈阳性的保加利亚美少女塞西尔·卡拉坦切娃两年禁赛处罚。

2006年1月12日　中国田协作出最终处罚：女子中长跑名将孙英杰停赛两年，教练王德显终身禁赛。

2007年1月12日　2010年世界杯日程确定，国际足联主席布拉特为轮流举办给出答案。

2008年1月12日　中国国奥队在慕尼黑进行的一场友谊赛中，以2:7负于德甲领头羊拜仁慕尼黑队，创最大丢球数纪录。

2008年1月12日　一代象棋宗师杨官璘先生追悼会在广州举行。

2011年1月12日　国际足球历史和统计联合会（IFFHS）公布2010年度世界各国联赛和各个俱乐部的排名。球队方面，中超仅北京国安队上榜，球队积分66.5，排在第341位。负面消息不断的中超联赛最终只排在第84位。

2011年1月12日　江苏外援莱特被判入狱15天。

2011年1月12日　第七届亚冬会圣火开始在哈萨克斯坦传递。

1/13 Jan

1908年

航空先驱亨利·法尔曼驾驶双翼飞机首次环形飞行

1908 年 1 月 13 日，在塞纳河畔的伊席城练兵场，双翼飞机的发明者、法国飞行家亨利·法尔曼（Henry Farman，1874.5.26—1958.7.17），完成了欧洲大陆上的首次环形飞行。他驾驶着一架瓦赞推进式双翼飞机成功地绕飞了 1 公里，并因此获得 2000 英镑的奖金。他驾驶的这架双翼飞机具有 50 马力，平均时速约 38.6 公里，是由法尔曼和他的弟弟莫里斯一同改良设计而成的。

自从莱特兄弟实现了人类史上的第一次飞行之后，正是航空先驱亨利·法尔曼推动了航空业的第二次巨大进步。

1969年

历史上最好的斯诺克球员之一史蒂芬·亨得利出生

1969 年 1 月 13 日，史蒂芬·亨得利（Stephen Hendry）在苏格兰爱丁堡出生。

亨得利从 12 岁开始练习斯诺克，两年之后，他获得了英国 16 岁以下青年比赛的冠军。1984 年，亨得利参加了世界斯诺克业余锦标赛，成为该赛事有史以来最年轻的选手（截至 2009 年 9 月）。1985 年，年仅 16 岁零 3 个月的亨得利转为职业球手，成为有史以来最年轻的职业斯诺克选手。

亨得利是举世公认的历史上最伟大的斯诺克球员之一，他在 20 世纪 90 年代达到了自己竞技生涯的巅峰，先后 9 个赛季排名世界第一；他夺得过 7 次世锦赛冠军，6 次大师赛冠军，4 次大奖赛冠军，是夺冠次数最多的选手；他赢得过 36 个排名赛冠军，各项赛事冠军总计 73 个；他在正式比赛中打出过 11 次 147 分满分杆。直到进入新千年之后，由于年龄的增长，亨得利的成绩才开始逐渐下滑。

怀抱奖杯的亨得利

生活中的亨得利是个兴趣广泛的人，他喜欢打高尔夫和扑克；他还是苏格兰哈茨（Hearts）足球队的忠实球迷；他最喜欢的乐队是 U2 乐队和 Suede。亨得利在 1995 年与曼迪结婚，并育有两个儿子，大儿子布雷尼 1996 年出生，也是一个狂热的斯诺克爱好者，并已经获得过少年组的冠军。

2012 年 5 月 2 日，亨得利正式宣布退役。

1969年

冬奥会历史上获奖牌最多的运动员之一斯蒂法尼娅·贝尔蒙多出生

1969 年 1 月 13 日，斯蒂法尼娅·贝尔蒙多（Stefania Belmondo）在意大利的维纳迪奥出生。贝尔蒙多是意大利著名的越野滑雪运动员，她从 1988 年开始先后参加了五届冬奥会，总共拿到了 2 枚金牌、3 枚银牌和 5 枚铜牌，是冬奥会历史上获得奖牌最多的运动员之一。2006 年意大利都灵冬奥会的开幕式上，贝尔蒙多还亲手点燃了主火炬。

贝尔蒙多身高 1 米 55，体重只有 47 公斤，但这个身材娇小的意大利姑娘却创造了一系列神奇。1992 年法国阿尔贝维尔冬奥会上，第二次角逐冬奥会的贝尔蒙多参加了五个项目的比赛，并最终在 30 公里越野滑雪比赛中，以 21.9 秒的绝对优势获得了金牌。2002 年美国盐湖城冬奥会上，她在越野滑雪女子 15 公里自由式集体出发的比赛中，摘下那届冬奥会的首枚金牌，时隔 10 年后再一次成为冠军。

除了冬奥会外，贝尔蒙多还在多届世界滑雪锦标赛上取得成绩，她获得过 4 枚金牌、7 枚银牌和 2 枚铜牌。

1972年

体操奥运冠军白俄罗斯运动员维塔里·谢尔博出生

1972 年 1 月 13 日，体操奥运冠军维塔里·谢尔博在白俄罗斯的明斯克出生。

1992 年西班牙巴塞罗那夏季奥运会上，谢尔博先在男子体操团体比赛中为独联体夺得团体金牌，随后凭借稳定的发挥夺取个人全能金牌。8 月 2 日，谢尔博在个人单项决赛中夺取双杠、跳马、吊环和鞍马的金牌，成为奥运历史上第一位在一天之内夺取四金的运动员，也是第一位在一届奥运会中夺取 6 枚金牌的体操运动员。

维塔利·谢尔博（左）

1996 年，谢尔博代表白俄罗斯参加亚特兰大奥运会，又先后夺取了个人全能、单杠、双杠和跳马比赛的 4 枚铜牌。谢尔博用 10 枚奥运会奖牌和 11 个世界冠军的头衔证明了自己是一个体操天才。退役后，谢尔博把精力放在体操教学上。1998 年，他在拉斯维加斯开办了以自己名字命名的体操学校，从事青少年体操推广和训练。

1972年

澳大利亚最具天才的门将博斯尼奇出生

1972 年 1 月 13 日，马克·博斯尼奇（Mark Bosnich）出生在澳大利亚新南威尔士州。他曾被视作澳大利亚足球史上最具天才的守门员。

博斯尼奇 17 岁就被曼联相中，当时的他拥有天才守门员的潜质，被看作是丹麦门神舒梅切尔的接班人。两年后由于劳工证问题，博斯尼奇短暂回到澳大利亚。再次回归英超后，他在阿斯顿维拉队逐渐成为主力门将。1999 年，博斯尼奇重披曼联战袍，但此时的他因超重的身材以及赛场内外不断地惹是生非，渐渐失去了天才的光环。2000 年，博斯尼奇被免费“送”给切尔西。但此后却几乎打不上比赛；2003 年 1 月，博斯尼奇可卡因尿检结果呈阳性，被英格兰足球总会正式指控，切尔西队终止了与他的合同。一个曾经的天才，就这样因为吸毒而陨落了。

1979年

约翰·斯潘塞打出史上第一个单杆 147 分的惊人成绩，但因球台的球袋过大而未被承认

1979 年 1 月 13 日，约翰·斯潘塞（John Spencer，1935.9.18—2006.7.11）在英国伯克郡的斯劳，打出了在重大斯诺克比赛中的第一个单杆 147 分的惊人成绩，但因为球台的球袋过大而未被承认。

约翰·斯潘塞是 20 世纪 70 年代初期最优秀的斯诺克选手，他的进球技术堪称天下第一。在那个年代里，他的名字成了斯诺克的代名词。斯潘塞 1963 年获得英格兰业余锦标赛冠军和世界业余锦标赛亚军；1969 年，成为职业选手后的第二年，他便赢得了世界职业锦标赛的冠军；1977 年，他再次荣登世界职业锦标赛冠军宝座；1981 年，斯潘塞作为英格兰队的一员赢得了斯诺克世界杯。但从那以后，他的视力出现了问题，便逐渐淡出了台球界。

1991年

第六届世界游泳锦标赛落幕，中国游泳女将首次夺得四金

1991 年 1 月 13 日，第六届世界游泳锦标赛落幕，中国游泳女将在本届比赛中大放异彩，一举夺得四枚金牌，其中林莉夺得 200 米、400 米个人混合泳两枚金牌，庄泳获得 50 米自由泳冠军，钱红获得 100 米蝶泳的桂冠。这是中国选手首次在游泳世锦赛中站到最高领奖台上。这三位冠军加上杨文意、王晓红，被称为中国游泳“五朵金花”。正是这“五朵金花”在 20

林莉

钱红

庄泳

世纪 80 年代后期将中国女子游泳提升到世界领先水平，创造了中国游泳的第一个春天。

在这届世锦赛上，中国跳水队也再度显示出强劲的实力：高敏包揽女子一米和三米跳板两枚金牌；伏明霞和孙淑伟分别获得女子和男子十米跳台的冠军。

1991年

在南非奥克尼镇举行的一场足球赛中发生球迷踩踏事故，造成 42 人死亡

1991 年 1 月 13 日，南非奥克尼镇的一场足球赛上发生球迷踩踏事故，造成 42 人死亡。而巧合的是，比赛的两支球队“恺撒首领队”和“奥兰多海盗队”，也恰恰是 2001 年 4 月 12 日南非最大城市约翰内斯堡发生的一起足球场内众多球迷相互踩踏严重事件的比赛球队，这是两支在南非球迷中非常受欢迎的队伍，两队交手战况通常都很激烈，因而吸引大量球迷。

2001 年 4 月 12 日，两队在全国联赛的一场交锋中，再次发生了球迷相互踩踏事件。事件发生后，主办者立即取消了比赛，但球场内已经留下了至少 27 具尸体。据有关方面透露，至少还有 160 人受伤，其中 30 人伤势严重。惨剧发生后，南非国内发行量最大的报纸《Sowetan》以“黑色的复活节”为题对此进行了报道，并在头版显著刊登出了一张大幅照片，照片中数十具遇难球迷的尸体被排成行放置在球场的草地上。

2003年

博斯克当选 2002 年度世界最佳主帅，温格·弗格森紧随其后

博斯克

2003 年 1 月 13 日，国际足球历史与统计协会（IFFHS）公布，皇家马德里队主教练博斯克被评为 2002 年度世界最佳俱乐部主帅。

52 岁的博斯克荣膺此奖可谓实至名归。上赛季，在他的率领下，皇马在冠军杯中一举夺魁。该奖项是由来自 92 个国家的足球专家联合投票选出的。英超阿森纳队主教练法国人温格得票数尾随博斯克，排名第二。他在上赛季带领阿森纳队成为了英超、足总杯的双料冠军。

根据投票情况，博斯克的得分为 244 分，温格相比之下差得较远，只有 136 分。曼联主教练弗格森和上赛季德甲榜眼勒沃库森队主帅托普穆勒同得 69 分，并列第三。曾举起过大力神杯的前阿根廷国脚、

当时执教于巴拉圭奥林匹亚队的普姆多以 61 分获第五。

IFFHS 是于 1984 年 3 月在德国莱比锡成立的，该组织已得到国际足联承认，其公布的各项排名和奖项有一定影响力。此前，科里纳已经连续第五年当选最佳裁判，皇家马德里队成为最佳俱乐部，斯科拉里当选最佳国家队教练。

2005年

世界最佳裁判评选揭晓，牙医默克终结“科里纳时代”

2005 年 1 月 13 日，多年以来，意大利的光头裁判科里纳已经成为足球场上黑衣法官的化身，从 1998 年第一次成为国际足联年度最佳裁判以来，他连续六年独享了这一裁判界的至高荣誉。不过，随着 2004 年欧洲杯的结束，“科里纳时代”也到了该结束的时候，而取代他的就是执法 2004 年欧洲杯决赛的德国牙科医生默克。

在来自 83 个国家的选票中，竞争主要集中在科里纳和默克两个人身上，巧合的是这两人在 2004 年的欧洲杯上曾执法了“相同”的一场比赛，意大利人科里纳执法的是揭幕战葡萄牙与希腊的比赛，德国人默克执法的是冠亚军决赛时葡萄牙和希腊的比赛，最终牙医出身的默克以 126 票比 122 票微弱的优势战胜了财经顾问出身的科里纳。

仅从 2004 年默克的表现看，他在欧洲杯上执法了著名的英法大战、执法了决定意大利队生死的瑞典与丹麦一役，此外他还执法了 2004 年欧洲冠军杯决赛 AC 米兰与尤文图斯的比赛。这样的成绩单显然在比赛的重要性上已经超过了科里纳，既然欧足联把欧洲最重头的决赛都交到了他手里，那么他取代科里纳成为世界第一哨自然是水到渠成了。

2006年

三星杯罗洗河夺冠，中国棋手首次在世界大赛的决赛中战胜李昌镐

2006 年 1 月 13 日，第十届三星杯世界围棋公开赛三番棋决赛最终局的较量在韩国结束，中国罗洗河九段执黑击败韩国李昌镐九段，以 2∶1 的总比分夺得三星杯冠军，也创造了中国棋手在世界大赛决赛中首次击败李昌镐夺冠的历史。

罗洗河（左三）

罗洗河的胜利是现代围棋发展中一个里程碑式的胜利。李昌镐九段在称霸十余年后，首次在世界大赛番棋决赛中输给非韩国棋手。而中国围棋也从

这一年开始逐渐走出低迷，在世界大赛中屡屡夺冠，并全面超越日韩棋手。

2009年

C罗成就史上第一个全满贯，全年22项荣誉无人能敌

C·罗纳尔多（中）

2009年1月13日，曼联球星克里斯蒂亚诺·罗纳尔多（Cristiano Ronaldo，中文简称C·罗纳尔多或C罗），在国际足联世界足球先生颁奖典礼上，以935分的高分力压获得678分的梅西，荣膺2008年世界足球先生。此前，C罗已经获得该年度的金球奖，他成为第十位在单赛季荣膺双料先生的球星。而在之前几个赛季中，C罗已经得到过世界职业球员协会年度最佳球员，以及《世界足球》杂志评选的年度最佳球员荣誉，从而顺利完成个人全满贯，成为足球史上获得全满贯的第一人。

整个2008年，C罗一共获得22项个人荣誉和集体荣誉，绝对前无古人。

C罗2008年个人荣誉包括：1. 国际足联世界足球先生；2. 欧洲金球奖；3. 世界职业球员协会（FIFPro）年度最佳球员；4. 世界职业球员协会（FIFPro）年度最佳11人阵容；5.《世界足球》杂志评选世界最佳球员；6. 欧足联年度俱乐部最佳前锋；7. 欧足联年度最佳球员；8. 欧冠联赛最佳射手；9. 欧洲金靴奖；10. 英超金靴奖；11. 英格兰职业球员协会（PFA）足球先生；12. 英格兰记者协会（PWA）足球先生；13. 英格兰球迷票选足球先生；14. 英超年度最佳阵容；15. 英超官方赞助商赛季MVP；16. 巴斯比爵士曼联年度最佳球员；17.《队报》评欧洲年度最佳阵容；18. 拉美媒体评年度欧洲最佳球员。

C罗2008年集体荣誉包括：1. 2007—2008赛季英超冠军；2. 2007—2008赛季欧冠冠军；3. 社区盾杯冠军（相当于英格兰超级杯）；4. 世界俱乐部杯冠军。

2009年

玛塔连续第三次荣膺世界足球小姐

2009年1月13日，在第18届国际足联颁奖典礼上，巴西女足运动员玛塔（Marta Vieira da Silva）连续三年当选世界足球小姐。2001年世界足球小姐创立以来，只有三位球员获得过该奖项，美球星哈姆蝉联前两届，随后德国前锋普琳茨连续三年垄断大奖。这次折桂之后，玛塔取得的成就已经与普琳茨比肩，但玛塔的辉并没有就此止步，在2010和2011年的国际足联评选当中，玛塔续牢牢把持着世界足球小姐这一荣誉，连续五次夺得世界足球姐，玛塔是当之无愧的世界女足第一人。

2011年

纳什罚球命中率NBA历史第一

2011年1月13日，美国NBA常规赛的一场比赛中，菲尼克斯太阳队通过加时，以118：109战胜新泽西网队。在这场比赛中，史蒂夫·纳什得到23分16次助攻。其中他的罚球11罚11中，职业生涯罚球命中率超过马克·普莱斯跃居NBA历史第一位。

普莱斯职业生涯2362次罚球2135中，命中率达到90.389%。而在当天对网队的比赛之后，纳什完成了2999次罚球2711命中，以90.394%的命中率超过了普莱斯，成为历史第一。

史蒂夫·纳什（Steve Nash，1974.2.7— ）出生于南非约翰内斯堡，加拿大职业篮球运动员，司职控球后卫。纳什篮球生涯的最高成就是在2005、2006年连续两年获得NBA常规赛MVP，是唯一一个蝉联常规赛MVP的外籍球员。纳什还得到过五届NBA助攻王（2004—2005、2005—2006、2006—2007、2009—2010、2010—2011赛季）；三次入选NBA第一阵容（2004—2005、2005—2006、2006—2007赛季）；8次入选全明星阵容；2005、2010年两届全明星技巧大赛冠军。此外，纳什还是NBA联盟中唯一投篮命中率50%+、三分命中率40%+以及罚球90%+的球员。

纳什（左）和科比

2012年7月5日，纳什被交易到了洛杉矶湖人队。

2011年

日本足球队88年书写千球纪录，本田圭佑打进国家队历史上第一千粒进球

2011年1月13日，在卡塔尔多哈进行的亚洲杯小组赛第二场比赛中，日本队凭借本田圭佑的一个点球，2：1战胜了叙利亚队。根据日本足球协会运营的日本国家队官方网站“蓝武士”的相关资料证实，本田圭佑的这个进球是日本国家队历史上的第一千个进球。从1923年远东足球锦标赛开始，到2011年亚洲杯，日本队在正式国际比赛中取得1000个进球，用了88年的时间。

2012年

首届冬季青年奥运会开幕，因斯布鲁克三度点燃奥运圣火

2012 年 1 月 13 日，曾经举办两届冬季奥运会的奥地利城市因斯布鲁克又迎来了首届冬季青年奥运会。开幕式在贝吉塞尔滑雪场举行，点火仪式别出心裁，分别由两位昔日冬奥运冠军和一位年轻运动员出场点燃三个圣火盆。三个圣火盆一同绽放夺目的光芒。因斯布鲁克成为了世界上第一个举办过三届奥林匹克赛事的城市。青年奥运会是国际奥委会主席罗格一手创办的，首届夏季青奥会 2010 年在新加坡举行。而当首届冬季青奥会的圣火熊熊燃起时，“青奥之父”罗格表示：新的奥运赛事在因斯布鲁克诞生，它将继承 1964 和 1976 年冬奥会的遗产，并且发扬光大。

1月13日备忘录

1892年1月13日　1948 年奥运会帆船金牌得主、美国的保罗·斯马特出生。

1941年1月13日　1976 年冬季奥运会有舵雪橇双人项目金牌得主、民主德国的梅因哈德·内默尔出生。

1947年1月13日　1968 年奥运会帆船金牌得主、瑞典的彼得·松德林出生。

1979年1月13日　雅典奥运会羽毛球女双冠军、中国运动员杨维出生。

1981年1月13日　韩国羽毛球明星、奥运冠军获得者李孝贞出生。

1997年1月13日　以加强体育法制为主要议题的全国体委主任会议在京举行。

1998年1月13日　美国人阿什里塔·弗曼成功完成了 434 个跳房子游戏。

1999年1月13日　乔丹再次宣布退役，表示“百分之九十九点九不会回来了”。

2001年1月13日　亚特兰大老鹰队为多米尼克·威尔金斯举行了 21 号球衣退役仪式。

2001年1月13日　全国足球工作会议在深圳开幕。

2002年1月13日　第二十四届巴黎—达喀尔拉力赛在达喀尔附近的玫瑰湖畔完成最后一个赛段的比赛，驾驶三菱汽车的日本车手增冈弘以 46 小时 11 分 30 秒的总成绩名列本届比赛冠军。这是增冈弘参加巴黎—达喀尔拉力赛 15 年来首次夺冠。去年的摩托车组冠军、KTM 车队的意大利车手梅奥尼也轻松卫冕，卡车组总冠军被哈萨克斯坦的查古恩夺得。

2003年1月13日　邵佳一成功登陆慕尼黑1860队。

2004年1月13日　国务院总理温家宝签署第398号国务院令，正式颁布《反兴奋剂条例》，中国从法规的角度向体育运动的“毒瘤”——兴奋剂宣战。

2004年1月13日　欧足联年度最佳阵容评选揭晓，皇马四人入选成最大赢家。

2005年1月13日　IFFHS 2004年世界俱乐部排名，大连实德杀回亚洲前十。

2008年1月13日　泰晤士报盛赞“郑智鼓舞查尔顿”，恒星ZZ成全场最佳。

2009年1月13日　国家体育总局宣布，确立每年8月8日为全民健身日。

2009年1月13日　美国游泳名将菲尔普斯宣布重新起航伦敦奥运，承认八金辉煌难以超越。

2011年1月13日　罗格宣布对加纳奥委会实施禁赛，加纳险些无缘伦敦奥运会。

2011年1月13日　天王回家，巴西球星罗纳尔迪尼奥加盟弗拉门戈。

2011年1月13日　中华全国体育总会常委会免去谢亚龙的委员职务。

2012年1月13日　IFFHS 2011年世界俱乐部排名揭晓。在上榜的400支俱乐部中来自中国的天津泰达排在第234位，山东鲁能排在第332位。

1/14 Jan

1936年

有史以来最成功的奥运会马术比赛选手雷纳·克利姆出生

1936年1月14日，德国马术运动员雷纳·克利姆克（Reiner Klimke）出生。克利姆克参加过六届奥运会，在近三十年的时间里，是他确立了盛装舞步赛的优秀标准，他在这项比赛中共获得6枚奥运金牌和2枚奥运铜牌，从而成为奥运马术历史上最成功的参赛选手。

克利姆克首次参加奥运会是在1960年的罗马，当时他参加的是三项赛。之后，他把注意力转向了盛装舞步。

克利姆克28岁那年，他作为西德队的一员，和队友一起获得了1964年东京奥运会盛装舞步团体赛冠军，当时他的坐骑名叫达克斯。达克斯还帮助克利姆克在1968年墨西哥奥运会的盛装舞步团体赛上成功卫冕，并获得了他的第一枚个人赛奥运奖牌。

1976年蒙特利尔奥运会，克利姆克骑着一匹名叫梅梅德的马同样收获一金一铜。

在1984年洛杉矶奥运会上，克利姆克与他的马儿阿勒里奇获得了盛装舞步团体赛和个人赛2枚金牌，而这一对组合还在1988年汉城奥运会的盛装舞步团体赛中再获金牌。

克利姆克堪称世界盛装舞步赛的统治者，在他20年的职业生涯中骑着4匹不同的马共获得6枚世锦赛金牌、10枚洲际赛金牌和9枚国内赛事金牌。

1999年8月17日，克利姆克突然因心脏病发作去世，享年63岁。他的女儿英格里德继承了父亲的遗志，成为一位知名的马术三项赛选手。

1948年

意大利足球教练吉安·皮埃罗·文图拉出生

1948年1月14日，吉安·皮埃罗·文图拉（Giampiero Ventura）出生于意大利热那亚。他曾是一名意大利足球运动员，现任意甲巴里足球俱乐部主教练。

文图拉纵横教坛30年，可谓经验丰富。由于严重的背伤，出道于桑普多利亚的文图拉不得已在25岁时退役。之后，他成为了桑普多利亚的青年队教练以及一线队助理教练。从1981年开始，文图拉走上独立执教的道路。他先后执教过斯佩齐亚、皮斯托伊塞、威尼斯、莱切等中小球队，也曾在卡利亚里、桑普多利亚和乌迪内斯等意甲球队留下过足迹。2009年6月27日文图拉正式出任巴里队主教练，那一年他61岁。

1958年

国际业余田径联合会正式承认中国运动员郑凤荣打破的女子跳高世界纪录

1958 年 1 月 14 日，国际业余田径联合会在伦敦宣布，正式接受中国运动员郑凤荣 1957 年 11 月 17 日在北京以 1.77 米的成绩打破的女子跳高世界纪录。这是中国运动员在田径运动中第一次创造世界纪录。

郑凤荣 1937 年 5 月 16 日出生于山东济南一个贫寒家庭。1945 年，抗日战争胜利，8 岁的郑凤荣进入了济南市的体育特色学校刘家庄小学，从此开始了“体育情缘”。1953 年，身高达到 1 米 70 的郑凤荣代表山东队参加华东区第一届田径运动会，夺得跳高第二名、跳远冠军，从而被选入国家田径集训队。1954 年，郑凤荣以 1.45 米的成绩打破全国女子跳高纪录。1957 年她在柏林的一次国际田径比赛中，以 1.72 米的成绩获得第一名，跨入了世界女子跳高先进行列。1957 年 11 月 17 日的北京田径比赛中，她成功地跳过了 1.77 米，打破了由美国运动员 M · 麦克丹尼尔保持的 1.76 米的世界纪录，她因而成为我国第一位打破世界纪录的女运动员，也是我国第一位打破田径世界纪录的运动员。

周恩来总理接见郑凤荣

1966年

NBA 费城 76 人队创造主场 36 连胜的纪录

1966 年 1 月 14 日，NBA 费城 76 人队在张伯伦的带领下以 112∶110 战胜凯尔特人队，创造了 NBA 主场 36 连胜的纪录。这个纪录直到 1985—1986 赛季才被凯尔特人队以 38 连胜打破。

费城 76 人队（Philadelphia 76ers）1949 年加盟 NBA，历史上曾获得三次 NBA 总冠军，主场沃乔维亚球馆可容纳 21600 人。

费城 76 人队的前身锡拉丘兹民族队曾在 1955 年夺得过一次联盟总冠军。1963 年球队迁入费城之后，开始了一段辉煌岁月。篮坛历史上的第一位全才张伯伦帮助 76 人队在 1967 年，以常规赛 68 胜 13 负的惊人成绩挺进季后赛，并最终轻松夺冠。在 1980 年举行的 NBA35 周年庆典上，这支球队被评为 NBA 历史上最强大的队伍。

1982—1983 赛季，天才中锋摩西 · 马龙的加盟又一次为 76 人队打开了通向 NBA 总冠军的胜利之门，而马龙本人也荣获常规赛和总决赛双料 MVP。2000—2001 赛季，76 人再一次杀入 NBA 总决赛，虽然最终输给了洛杉矶湖人队，但那一年 76 人队还是创造了一支球队同时赢得四项大奖的 NBA 纪录，分别是常规赛 MVP：阿伦 · 艾佛森，最佳教练奖：拉里 · 布朗，最佳防守人奖：穆托姆博，最佳第六人奖：艾伦 · 麦基。

1971年

“全能高山滑雪冠军”拉瑟·许斯出生

1971年1月14日，“全能高山滑雪冠军”拉瑟·许斯（Lasse Kjus）在挪威奥斯陆出生。拉瑟·许斯是一位全能的高山滑雪运动员，他参加了1992到2006年的五届冬奥会，并在三个不同的项目中，获得了金牌1枚、银牌3枚、铜牌1枚；另外，他还在世界锦标赛上获得3枚金牌、8枚银牌。2006年3月许斯宣布退役。

1994年挪威利勒哈默尔冬奥会，许斯在家乡观众面前夺下高山滑雪男子全能金牌。1998年2月13日，许斯上午先在高山速降比赛中夺下银牌，下午又在男子全能比赛的速降中再添1枚银牌，成为奥运历史上第一位在同一天夺取2枚奖牌的高山滑雪运动员。此外，许斯还在世界锦标赛上创造过辉煌，1999年，他在高山滑雪的五个项目上获得三金两银。

1978年

美国短跑运动员肖恩·克劳福德出生

1978年1月14日，美国短跑运动员肖恩·克劳福德（Shawn Crawford）出生于南加利福尼亚。他曾在2004年雅典奥运会男子200米项目中以19.79秒的个人最好成绩夺得了金牌，奠定了他作为世界顶级短跑选手的地位。

2001年，在世界室内锦标赛200米项目中，克劳福德替补受伤的队友上场，却意外获得了冠军。雅典奥运会是克劳福德的巅峰，除了200米的金牌，他还在4×100米接力赛中收获了银牌，在100米中取得了第四名。

1980年

中国篮球运动员胡雪峰出生

1980年1月14日，胡雪峰出生于江苏常熟。1998年胡雪峰加入CBA江苏南钢队，成为一名职业篮球运动员。他在球场上司职后卫，曾多次入选国家队。

2000年，年仅19岁的胡雪峰一举夺得联赛最佳新人和抢断王。2004年10月，CBA第十一轮，胡雪峰在江苏队主场以131：102战胜云南红河队的比赛中，打出16分、10个篮板球、12次助攻和10次抢断的“四双”，他也成为CBA历史上第一个“四双”球员。2005—

2006 赛季胡雪峰拿到 CBA 常规赛助攻王、抢断王。他还是 CBA 历史上第一个个人抢断数突破 1300 的球员。

2010 年 5 月开始，胡雪峰在担任球员的同时，兼任江苏南钢队的教练，为今后的退役转型做准备。

1985年

NBA 美国球员亚伦・布鲁克斯出生

亚伦・贾马尔・布鲁克斯（Aaron Jamal Brooks），1985 年 1 月 14 日出生于华盛顿州西雅图市，美国职业男子篮球运动员，身高 1 米 83，司职组织后卫。布鲁克斯曾效力于 NBA 休斯顿火箭队，为姚明队友，后转会菲尼克斯太阳队。2011 年 11 月，由于 NBA 持续停摆，他签约广东宏远华南虎队，加入 CBA。

布鲁克斯在 2007 年 NBA 选秀大会第一轮 26 顺位被火箭选中。2009—2010 赛季他获得 NBA 进步最快球员奖（Most Improved Player Award）；就在这个赛季里，他个人投进三分球 309 个，名列该赛季联盟第一。

1993年

马克・伊顿成为 NBA 第二位盖帽数达到 3000 的球员

1993 年 1 月 14 日，马克・伊顿（Mark Eaton）在犹他爵士队 96∶89 战胜西雅图超音速队的比赛中再一次贡献了两个盖帽，成为 NBA 继贾巴尔之后，第二位封盖数达到 3000 个的球员。

马克・伊顿，1957 年 1 月 24 日出生于美国加利福尼亚州英格尔伍德。他的整个 NBA 生涯都在犹他爵士队效力，在他全部的 11 个赛季中，累计盖帽达到惊人的 3064 次！而贾巴尔和奥拉朱旺却分别用了 20 和 18 个赛季才超过这一数据，可以说伊顿是盖帽效率最高的球员。

由于身高突出，伊顿几乎不用起跳便能够左右开弓狙击对手投篮，成为当年爵士队一道独特的风景。1985 和 1989 年，伊顿两次获得 NBA 最佳防守球员称号；1984—1985 赛季他以 456 次封盖创造了 NBA 单赛季封盖纪录，而场均 5.56 次的封盖数据，也使伊顿成为 NBA 历史上唯一一位单赛季封盖场均 5 次以上的球员。

伊顿曾 4 次成为联盟盖帽王；3 次入选 NBA 最佳防守阵容；1989 年当选 NBA 全明星。他的职业生涯一共有 3064 个盖帽，位于奥拉朱旺、穆托姆博、贾巴尔、大卫・罗宾逊之后，列 NBA 历史第五位。

1996 年，犹他爵士队将他的 53 号球衣退役。

2004年

亨利荣膺2003年度世界最佳射手，郝海东位列第十七

2004年1月14日，国际足球历史与统计协会（IFFHS）公布的2003年度世界最佳射手排名中，亨利超过自己的国家队射手特雷泽盖，第一次荣登射手王宝座。2003年亨利与国家队队友特雷泽盖同进15球，但由于亨利在法国国家队的11粒入球比特雷泽盖多3粒，所以当时的阿森纳前锋得以一人独享榜首位置。

郝海东尽管全年未参加国家队比赛，但他在实德俱乐部参加亚洲冠军联赛的9粒入球依然帮助他排名位列第十七位。

2006年

NEC杯围棋赛古力登顶，创五天内连夺三冠的奇迹

2006年1月14日，第十一届NEC杯围棋锦标赛决赛在广州结束。古力七段执黑中盘战胜刘世振六段夺得冠军。这也是古力在五天之内获得的第三个冠军头衔，创造了一个奇迹。此前，古力在1月10日夺得阿含·桐山杯中日围棋对抗赛冠军；1月12日又击败俞斌成功卫冕“名人战”。

2007年

温布利大师赛丁俊晖打出单杆满分147分，震惊英伦

2007年1月14日，2007年斯诺克温布利大师赛的揭幕战中，持外卡参战的中国神童丁俊晖以6∶3战胜世界排名第十六位的安东尼·汉密尔顿。其中，丁俊晖在第七局中打出职业生涯第一个单杆147分的满分成绩，这是大师赛23年来第一个打出单杆满分的选手。丁俊晖同时也成为斯诺克历史上在电视转播的情况下打出单杆满分的最年轻的球手。1997年斯诺克世锦赛上，当时22岁的奥沙利文打出了单杆满分，而此时的丁俊晖刚刚19岁零9个月。

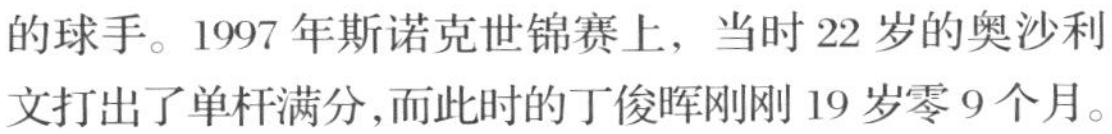

丁俊晖（右）与奥沙利文

温布利大师赛是对世界排名要求最高的比赛，每年都只邀请世界排名前16位的选手和两位外卡选手参赛。这项比赛自1975年以来一直在温布利举行，虽然不是排名赛，但享有盛誉的温布利大师赛地位重要，几与英锦赛齐名，仅次于世锦赛。

2007年

非洲50年最佳评选：米拉傲视群雄，埃托奥力压德罗巴

2007年1月14日，非洲足联公布了近50年非洲最佳球员的评选结果。在1990年世界杯上有精彩表现的罗杰·米拉以2246分击败了曾被誉为“非洲世纪最佳”的埃及名将埃尔卡蒂布，最终获得了非洲50年最佳的殊荣。

喀麦隆球员米拉参加了1982、1990和1994年三届世界杯，在1990年世界杯中攻入四球，并得到“米拉大叔”的外号；其中他在对阵俄罗斯队比赛时的进球，使他成为世界杯最年长的进球队员。

在此次评选中，埃托奥成为排名最高的现役球员，他的1840票超过了德罗巴的1467票。

2008年

IFFHS年度门将排名：布冯蝉联王冠，巴西媲美西班牙

吉安路易吉·布冯

2008年1月14日，IFFHS（国际足球历史与统计协会）公布了2007世界年度最佳门将的排名，尤文图斯门将布冯成功卫冕这一荣誉，排名二到五位的是切尔西门将切赫、皇马门将卡西利亚斯、曼联门将范德萨和圣保罗门将切尼。

2006—2007赛季，尤文图斯受电话门影响降入乙级，布冯并没有像人们猜测的那样离开，而是选择了留下，最终在尤文图斯42场联赛中只丢30球，帮助“老妇人”重返甲级行列。在国家队，布冯也是意大利绝对的守护神，在他的镇守下，意大利有惊无险地晋级2008年欧锦赛决赛阶段。

排名前10的门将与上一年变化并不太大，榜单上几乎所有的位置都被成名的门将占据，并没什么新鲜血液的加入，不过这也符合门将这个位置的特殊性，新秀是很难在这份名单中占据一席之地的。而巴西入选3人，和西班牙并列成为2007年优秀门将的大国，也成为难得的亮点。

2009年

NBA魔术队单场投进23个三分球，创NBA纪录

2009年1月14日，在NBA常规赛奥兰多魔术队与萨克拉门托国王队的比赛中，魔术队全场投进23个三分球，在战胜对手的同时，也创造了NBA历史上单队单场三分球最多的纪录。魔术全场三分球37投23中，命中率达到了恐怖的62%。而破纪录的球员是出场时间不多的替补杰雷米·理

查德森。NBA 此前的纪录是多伦多猛龙创造的单场 21 个三分球，而单场 139 分也是魔术队历史第二高分，他们在 1995 年对阵雄鹿队时，拿到了球队单场最高的 152 分。

2009年

巴特尔完成第 193 次两双，成为 CBA 历史第一人

2009 年 1 月 14 日，CBA 联赛第二十六轮，新疆队在主场迎战福建队。巴特尔全场比赛砍下 27 分、10 个篮板和 8 次助攻。这是巴特尔当赛季的第十一次两双，也是他 CBA 职业生涯的第 193 次两双，从而超越唐正东成为 CBA 历史第一人，积臣和王治郅分列历史两双榜的第三、第四位。

巴特尔（左）

早在 CBA 联赛的第一个赛季，当时还效力于北京队的巴特尔就拿到了 14 次两双，而当时的赛制是全场 40 分钟，能够拿到两双要比现在困难得多。之后的几个赛季，巴特尔一直是 CBA 的两双王，直到 1999—2000 赛季小巨人姚明超越巴特尔成为 CBA 的新两双王。

2009年

日本 8 岁乒乓女神童横空出世，破福原爱两大纪录

2009 年 1 月 14 日，在东京体育馆举行的全日本乒乓球锦标赛中，首次参加青少年组比赛的山梨县中央市田富北小学二年级学生平野美宇（8 岁），在女子单打比赛中获得一胜，打破了福原爱在小学四年级时创下的参赛选手及获胜选手最小年龄纪录，平野笑着说："感到非常高兴。"

平野身高 1 米 31，体重 25 公斤，身材较小，但脚步移动迅速球速较快。在获得胜利的第一场比赛中，平野面对高中生对手的连续攻球也能从容应对，并能够掌握时机强力扣杀。

为了进入由其母亲真理子（39 岁）执教的乒乓训练班，平野从 3 岁 5 个月时开始练球，并在 4 岁时入队。

2010年

哈维压倒梅西当选 2009 年最佳核心，卡卡第四 C 罗仅第七

在国际足球历史和统计联合会（IFFHS）的 2009 年最佳项目评选中，来自巴塞罗那俱乐部的"大脑"哈维最终击败了队友梅西，荣膺最佳组织核心（playmaker）。

作为上届欧锦赛最佳球员和刚刚结束的世界足球先生评选的季军，

巴萨中场哈维在IFFHS的评选中再次得到了青睐,他以164比143的得票优势击败队友梅西——金球奖和世界足球先生的双料得主,获得了2009年的最佳中场称号。在此次最佳中场的评选中,位列第三位的是皇家马德里的中场球员卡卡，巴西人获得了99票。紧随其后的是另一名巴萨中场伊涅斯塔，他仅比卡卡少一票位列第四。这样一来，巴萨球员包揽了此项评选前四名中的三名。除此之外，巴塞罗那俱乐部还获得了IFFHS评选的2009年最佳球队，而瓜迪奥拉也毫无争议地当选了最佳教练。

2012年

傅家俊时隔12年再次打出单杆147满分

2012年1月14日晚，海口世界公开赛资格赛第四轮，中国香港名将傅家俊在与塞尔特较量的第六局中，轰出个人职业生涯第二杆147满分。傅家俊上一次打出单杆满分是在2000年的苏格兰大师赛首轮,当时他的对手是达赫迪。当时的傅家俊成为首位在正式比赛中轰出满分杆的中国选手。而傅家俊的第二个满分杆与第一个间隔长达12年，创造了打出满分杆时间跨度最长的纪录。

在打出两杆147满分的名单中，时间跨度紧随其后的是马奎尔，他的两杆满分相隔了8年（2000年，2008年）。接下来依次是大卫·格雷（2004年，2011年），宾汉姆（1999年，2005年），威廉姆斯（2005年，2010年）等。

2012年

美国游泳名将埃文斯40岁强势复出，欲战伦敦奥运会

2012年1月14日，美国游泳名将珍妮特·埃文斯（Janet Evans）在退役近16年后复出，在美国游泳大奖赛奥斯汀站比赛中,她获得了女子400米自由泳的奥运预选赛资格。之后一天，她又在800米自由泳比赛获得第一名，8分49秒05的成绩比第二名快出了14秒之多，埃文斯再获一个奥运预选赛资格。

珍妮特·埃文斯（1971.8.28— ）是历史上最伟大的长距离游泳选手，她创造了一个时代的传奇。1987年，年仅15岁的埃文斯连续打破尘封7年之久的800米和1500米自由泳世界纪录。1988年汉城奥运会上，她又改写了9年内无人问津的400米自由泳世界纪录，并且获得400米、800米自由泳和400米个人混合泳3枚金牌。1996年她参加完亚特兰大奥运会后宣布退役，当时还不到25周岁。

时隔16年，埃文斯强势复出，目标是参加伦敦奥运会。不过在2012年6月举行的美国游泳奥运预选赛中，她未能在参赛项目中获得前三名，也失去了进军伦敦的机会。

1月14日备忘录

1980年1月14日　中国第一本专业足球杂志《足球世界》创刊。
1983年1月14日　匈牙利揭发了一件世界罕见的特大足球彩票丑闻，涉嫌作弊而受到审查的教练员和运动员多达200余人，其中26人遭逮捕。
1984年1月14日　全国第一次越野赛跑在广西南宁市举行。河南省女运动员刘爱存以44分56秒的成绩获得女子5公里赛冠军,成为第一个全国越野赛跑女冠军。
1987年1月14日　安徽师范大学青年教师沈伟只身横渡长江成功，成为“冬渡长江第一人”。
1991年1月14日　国家体委召开“亚运会科研攻关科技服务经验交流暨表彰大会”，受表彰的田径项目有9项。
2000年1月14日　马克·库班以2.85亿美元买下NBA达拉斯小牛队。
2001年1月14日　蒙古国家奥委会主席奥特根比列格因飞机失事不幸遇难。
2001年1月14日　北京860人在京东大峡谷冬泳，挑战五项吉尼斯世界纪录。
2001年1月14日　北京奥申委宣布：邓亚萍、巩俐、杨澜和桑兰四人，成为继成龙之后的第二批北京申奥形象大使。
2001年1月14日　广东佛山黄飞鸿纪念馆落成剪彩。
2002年1月14日　在悉尼奥运会上为俄罗斯夺得自由式摔跤97公斤级金牌的穆尔塔扎利耶夫在雏鹰饭店遭不明身份者的袭击造成重伤，其一名同伴死亡。
2003年1月14日　甲B球队大连赛德隆以3600万元的价格转让给珠海安平。
2003年1月14日　罗格谈申奥成功要素，伦敦须得到英国上下全力支持。
2003年1月14日　17岁少年张亚非签约蔚山现代队，成为韩国K联赛首位中国球员。
2004年1月14日　俄罗斯4岁女童瓦西里娜·奥布霍娃达成人四级棋手标准，创最年轻国际象棋四级棋手吉尼斯世界纪录。
2005年1月14日　北京奥组委确定“有特色、高水平”为北京奥运会的目标。
2005年1月14日　2004年度牙买加最佳男女运动员出炉，雅典奥运会男子400米栏银牌得主麦克法兰和女子短跑双料冠军坎贝尔当选。
2005年1月14日　英格兰足球超级联盟宣布支持伦敦申办奥运会。
2005年1月14日　前国际奥委会副主席韩国人金云龙涉嫌腐败被判服刑两年。
2009年1月14日　南勇接替谢亚龙任国家体育总局足球管理中心主任。
2011年1月14日　韩国F1大奖赛组委会主席因管理不善被股东们解雇。

1/15 Jan

1875年

现代奥运会第一个百米冠军托马斯·伯克出生

1896 年雅典奥运会的英雄人物之一是美国的托玛斯·伯克（Thomas Burke，1875.1.15—1929.2.14），他采用了近似“蹲踞式”的起跑法，以 12 秒整的成绩夺得了冠军，这也是他继 400 米赛后又一次取得的胜利，伯克在 100 米预赛时曾以 11 秒 8 创造了这个项目的第一个奥运会纪录。

当时，伯克是一个波士顿大学法学院学生，是学校里著名的 400 米和 440 码跑冠军，1895 年，由于他在 440 码比赛中获胜代表美国参加奥运会。起先他只是参加 400 米比赛，但看到参加 100 米比赛的人较少就报名参加。伯克采用蹲踞式的起跑法，因姿势古怪而受到哄笑，而他出人意料地赢得了 100 米冠军。伯克还获得 400 米的冠军，成绩是 58 秒 4，他在预赛中的成绩是 54 秒 2。

伯克在他的职业晚期更专注于 440 码和 880 码长距离的比赛。受 1896 年奥运会马拉松比赛的影响，在 1897 年他成为波士顿马拉松比赛的发起人之一。伯克后来成为律师，但也是一个教练和兼职记者，为波士顿杂志和波士顿邮报写稿。

1892年

篮球运动创始人詹姆士·奈史密斯博士发表篮球比赛规则

1892 年 1 月 15 日，篮球运动的创始人詹姆士·奈史密斯（James Naismith，1861.11.6—1939.11.28）博士，在美国马萨诸塞州斯普林菲尔德市基督教青年会的报纸上，发表了由他本人制定出的篮球比赛的第一套正式规则。5 天之后，进行了史上第一场在正式规则之下的篮球比赛。

詹姆士·奈史密斯编写的篮球规则有 13 条，大多数现今已经改进和更新，但不能带球走，不能头顶球、脚踢球，掷边线球 5 秒违例，以及对犯规的一些基本界定沿用至今。

奈史密斯出生在加拿大安大略省的阿尔蒙特，是一个

1851 年到加拿大从事采矿业的苏格兰移民家庭的长子。他既是篮球运动的发明者，又是召集了 5 位球员组成一支球队的首位篮球教练，他还是第一个倡导在美式足球运动中使用头盔的人。

1951年

毛泽东再次给教育部部长马叙伦写信谈学生健康问题

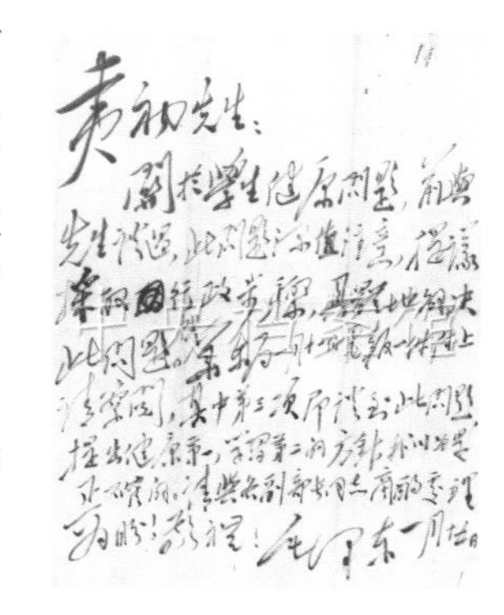

1951 年 1 月 15 日，毛泽东就学生健康问题再次致信给教育部部长马叙伦，信中说："此问题深值注意。提议采取行政步骤，具体地解决此问题。""提出健康第一，学习第二的方针，我以为是正确的。"此后，教育部采取调整学生人民助学金，增设照顾患病学生营养的特种人民助学金，精简课程、教材和学生的课外活动，整顿学校教学秩序等一系列措施，贯彻毛主席关于学生健康问题的指示。

在建国初期 5 年的教育工作中，马叙伦特别关心学生的健康问题，当他看到一份学生健康水平下降的报告后很是着急，马上报告了毛泽东。毛泽东先后两次给马叙伦写信，并批示：健康第一。

马叙伦领导教育部积极贯彻毛泽东的指示，并亲自组织干部调查研究，提出解决的具体措施，如规定学生自习时间、睡眠时间、体育文娱活动时间，减轻学生负担，改进学校伙食工作、卫生工作等。这些措施在全国各级学校中迅速贯彻，学生的健康状况逐步有了改善，使学生在德、智、体诸方面得到全面发展。

1965年

历史上最伟大的拳击冠军伯纳德·霍普金斯出生

1965 年 1 月 15 日，历史上最伟大的拳击冠军伯纳德·霍普金斯（Bernard Hopkins）出生于美国一个贫穷的家庭。由于从小缺乏管教，霍普金斯 13 岁的时候因为抢劫被抓了 3 次；17 岁的时候，他因犯了九重罪被判刑 18 年。然而正是在监狱里，霍普金斯迷上了拳击，他在 1988 年减刑后被释放，开始从事拳击运动。

1990 年 2 月 22 日，霍普金斯赢得了自己的首场中量级拳击比赛，并在此后的两年半时间里，保持 20 场不败的纪录。从 1995 到

2004年间，霍普金斯独揽WBC、WBA、IBF、WBO四大拳击组织的中量级金腰带，一统中量级拳坛。2006年起霍普金斯又开始在轻重量级别中称霸拳坛。2011年5月22日，46岁的霍普金斯在WBC世界轻重量级拳王争霸赛中再夺金腰带，成为历史上最年长的世界冠军。

霍普金斯的职业生涯总战绩为52胜6负2平，32次K.O对手，他还曾创下连续21次成功卫冕的纪录。

1975年

法国著名网球运动员玛丽·皮尔斯出生

1975年1月15日，法国网球运动员玛丽·皮尔斯（Mary Pierce）出生在加拿大蒙特利尔，她的父亲是美国人，而母亲是法国人。皮尔斯15岁时自己选择了法国国籍。在库尔尼科娃还没有出现之前，皮尔斯被认为是世界女子网坛最有号召力的美女代言人，以丰满惹火的身材和俏丽的面庞而驰名网坛。

1995年皮尔斯拿到澳网女单冠军，成就了个人第一个大满贯。同年，她在温网中问鼎混双冠军。5年后，皮尔斯重新爆发，勇夺2000年法网冠军。又一个5年后，30岁的皮尔斯焕发新生，先后进入法网、美网和年终总决赛的决赛，虽然都未能夺冠，但她依然成为2005赛季的最大赢家。皮尔斯职业生涯的最高世界排名是第三位。2006年，皮尔斯因伤淡出网坛。

1980年

中国男子篮球运动员刘炜出生

1980年1月15日，中国篮球优秀的控球后卫刘炜出生于上海。1992年刘炜进入上海市卢湾区少体校，1994年进入上海市青年队，1996年入上海队，并入选国家青年队。在2001—2002赛季，刘炜和姚明联手为上海队夺得了CBA联赛总冠军。2002年，刘炜入选国家男篮，这位上海队的绝对核心，逐渐成为了国家队的主力。刘炜帮助中国男篮赢得过4次亚锦赛冠军、2次亚运会冠军，随队征战了三届奥运会和两届世锦赛。2012年伦敦奥运会之后，刘炜宣布退出国家队。

刘炜技术全面，对抗性好，三分球水准的突破能力都很强，他是CBA历史上唯一总得分突破7000分的后卫。2004年夏天，刘炜前往NBA萨克拉门托国王队试训，但只在季前赛时得到了一份非保障合同。虽然没能闯荡NBA，但这并不妨碍刘炜成为中国篮球史上最出色的后卫之一。

1981年

塞内加尔著名足球明星艾尔·哈吉·迪乌夫出生

1981 年 1 月 15 日，艾尔·哈吉·迪乌夫（El Hadji Diouf）出生在塞内加尔的达喀尔。迪乌夫是塞内加尔著名的足球运动员，他 17 岁来到法国效力，曾在索肖队、雷恩队各踢了一个赛季。2000—2001 赛季迪乌夫在为朗斯队效力的时候表现出了极强的得分和助攻能力，逐渐声名鹊起。不过迪乌夫真正被全世界球迷熟知是在 2002 年的韩日世界杯上，依靠他的出色发挥，塞内加尔在那届世界杯上闯入八强，上演了黑马传奇。2001 和 2002 年，迪乌夫蝉联两届非洲足球先生。世界杯后，迪乌夫加盟英超豪门利物浦，达到个人职业生涯巅峰。但是，性格乖张的迪乌夫经常惹是生非，很难和人相处。此后的 10 年间，他辗转英超博尔顿、桑德兰、布莱克本，以及苏超格拉斯哥流浪者等球队。2011 年 11 月起，迪乌夫开始流浪于英冠球队之间。

1982年

中国足球运动员孙祥出生

1982 年 1 月 15 日，中国足球运动员孙祥出生于上海，天生左脚的他是中国足球最优秀的左边后卫之一。

孙祥的足球生涯起步于上海足球传统学校平凉路四小，之后进入杨浦白洋淀足球学校。1995 年他被徐根宝选入上海有线 02 队，随队连续三年在全国青少年比赛中获得冠军。2001 年孙祥代表上海出战九运会男足比赛，获得亚军。2002 年，有线 02 队整体并入上海申花。此后的 8 年间，孙祥作为主力球员帮助申花队夺得过一次甲 A 联赛冠军、一次 A3 联赛冠军，一次超霸杯冠军以及三次中超联赛亚军。

2006 年孙祥先后前往英超维甘竞技队和荷兰劲旅埃因霍温队试训，并在 2007 年初成功租借至荷兰联赛。在埃因霍温，孙祥不仅帮助球队夺得 2006—2007 赛季荷甲联赛冠军，还成为第一位征战欧冠联赛的中国球员，为球队挺进欧冠八强立下了汗马功劳。2009 年初，孙祥又加盟奥地利维也纳竞技队，以出色表现帮助球队夺得奥地利杯冠军。2010 年孙祥中期转会加盟广州恒大，帮助球队中甲夺冠，冲上中超。此后，孙祥以主力身份随恒大队蝉联了 2011 和 2012 年的中超冠军，并夺得了 2012 年的超级杯和足协杯冠军。

孙祥还是国字号球队的常客，1999 年他入选国青队，在亚青赛上获得第三名；在 2000 年的世青赛上，这支球队以表现优异赢得“超白金一代”的美誉。2003 年他入选国奥队，征战奥运会预选赛。冲击雅典失败后，孙祥升入国家队，并逐渐成为中国男足左后卫的第一人选。他代表国足征战过三次世界杯外围赛、三届亚洲杯和一次亚运会，赢得过两次东亚四强赛冠军、一次东亚运动会男足冠军以及2004年亚洲杯的亚军。在2012年2月29日中国与约旦的世界杯预选赛中,孙祥戴上了国家队队长袖标。

截至2012年底,孙祥随5支俱乐部队和中国队共赢得了16个冠军,是中国获得冠军种类最多(14项)和代表不同球队获得冠军次数最多的足球运动员。

孙祥的双胞胎哥哥孙吉同为足球运动员,擅长右边前卫和右边后卫位置。孙吉职业生涯先后效力于上海有线02队、上海申花队和杭州绿城队。

孙祥(右)与双胞胎哥哥孙吉

2000年

博拉·米卢蒂诺维奇成为中国男足新一任主教练

2000年1月15日,中国足协在广州宣布:任命米卢蒂诺维奇为中国国家足球队主教练,任期两年,目标是提高国家队的竞技水平,冲入2002年世界杯决赛圈。米卢也成为了中国男足的第三位外籍主帅。

博拉·米卢蒂诺维奇(Bora Milutinovic),1944年生于前南斯拉夫,著名足球教练。在来中国之前,米卢分别率领墨西哥队、哥斯达黎加队、美国队和尼日利亚队取得世界杯16强或者更好的成绩,是历史上唯一一位连续4次带领不同国家队打入世界杯16强的主教练。在米卢的执教下,中国男足也历史性地第一次杀进了世界杯决赛阶段的比赛。不过在2002年的韩日世界杯上,他率领的中国队小组三战皆负,未能延续他的神奇纪录。不过米卢倡导的"快乐足球"理念,至今对中国足球有着深远影响。

2003年

IFFHS评选年度最佳门将,卡恩第三次当选,得分创纪录

IFFHS在2003年1月15日揭晓上年度最佳门将,卡恩(Coliver Rolf Kahn,1969.6.15—)第三次被评为世界最佳门将。

世界最佳门将评选始于1987年,卡恩曾经在1999与2001年当选,三次当选的还有曾加(1989—1991)和奇拉维特(1995、1997、1998)。卡恩以316分刷新了去年的得分纪录(265分),他领先第二名卡西利亚斯215分同样是个新纪录。

2005年

英格兰球星阿兰·希勒创造400球辉煌成就

2005年1月15日,英超纽卡斯尔同南安普敦的比赛,阿兰·希勒(Alan Shearer,

1970.8.13— ）开场仅 9 分钟，便主罚点球帮助纽卡斯尔首开纪录，这是希勒职业生涯中的第四百个进球。

阿兰・希勒从小就是儿童天才，5 岁时就被幼儿园老师预言为“未来的球星”。从 8 岁开始他一直在青少年足球队踢球，表现极为突出，赢得了他这个年纪能够得到的所有奖杯和冠军。

希勒 1986 年进入南安普敦预备队，1988 年升入一线队。1992 年英超联赛成立，希勒转会布莱克本队，1994—1995 赛季他助布莱克本夺得英超冠军，1995—1997 年连续三年蝉联英超最佳射手。1996 年希勒以当时创纪录的 1500 万英镑身价转会纽卡斯尔队，直至 2006 年 5 月 11 日因伤退役。2002 年希勒获得英超 10 年最佳球员称号，他至今（截至 2012 年末）保持着英超总进球纪录（260 球）、英超单赛季进球最多纪录（34 球）和英超单场进球最多纪录（5 球）。

此外，希勒代表英格兰队出战 61 场，打进 30 球，还曾在 1996 年欧洲杯上荣膺最佳射手。他职业生涯代表英格兰队和各俱乐部总共参加了 812 场比赛，总进球数达到了惊人的 421 个。

2010年

香港 14 岁神童签约英冠俱乐部，技术潜力超英国同龄人

陈俊乐准备签约

2010 年 1 月 15 日，中国香港的 14 岁足球小将陈俊乐经过 6 周的试训后，正式加盟英冠彼得堡俱乐部。他是第二个加盟英格兰职业联赛的中国香港人。陈俊乐和彼得堡签约半年，和该队的 U14 少年队一起训练比赛。

陈俊乐成名甚早，小学时期就去曼联和纽卡斯尔足球学校训练，英国教练认为他的技术和潜力超过同龄的英国小孩。回到香港后，陈俊乐以初一学生身份出战全港学界精英赛成为一时佳话，并赢得“香港 C 罗”的外号。此后，小俊乐得到了前往英国布鲁克豪斯足球学校学习 4 年的机会，在那里他表现出色，获荐到彼德堡试训，最终赢得了一纸合同。

巧合的是，陈俊乐的生日也是 1 月 15 日，他出生于 1996 年。

2011年

亚洲杯印度 VS 巴林，一场比赛书写多项历史

2011 年 1 月 15 日，卡塔尔亚洲杯 C 组第二轮比赛，巴林队 5∶2 大胜印度队的比赛书写了多项历史。

巴林前锋阿卜杜拉蒂夫在这场比赛中打进 4 球，成为亚洲杯史上第三个单场比赛实现“大四喜”的球员。前两次单场进 4 球的纪录都来自伊朗球员，分别是 1980 年科威特亚洲杯上的法里巴（小组赛伊朗 7∶0 胜孟加拉）和 1996 年阿联酋亚洲杯的阿里代伊（1/4 决赛伊朗 6∶2 胜韩国）。

此外，阿卜杜拉蒂夫仅用了 19 分钟就完成了个人的帽子戏法，这一纪录仅次于伊朗球员马斯劳密 34 年前在 17 分钟内创造的亚洲杯最快帽子戏法。

而印度队虽然大比分落败，但是他们却创造了 47 年来首次在亚洲杯比赛中进球的纪录。印度队此前参加过两次亚洲杯，1964 年他们拿到亚军；1984 年，印度队小组赛 1 平 3 负被淘汰，无一进球。

2012年

三名极限滑雪勇士征服推得瑞恩火山，完成时速 100 公里的速降

2012 年 1 月 15 日，三名极限滑雪的发烧友约翰·杰克逊、查韦斯·赖斯以及马克·兰德威客，乘坐直升机上到阿拉斯加著名的推得瑞恩火山 1000 米的山顶，然后在几秒钟之内，以超过 100 公里的时速成功速降，成为了首批征服推得瑞恩火山的勇士。

推得瑞恩火山的垂直斜坡角度超过 50 度，非常危险，而且滑雪时很可能引发雪崩。此前，极限滑雪界从未有人在该火山挑战成功过。

2012年

姚明被增选为上海市政协常委

2012 年 1 月 15 日，上海市政协十一届五次会议举行全体会议。在这次会议中，经过投票选举，前篮球运动员姚明等七人被增选为政协上海市第十一届委员会常务委员。姚明也因此成为了上海市政协历史上最年轻的常委。

姚明是在 2011 年 12 月 21 日举行的上海市政协十一届会议第三十一次常委会议上被增补为上海市政协委员的。此后，姚明还专门参加了针对新任委员的培训班。姚明表示现阶段自己还只是学习如何当一名政协委员，并不着急提案，他希望自己能够履行好参政议政的职责。退役后的姚明热心社会公益活动，被选为上海市政协常委后，使姚明有机会在更高的平台上为社会作出贡献。

2012年

彼德汉塞尔第十次赢得达喀尔拉力赛冠军

2012 年 1 月 15 日，2012 年达喀尔拉力赛尘埃落定。法国老将彼德汉塞尔登上汽车组总冠军的领奖台，这是他第十次赢得达喀尔拉力赛的冠军。

彼德汉塞尔（Stéphane Peterhansel，1965.8.6— ）1965年8月出生于法国，青少年时代就获得过滑板冠军，长大后酷爱赛车。1980年，彼德汉塞尔作为摩托车手首次挑战达喀尔拉力赛。经过11年的磨练，他终于在1991年首次捧得冠军奖杯，并在此后的7年间又5次获得大赛总冠军。

1999年，彼德汉塞尔从摩托车组转入汽车组参加达喀尔拉力赛，并获得第七名。在此后的11年间，这个为达喀尔而生的车手3次夺得汽车组总冠军。

2012年达喀尔拉力赛，47岁的彼德汉塞尔驾驶MINI赛车参战。尽管他在全部13个赛段中，只获得了3个分段冠军，但是他的总排名却一直位居第一，最终他顺利赢得了个人汽车组的第四个总冠军，并且第十次成为达喀尔之王。

2012年

体坛风云人物颁奖：孙杨、李娜获男女最佳，刘翔获大奖

2012年1月15日，2011年体坛风云人物年度评选颁奖盛典在北京隆重举行，十个奖项各有归属，孙杨和李娜分别获得男女最佳运动员，中国女排获得最佳团队奖，王海滨获得最佳教练员奖，范可新获得最佳新人奖。此外蔡赟、傅海峰获得最佳组合奖，侯逸凡蝉联非奥项目运动员奖，杨扬获得体坛特别贡献奖，夏伯渝获得残疾人体育精神奖，姚楠获得未名人士体育精神奖，刘翔获得评委会大奖。

国家体育总局副局长段世杰（右）为刘翔颁奖

1月15日备忘录

1964年1月15日	国家体育运动委员会在北京召开全国体育工作会议。
1986年1月15日	中国兴奋剂检测中心通过国际奥委会医学委员会年度考试，保持承担各类国际体育比赛中兴奋剂检测资格。
1992年1月15日	中国兴奋剂检测中心通过国际奥委会医学委员会年度考试，保持承担各类国际体育比赛中兴奋剂检测资格。
2000年1月15日	第一届FIFA世俱杯在巴西闭幕，巴西科林蒂安队夺冠。
2000年1月15日	五名挪威人创造了新的“自由坠落”式跳伞世界纪录。他们从泰国最高

建筑物（81 层、270 米高）上跳了下来，创造了从一座建筑物上同时跳伞人数最多纪录，原纪录是三人。

2001年1月15日　2000 赛季全国足球甲级联赛、女足超级联赛各赛区单项奖在深圳举行的中国足球工作会议上颁发，在 6 个奖项中大连获得男足 4 个奖杯，女足唯一一个奖杯也被大连赛区获得。

2002年1月15日　中国登山协会审议通过法规性文件《国内登山管理办法》，以规范登山活动。

2003年1月15日　2004 年雅典奥运会火炬正式亮相，火炬出自著名设计师之手。

2003年1月15日　涉嫌受贿吹黑哨，龚建平案正式立案。

2004年1月15日　北京奥运会组委会第一次全体会议在北京人民大会堂召开。会议强调要扎扎实实做好各项筹备工作，努力将 2008 年奥运会办成历史上最出色的一届奥运会。

2004年1月15日　国际奥委会宣布，共有 9 个城市正式递交了申办 2012 年夏季奥运会的材料。这 9 个城市包括法国的巴黎、德国的莱比锡、美国的纽约、俄罗斯的莫斯科、土耳其的伊斯坦布尔、古巴的哈瓦那、英国的伦敦、西班牙的马德里以及巴西的里约热内卢。伦敦最终获得举办权。

2004年1月15日　中国足协发出通知，同意红塔俱乐部向力帆转让股权，重庆力帆买壳打中超。

2005年1月15日　中国女网彭帅、郑洁、李娜、晏紫以及孙甜甜 5 人晋级澳网正赛，书写历史最佳纪录。

2005年1月15日　WCBA 总决赛，八一女篮力克辽宁豪取四连冠。

2005年1月15日　全国女排联赛，天津队连续三年决赛胜八一，夺取三连冠。

2006年1月15日　中国职业足球联赛首次教练员业务研讨会在广州举行。

2006年1月15日　南非八国足球邀请赛上，中国国青队 3：1 战胜南非队夺冠。

2006年1月15日　中国 A1 国家队与 CCTV 中视体育结成战略合作关系。

2007年1月15日　女足世界杯上海赛区宣传口号发布。

2009年1月15日　FIFA 正式启动 2018 年和 2022 年世界杯申办工作。

2009年1月15日　IFFHS 公布 2008 年度主帅排行：弗格森居首，穆里尼奥仅列第十五。

2010年1月15日　中国体坛明星成立“世界冠军联合会”，誓当绿色环保先锋。

2011年1月15日　天津润宇隆成功买下安徽九方的中甲参赛资格。

1902年

奥运会男子 400 米金牌得主、英国人埃里克·利德尔在中国出生

1902 年 1 月 16 日，英国田径运动员埃里克·利德尔（Eric Henry Liddell）出生在中国天津，他于 6 岁时回到英国。利德尔是 1924 年巴黎奥运会男子 400 米冠军。

利德尔是一个虔诚的基督教徒。1924 年，利德尔以爱丁堡大学学生的身份参加巴黎奥运会，但当他得知自己最擅长的 100 米比赛被调整在周日（基督教安息日）举行时，就拒绝参赛，并临时决定改跑 400 米，结果利德尔出人意料地击败美国选手而夺冠。从此，这个宁愿放弃奥运金牌也要信守约定的强大基督信徒名扬四海。

奥运会后，利德尔与在中国传教的家人会合，开始了传教之旅。1941 年，利德尔把家人迁往加拿大，自己却只身留在战乱中的中国接济穷人。1943 年，利德尔被日军拘禁在山东潍坊拘禁营。在那里，利德尔继续为被拘禁者讲授圣经，教孩子们科学知识，组织各种活动。1945 年 2 月 21 日，抗日战争胜利前 5 个月，利德尔因脑瘤以及工作过度，在日军的拘禁营里去世。

1981 年，一部以利德尔参加巴黎奥运会的前后经过为背景，以那一代人的进取精神和利德尔的执著信仰为闪光点的电影《烈火战车》（*Chariots of Fire*），获得了奥斯卡金像奖。

1966年

芝加哥公牛队诞生，正式加盟 NBA

1966 年 1 月 16 日，NBA 联盟最负盛名的球队之一芝加哥公牛队诞生了。芝加哥畜牧业非常发达，该城的职业橄榄球队和职业棒球队也都是以动物命名，而“公牛”则成了芝加哥职业篮球队的队名。

公牛队 1966 年加盟 NBA，直到 1971 年开始崛起，连续四年常规赛取胜 50 场以上。1974 和 1975 年连续两年公牛队都杀入分区决赛。但随着全明星球员沃克（Chet Walker）和斯隆（Jerry Sloan）的先后退役，公牛队开始走下坡路，此后 10 年无缘季后赛。

进入 20 世纪 90 年代，公牛队终于迎来了属于自己的时代。在迈克尔·乔丹、斯科特·皮蓬和主教练菲尔·杰克逊的率领下，芝加哥公牛队在 1991—1993 年连续三年夺得 NBA 总冠军。

1993 年，乔丹第一次宣布退役，公牛队沉寂了两年，但随着 1995 年乔丹的回归和丹尼

斯·罗德曼的加盟，公牛队重回巅峰，并在1995—1996赛季创造了常规赛72胜10负、季后赛15胜3负的NBA历史最好战绩。1996—1998年公牛队再次实现三连冠，建立了一个名符其实的“公牛王朝”。

1969年

史上最有天赋的拳击手之一小罗伊·琼斯出生

1969年1月16日，小罗伊·琼斯（Roy Jones Jr）出生在美国佛罗里达州的彭萨科拉。他曾被认为是拳击历史上最有天赋的拳手之一，他的拳王头衔横跨四个级别。

琼斯10岁开始跟随父亲练习拳击，在成为职业拳手之前，他已经成绩斐然，先后拿到过1984年全美青年奥林匹克拳击赛冠军，1986年和1987年两个不同重量级别的“全国金手套奖”。1988年汉城奥运会，琼斯在决赛中被判输给了东道主韩国选手，只获得银牌，但他依然获得了表彰奥林匹克杰出拳击手的VAL BARKER奖杯。

1989年琼斯转入职业拳坛，先后获得过中量级、超中量级、轻重量级、重量级四个级别的拳王头衔，鼎盛时期曾集WBC、WBA、IBF、IBO、WBF、IBA、NBA七条金腰带于一身。1994年，琼斯被著名拳击媒体《Ring Magazine》评为年度最佳拳手，1999年被美国拳击作家协会评为“十年最佳拳手”。2003年3月，琼斯升级挑战WBA重量级拳王鲁伊兹（John Ruiz），最终以绝对点数优势获胜，创造了轻重量级战胜重量级拳手的神话。琼斯职业生涯战绩为43胜1负，35次K.O（击倒）对手。

1980年

第一届全国十佳运动员评选活动在北京揭晓

1980年1月16日，由中央人民广播电台、中央电视台、《中国青年报》、《体育报》联合举办的第一届全国十名最佳运动员评选活动在北京揭晓。根据来自全国各地的95000张选票统计结果，最终当选的十名运动员是：跳水女皇陈肖霞（广东，89348票），举重名将陈伟强（广东，77771票），乒乓球世界冠军葛新爱（河南，55012票），举重运动员吴数德（广西，53301票），足球名将容志行（广东，50153票），围棋名宿聂卫平（北京，48350票），击剑女将栾菊杰（江苏，45785票），田径明星邹振先（辽宁，38584票），女篮队长宋晓波（北京，36799票），男篮核心吴忻水（解放军，34957票）。

吴数德

葛新爱

1980年

美国职业棒球大联盟球星荷西·艾伯特·普荷斯出生

1980年1月16日，荷西·艾伯特·普荷斯（José Alberto Pujols）出生于多明尼加的圣多明哥。16岁时，他随家人移居到美国纽约，并在高中第一年就展现出了其优异的棒球击打能力。1999年普荷斯进入大学后的第一场比赛，就击出满垒本垒打，引起关注。

普荷斯自2001年升上大联盟起，包含新人球季连续九年都有三成以上打击率、30支以上全垒打、100分以上打点、长打率超过五成。如此高水准的成绩，使之赢得了“普荷斯大帝、火星人、外星人、生化人”等绰号。2001至2011年，普荷斯效力于MLB（美国职业棒球大联盟）圣路易红雀队（St. Louis Cardinals），2012年转会洛杉矶天使队（Los Angeles Angels），任先发一垒手。

普荷斯堪称美国职棒头号球星，无数荣誉加身。他获得过三次MLB（美国职业棒球大联盟）年度MVP、一次冠军赛MVP、一次新人王；九次入选MLB全明星赛；多次获得克里米提奖、汉克阿伦奖、一垒手金手套、三垒手银棒奖、国联外野手银棒奖、一垒手银棒奖等荣誉；赛季打击王、全垒打王、安打王等称号也一一在身。2006年，他创造了MLB史上单赛季20次胜利打点的最高纪录。他还是MLB史上唯一一位从新人球季起连续九年同时达到三成打击率、30轰、100分打点以上的选手。

1993年

历史上第一次尝试独立穿越南极洲的探险队抵达南极点

雷纳夫·法因斯（Ranulph Fiennes，1944.3.7— ）和迈克尔·斯特劳德博士，发起了世界上第一次独立穿越南极洲的探险行动，两人于1992年11月9日从古尔德海湾出发，1993年1月16日到达南极点。同年2月11日他们因为严重的冻疮，最终放弃了在罗斯冰架的行走，被空运回国。尽管这次穿越行动以失败告终，但是他们依然创造了当时历史上在南极洲进行的无人协助长途跋涉的最长行程纪录，总距离达到2170公里。他们的这次行动还为MS（中枢神经系统的炎性脱髓鞘疾病）患者筹集了上百万的捐款。

《吉尼斯世界纪录大全》一书把法因斯形容为世界上最伟大的探险家，他曾在阿曼发现了乌巴尔这座被遗忘之城，他还引领了世界上第一次地球南北两极之游的壮举。而为此，他却忍受着失明、手术和长期不能洗澡等痛苦。

雷纳夫·法因斯在南极

1994年

彼得·布莱克和罗宾·诺克斯·约翰斯顿出发进行环球航行

1994年1月16日，新西兰人彼得·布莱克和英国人罗宾·诺克斯·约翰斯顿，共同驾驶一艘长28米的双体船“恩扎”号从法国的乌尚特起航，同年4月1日返回出发地，创造了历史上环球航行的最快速度：74天22小时17分。

彼得·布莱克爵士（Sir Peter Blake，1948.10.1—2001.12.6），著名新西兰帆船运动员，他保持的世界不停泊帆船环球航行纪录至今无人能破，并两次率领新西兰帆船队获得美洲杯帆船赛冠军。彼得·布莱克爵士于2001年12月6日去世，随后被授予奥林匹克最高荣誉勋章。

罗宾·诺克斯·约翰斯顿爵士（Sir Robin Knox–Johnston，1939.3.17— ），曾于1968年6月驾驶着大帆船从英国康沃尔郡南岸出发，开启了世界上第一次独自不间断环球航行的壮举。在完成了这次长达312天的“旅行”之后，他被英国女王伊丽莎白二世授予了爵士称号。1996年约翰斯顿创立了克利伯风险投资公司，任公司主席，并组织策划了包括著名的克利伯环球帆船赛、“威卢克斯”五大洋单人挑战赛和双休摩托艇赛在内的一系列航海运动赛事。

2001年

2000年欧锦赛组委会透露，欧锦赛历史上首次实现盈利

2001年1月16日，荷兰、比利时2000年欧洲足球锦标赛组委会透露，当年夏天举行的这届欧锦赛，实现了该赛事40年来的首次盈利，共计1800万欧元，其中680万欧元的盈利来自门票销售，并在接待中挣得450万欧元。这笔盈利被用于东道主荷兰和比利时的青少年足球运动的发展。本届欧锦赛的总预算为6090万欧元，主要收入来源是出售门票3700欧元、出售电视转播权和获得赞助2100万欧元。

2000年欧洲足球锦标赛（Euro2000）于6月10日至7月2日在荷兰和比利时举行。这是十一届欧锦赛以来首次有16支球队参赛。最终，法国队赢得冠军，成为第一支以当届世界杯冠军身份赢得欧洲杯的球队。

欧洲足球锦标赛（UEFA European Championship）是欧洲足协成员参加的最高级别洲际足球赛事，于1960年创办，每四年举行一届。

2006年

34岁的齐达内完成职业生涯首个帽子戏法

2006年1月16日，西班牙足球甲级联赛第十九轮，皇家马德里队主场4∶2力克塞维利亚队。皇马队中的法国球星齐达内在下半场打进三个进球，这是34岁的齐达内个人职业生涯的第一个，也是唯一的一个“帽子戏法”。

齐内丁·亚兹德·齐达内（Zinedine Yazid Zidane）1972年6月23日生于法国马赛，拥有阿尔及利亚血统。齐达内堪称世界足球史上最伟大的球星之一，赢得了一个足球运动员所能赢得的一切荣誉。他是所在球队的中场灵魂，拥有出神入化的盘带技术和手术刀般的精准传球，看他踢球犹如在欣赏一门经典艺术。

1988年，齐达内的职业生涯从戛纳队起步，之后转会法甲劲旅波尔多队。1996年，齐达内转会意甲豪门尤文图斯。5年内，他为斑马军团出场151次，打进24球。2001年，齐达内以7600万美元的天价转会西甲豪门皇家马德里，他为皇马出场108次，取得31个进球。就在齐达内完成个人首个帽子戏法之后的半年，他选择了退役，而他职业生涯的最后一场比赛，是德国世界杯的决赛。当时他用头撞倒意大利后卫马特拉齐领受红牌下场，法国队也因此错失冠军，一代足球大师的职业生涯竟是如此充满戏剧性地结束了。

2011年5月26日，齐达内出任皇马俱乐部体育总监。

1月16日备忘录

1909年1月16日　英国探险家欧内斯特·沙克尔顿率领探险队接近南极点。欧内斯特·沙克尔顿（Ernest Shackleton，1874.2.15—1922.1.5），出生于爱尔兰的基德尔郡，以分别带领“猎人号”船和“持久号”船于1907—1909年和1914—1916年在南极的探险经历而闻名于世。

1954年1月16日　中央人民政府体育运动委员会第一次全体委员会议在北京举行。中央人民政府体育运动委员会于1952年11月15日成立，第一任主任是贺龙，蔡廷锴任副主任。

1956年1月16日　国家体委在北京召开全国体育工作会议，着重讨论了多快好省地发展体育运动的问题，争取两三年内在若干项目上分别接近或赶上世界水平。

1/16

1960年1月16日 新中国第一个围棋刊物《围棋》月刊在上海问世。陈毅副总理两次为该刊题词，姚耐任第一任主编。《围棋》于1966年11月停刊，1978年7月复刊，1994年7月改名为《新民围棋》，由《新民晚报》与上海市体委合办。2002年底，这份拥有43年历史、出刊374期的老杂志被市场淘汰而停刊。

1982年1月16日 在美国德克萨斯州，安迪·史密斯和费尔·史密斯创造了室内最低跳伞纪录：58.52米。

1987年1月16日 中华全国体育总会常委会和中国奥委会执委会联席会议在北京举行，会议一致赞成中国积极申办2000年奥运会和2002年世界杯足球赛。

1992年1月16日 全国田径业余训练委员会成立并召开首次工作会议。

1997年1月16日 中华全国体育总会第六届代表大会在北京召开。国家体委主任伍绍祖在会上当选为全国体总新一届委员会主席。

1998年1月16日 袁伟民在全国体委主任会议上指出，警惕唯金牌论危害体育事业的健康发展。

1999年1月16日 都灵地方检察官瓜里涅罗正式开始对1998年8月罗马主教练泽曼的“兴奋剂弥漫论”进行调查。兹德内克·泽曼在1998年公开指责尤文图斯队服用兴奋剂。

2001年1月16日 第二届世界体育大奖在伦敦揭晓，迈克尔·约翰逊、伍兹、小威廉姆斯、舒马赫、菲戈等15位体坛明星获奖。

2001年1月16日 北京奥申委代表团一行五人在秘书长王伟的率领下，离京赴瑞士洛桑向国际奥委会递交北京2008年奥运会申办报告。

2002年1月16日 首次闯进世界杯决赛阶段比赛的中国男子足球队，开始2002年韩日世界杯的第一次训练。

2002年1月16日 范志毅入选墨西哥《足球》杂志“2001年度十佳队长”。

2003年1月16日 第二十一届世界大学生冬季运动会在意大利开幕。

2003年1月16日 足球裁判龚建平被正式起诉，辩护律师上交辩护代理手续。

2004年1月16日 柳楠、王森、尹子祺三名北京青年单排轮滑7000公里,创吉尼斯世界纪录。

2004年1月16日 美国顶尖女子中长跑选手、女子1500米室内世界纪录保持者雷吉娜·雅各布斯尿检不合格，这是美国第五例被查出使用最新型兴奋剂THG的丑闻，此前被查出使用THG的名将还有著名短跑选手哈里森。

2005年1月16日 法国车手彼德汉塞尔第八次夺取达喀尔拉力赛总冠军。

2006年1月16日 三名F1丰田车队官员因涉嫌盗用法拉利设计软件被正式起诉。

2006年1月16日 欧足联年度最佳阵容揭晓，AC米兰与巴萨队各有三人入选。

2007年1月16日 德国足球天才塞巴斯蒂安·代斯勒（Sebastian Deisler，1980.1.5— ）被膝伤击倒，无奈宣布退役。代斯勒被誉为德国“百年不遇的天才”，这名天才中场的退役被认为是德国足球在21世纪前10年的最大损失。

2007年1月16日 北京奥运会中国代表团领奖服公开征集设计方案。

2007年1月16日 广州公布亚运村规划方案，2010年广州亚运会参赛人数将创纪录。

2007年1月16日	舒马赫首次触电获成功，在皮尔斯工作室出品的第七部3D卡通电影《赛车总动员》中担任配音。《赛车总动员》获第六十四届金球奖的最佳动画片奖。在这部卡通电影中担任配音的还有阿隆索、费斯切拉，以及法国球星齐达内等体坛明星。
2007年1月16日	法院判决北京体育大学赔偿猝死学生家长15万元。2005年6月22日北京体育大学学生王某某在篮球训练中突然倒地，经抢救无效死亡。
2007年1月16日	上海大世界吉尼斯总部确认中国新疆阿勒泰地区为人类滑雪发祥地。
2008年1月16日	北京奥组委正式公布火炬接力形象景观。
2010年1月16日	2009年CCTV体坛风云人物颁奖盛典在北大百年讲堂隆重举行，11个奖项各归其主。中国游泳队成为最大赢家。体坛特别贡献奖中，打破尘封28年男子三级跳远纪录的李延熙力压姚明、刘翔等巨星夺魁。
2010年1月16日	葡萄牙足协宣布：时隔8年后再次与中国男子足球队进行热身赛。
2011年1月16日	2010年CCTV体坛风云人物年度评选颁奖盛典在国家会议中心隆重进行，一共颁发11个奖项。冰雪项目连拿四项，成为最大赢家；在男女最佳选手评选中，王濛和林丹首次获奖。本次评选是“CCTV体坛风云人物”创办的第十年。

1/17 Jan

1905年

阿根廷队传奇前锋吉列尔莫·斯塔比莱出生

1905年1月17日，吉列尔莫·斯塔比莱（Guillermo Stabile）出生于阿根廷首都布宜诺斯艾利斯。这位阿根廷队传奇前锋是世界杯历史上第一位最佳射手，同时也是第一个上演帽子戏法的球员。

1930年，斯塔比莱随队征战在乌拉圭举行的第一届世界杯。大赛开始阶段，斯塔比莱并不是主力队员，首战法国他作壁上观。第二场比赛，由于锋线主力费雷拉无法出战，斯塔比莱才得以登场。1930年7月19日，阿根廷6：3击败墨西哥，斯塔比莱在比赛中大放光彩，一人独进3球，成为了世界杯历史上首位上演帽子戏法的球员。阿根廷获得了那届世界杯的亚军，斯塔比莱出战4场，打进8球，荣膺金靴奖，成为世界杯历史上的首位最佳射手。

退役后，斯塔比莱担任阿根廷国家队主帅一职，从1939年一直执教到1960年，共率队踢了127场比赛，6次称雄美洲杯（1941、1945、1946、1947、1955、1957）。1966年12月27日，斯塔比莱去世，享年61岁。

1912年

英国探险家罗伯特·斯科特抵达南极

1912年1月17日，英国探险家罗伯特·法尔肯·斯科特，（Robert Falcon Scott，1868.6.6—1912.3.29）一行抵达南极。但是早在35天前，挪威人罗阿尔德·阿蒙森（Roald Amundsen，1872—1928年）就已经完成了这一壮举。1月19日，斯科特等人在失望之余只能踏上归途。一行人中，埃文斯因神经失常死去，被严重冻伤的奥茨，不愿连累别人，主动消失在茫茫冰雪中。3月19日，剩下的三人在距离主给养补给点前18公里处扎营，但他们被恶劣的天气困住，消耗了所有的供给，最终长眠于南极的雪地里。

1940年

墨西哥奥运会男子田径1500米金牌得主基普乔格·凯诺出生

1940年1月17日，基普乔格·凯诺（Kipjoge Keino）出生于肯尼亚。

1968年，凯诺参加了墨西哥奥运会。在10000米比赛还剩两圈时，凯诺因胆囊炎疼痛，倒在跑道旁边的草地上。尽管他挣扎着跑完了全程，但因为他倒在了跑道的外边，按照比赛的规则，他的成绩被取消。在4天后的5000米跑比赛中，他以不到1米的劣势不敌突尼斯选手加穆迪，获得一枚银牌。在参加1500米比赛当天，凯诺的车由于交通堵塞无法准时到达会场，于是他跑了1英里才抵达赛场，并最终摘得金牌。凯诺将奥运会纪录提高了将近5秒，这一成绩直到1984年才被打破。在1972年慕尼黑奥运会上，凯诺获得了3000米障碍赛的金牌和1500米的银牌。

1973年凯诺退役。从20世纪80年代开始，凯诺和妻子收养了上百名无家可归和被遗弃的孤儿，1982年他当选为国际奥委会运动员委员会委员，肯尼亚国家奥委会主席。

1942年

美国世界重量级拳王穆罕默德·阿里诞生

1942年1月17日，小卡修斯·马塞勒斯·克莱（Cassius Marcellus Clay Jr.），也就是后来的穆罕默德·阿里（Muhammad Ali–Haj），出生在美国肯塔基州的路易斯维尔。

12岁那年，阿里在乔·马丁的指导下，开始了拳击训练。1960年，年仅18岁的阿里摘得了罗马奥运会男子拳击81公斤级金牌。4年后，阿里击败拳王利斯顿，首度夺得世界重量级拳击冠军。同年5月，他仅用1分42秒就将利斯顿击倒，成功卫冕。之后，世界职业拳坛进入“阿里时代”。

1978年，阿里最后一次获得世界拳王金腰带。不久之后，他宣布退役，以20年中22次获得重量级拳王称号的骄人战绩，结束了自己的职业生涯。

1958年

NBA著名教练汤姆·锡伯杜出生

1958年1月17日，汤姆·锡伯杜（Tom Thibodeau）出生于美国康乃狄克州的新不列颠。锡柏杜曾在NBA担任助理教练长达18年之久，15次帮助所在球队成为联盟防守最好的十支

球队之一。

2010年6月24日，锡柏杜签约公牛，首次成为一支球队的主教练。锡伯杜让公牛队发生了质的变化。2011年1月份公牛队的战绩为12胜4负。公牛队对抗中部赛区的对手得到11胜0负的成绩，成为联盟中唯一一支在一个赛区内比赛全胜的球队。公牛每场44.5个篮板球在NBA排第二位，他们每场失分92分排第三位，锡柏杜也因此当选2011年1月东部最佳教练。那个赛季，锡伯杜带领公牛取得了62胜20负的常规赛战绩，高居联盟第一。这一胜场数也追平了韦斯特法尔在1992—1993赛季执教太阳时创造的菜鸟主帅胜场纪录。锡伯杜本人也荣膺2010—2011赛季NBA年度最佳教练，成为自1995—1996赛季“禅师”菲尔·杰克逊之后，15年内首位赢得这一荣誉的公牛主帅。

1961年

22岁新秀罗伯特森成为NBA当时全明星最年轻的MVP

1961年1月17日，年仅22岁的新秀奥斯卡·罗伯特森（Oscar Palmer Robertson，1938.11.24— ）在NBA全明星赛上成为最年轻的MVP（Most Valuable Playe，最有价值球员）。在那届全明星赛中，他得到23分14次助攻，帮助西部全明星以153：131击败东部全明星。

NBA传奇巨星奥斯卡·罗伯特森，绰号“大O（The Big O）”。如果评选篮球的最佳全能，那么奥斯卡·罗伯特森当之无愧。他在14个赛季中拿下26710分，成为NBA历史上得分最多的后卫之一，12次入选全明星、11次入选最佳阵容，一次获得常规赛MVP。

作为当时的工会总裁，罗伯特森是1970年“奥斯卡·罗伯特森诉讼”案的主要发起成员之一。这个划时代的反垄断行动，推动了联盟大范围的关于严格的自由球员流动和选秀制度的改革，最终的结果就是提高了所有球员的工资。

罗伯特森在1980年入选奈史密斯篮球名人堂，1996年当选联盟50大巨星。1998年，美国篮球作家协会将NCAA（National Collegiate Athletic Association，美国大学体育总会）第一分区的年度最佳大学球员的奖杯命名为“奥斯卡·罗伯特森”杯。

1971年

英国拉力车手理查德·伯恩斯出生

1971年1月17日，英国拉力车手理查德·伯恩斯（Richard Burns）出生于英格兰伯克郡的雷丁。1984年，伯恩斯成为一名赛车手，并于4年后开始参加各种级别相对较低的拉力车赛。1996年，他终于得到了参加世界汽车拉力锦标赛的机会。1999和2000年，伯恩斯连续获得该项赛事的年度亚军，并且于2001年获得年度车手总冠军。他还在1998年帮助当时效力的三菱车队夺得当年的车队积分总冠军。

2003年11月，伯恩斯在威尔士拉力赛中出现眩晕症状，随后被诊断患有一种名为星细胞瘤的脑瘤。之后他进行了化疗和放疗，并于2005年4月接受了手术。当年11月25日，在多天的昏迷之后，伯恩斯不幸去世，这一天恰好是他夺得世界冠军的4周年纪念日。

1973年

“布兰科蛙跳”的创造者库奥特莫克·布兰科出生

库奥特莫克·布兰科（Cuauhtemoc Blanco Bravo）于1973年1月17日生于墨西哥城。他参加过1998、2002、2010年三届世界杯决赛阶段比赛。

在1998年世界杯对韩国队的比赛中，布兰科曾两次双脚夹住皮球，灵巧一跳，连人带球躲过对手的阻截。他由此一战成名，“布兰科蛙跳”也成为足球史上最为人津津乐道的一景。

布兰科的职业生涯在1999年达到顶峰，在当年的联合会杯上，他不仅凭借6粒进球将金靴奖收入囊中，还率领墨西哥队在决赛中4：3击败不可一世的巴西队夺得冠军。

在北京时间2010年6月18日凌晨举行的南非世界杯墨西哥对阵法国的小组赛上，已经37岁的布兰科凭借一记点球青史留名，成为那届世界杯上进球最年长的球员。

1974年

中国足球运动员杨晨出生

1974年1月17日，杨晨出生，他身高1米85，体重79公斤，场上位置前锋。

1998年7月1日杨晨以100万马克转会至德甲法兰克福俱乐部，成为中国留洋五大联赛第一人。1998年9月8日在德甲第三轮法兰克福对阵门兴格拉德巴赫的比赛中，杨晨攻入一球，成为首位在德甲联赛进球的中国人，这也是中国人在欧洲五大联赛中的首粒入球。杨晨一共为法兰克福效力了4个赛季，其中在1998—1999赛季攻入了8个进球。

2002年，杨晨作为主力球员代表中国队参加了韩日世界杯。

1982年

NBA 球星德文·韦德出生

1982 年 1 月 17 日，德文·韦德（Dwyane Tyrone Wade）出生于美国伊利诺伊州芝加哥，美国职业篮球运动员，司职后卫。

2003 年韦德进入 NBA，首轮选秀第五位被迈阿密热浪队选中。2006 和 2012 年，韦德两次率领热浪队捧起 NBA 总冠军奖杯，他个人也获得了 2006 年总决赛 MVP。2008—2009 赛季，韦德以场均 30.2 分获得了常规赛得分王。他还于 2010 年荣膺 NBA 全明星赛 MVP。

韦德两次征战奥运会，分别摘得雅典奥运会男篮铜牌和北京奥运会男篮金牌。2012 年，他因膝伤未参加伦敦奥运会。

1994年

柏林奥运会女子田径 100 米金牌得主海伦·斯蒂芬斯去世

1994 年 1 月 17 日，1936 年奥运会女子 100 米金牌得主、美国人海伦·斯蒂芬斯（Stephens，Helen）去世，享年 75 岁。

在 1936 年柏林奥运会上，斯蒂芬斯以 11.5 秒的成绩赢得女子 100 米冠军。她还与队友合作摘得 4×100 米接力赛金牌。

1936 年柏林奥运会美国 4×100 米接力队员，左二为斯蒂芬斯

在获得三项美国全国冠军后（50 米、铅球和 200 米），斯蒂芬斯退出田径赛场。在她为期 30 个月的职业生涯中，她参加了一百多次比赛，从未失败过。

20 世纪 80 年代，她重返田径赛老年项目，继续保持她的完美纪录。

2005年

凭借奥运夺冠表现，陶菲克获国际羽联年度最佳

2005 年 1 月 17 日，印度尼西亚著名羽毛球运动员陶菲克（Taufik Hidayat，1981.8.10— ）当选国际羽联评选出的 2004 年年度最佳运动员。

在 2004 年的雅典奥运会上，陶菲克以不可阻挡的势头夺得羽毛球男单比赛的冠军，在决赛中，他击败了韩国著名选手孙升模，而在整个奥运会男单比赛中，他也只输过一场比赛。

2004 年，当时 23 岁的陶菲克表现出了非常强劲的势头，他先

是在 4 月份夺得了他的第二个亚洲男单冠军，接着又在 12 月的印尼公开赛上称雄。

但是陶菲克并不是一个“好孩子”，他以火爆任性的脾气闻名。在 2002 年他由于缺席了一堂国家队的训练课而被国家队暂时除名，而他也因此就直接退出了印尼国家队。之后他曾试图代表新加坡国家队参加比赛，但由于种种原因没有成功。2004 年，陶菲克在心理导师的教诲下重新回到了国家队，并通过自己的努力回到巅峰。

此前获得过国际羽联年度最佳运动员称号的运动员有：1998 年丹麦男单选手盖德，1999 年丹麦女单选手马尔廷，2000 年印尼男双选手陈甲亮，2001 年中国双打名将高凌，2002 年韩国双打选手金东文，2003 年韩国混双组合金东文、罗景民。

2009 年 1 月 30 日，陶菲克正式宣布退出印尼国家队。

2007年

曼联官方宣布签约董方卓三年半

2007 年 1 月 17 日，曼联队召开新闻发布会，宣布中国球员董方卓和曼联队签订一份为期三年半的新合同，董方卓也得到了曼联的 21 号球衣。这份合同到 2010 年结束，而董方卓也获得了代表曼联队征战英超的资格。

董方卓在 2004 年从大连实德加盟曼联队，随后由于没有劳工证的原因，董方卓被曼联队租借到了合作俱乐部安特卫普。在安特卫普，董方卓在 61 场比赛中射进了 35 个球。直到取得了劳工证后和曼联正式签约，董方卓才得以代表曼联队在英格兰参加正式比赛。2007 年 5 月 10 日，在当年英超第三十四轮一场焦点战中，董方卓代表曼联首次在英超比赛中首发登场。

2008 年 8 月，大连实德俱乐部官方宣布董方卓以永久转会的形式回归大连海昌，董方卓四年的“红魔”生涯画上句号。

2008年

美国 2007 年度男女最佳出炉，百米新飞人、泳池王后当选

2008 年 1 月 17 日，美国奥委会公布 2007 年度最佳运动员和团队名单。男子百米新“飞人”泰森·盖伊（Tyson Gay，1982.8.9— ）和游泳世锦赛 3 枚金牌得主凯蒂·霍夫（Katie Hoff，1989.6.3— ）分别当选最佳男、女运动员。

盖伊在 2007 年世锦赛上获得男子 100 米、200 米和 4×100 米接力 3 块金牌，成为世锦赛历史上第四位在一届比赛中拿到三金的男选手，其中 200 米 19 秒 76 的成绩还创造了大会纪录。北京时间 2010 年 5 月 17 日，泰森·盖伊像一阵旋风般掠过了英国曼

彻斯特大街新铺设的跑道，19 秒 41，盖伊跑出了 200 米直道上新的世界纪录，此前的纪录是由汤米・史密斯在 44 年之前创造的 19 秒 50。

凯蒂曾在 2005 年获得过最佳女运动员这一荣誉。2007 年，她共获得 8 项冠军，其中在世锦赛上她不仅获得 3 枚金牌，还创造了一项世界纪录。

轮椅田径选手杰西卡和第二次夺得世锦赛团体冠军的美国女子体操队获得年度最佳轮椅运动员和最佳运动团队称号。

由美国奥委会主办的这项年度评选活动始于 1974 年。

2008年

著名的前男子国际象棋世界冠军鲍比・菲舍尔辞世

2008 年 1 月 17 日，著名的前男子国际象棋世界冠军鲍比・菲舍尔（Bobby Fischer）因肾衰竭在冰岛雷克雅未克的一家医院病逝，终年 64 岁。

鲍比・菲舍尔，亦译“鲍比・费雪”，前世界国际象棋冠军，菲舍尔任意制象棋的发明人。

1972 年在冰岛首都雷克雅维克举行的世界冠军挑战赛上，菲舍尔代表美国击败了前国际象棋世界冠军，苏联的鲍里斯・斯帕斯基，登上世界棋王的宝座。

1943 年 3 月 9 日，鲍比・菲舍尔出生于美国芝加哥。菲舍尔 7 岁时自学国际象棋，14 岁获得美国少年组国际象棋冠军，15 岁跻身世界冠军挑战者八强。也许是西洋棋史上最伟大的天才。

1992 年，菲舍尔宣告复出棋坛。他违反美国政府的命令，到南斯拉夫与斯帕斯基进行比赛，结果被美国法官以“违反国际制裁令”对他发布全球通缉令。菲舍尔开始了流亡世界各国的生活。他最后在日本落脚，被日本的一个国际象棋俱乐部秘密地收留，并与一名日籍女子结婚。

1996 年 6 月，菲舍尔在阿根廷的一次新闻发布会上，提议一种国际象棋改良的规则，称为菲舍尔任意制象棋，或是 Chess960 或 FRC。他指出这种变革更能发挥棋手的创造力，而不是耗费多年的岁月去死记各种开局变例。

2011年

丁俊晖首次举起大师赛的冠军奖杯

2011 年 1 月 17 日，2011 年斯诺克温布利大师赛经过八天的激烈争夺在伦敦温布利竞技场落下战幕。在这场斯诺克大师赛历史上首次决赛“中国德比”中，上半场以 6：2 领先的丁俊晖最终以 10：4 击败傅家俊，这位 2007 年的赛事亚军终于

首次举起了大师赛的冠军奖杯。这一天将成为斯诺克历史上具有纪念意义的一天，这是中国人首次捧起大师赛的奖杯。

1月17日备忘录

1773年1月17日　英国“决心”号船（HMS Resolution，419吨）的193名船员在船长詹姆斯·库克（James Cook，1728—1779）的率领下，从东经39度越过南极圈（66°30′），成为最先越过南极的人。身为海军上校的詹姆斯·库克，是英国著名的探险家、航海家和制图学家。

1939年1月17日　1968年格勒诺布尔冬季奥运会女子5公里和10公里越野滑雪金牌得主、瑞典的托伊尼·古斯塔夫松（Toini Gustafsson）出生。

1965年1月17日　《人民日报》全文登载了徐寅生《关于如何打乒乓球》的文章。

1980年1月17日　国家体委、教育部和团中央联合发出《关于在全国中小学生中积极开展足球运动的联合通知》。

1982年1月17日　第三届全国十佳运动员评选揭晓：孙晋芳（排球）、郎平（排球）、陈肖霞（跳水）、郭跃华（乒乓球）、容志行（足球）、李月久（体操）、邹振先（田径）、童玲（乒乓球）、吴数德（举重）、李小平（体操）当选。

1986年1月17日　第六届世界女子垒球锦标赛在奥克兰举行，27日结束，美国队获得冠军。我国第一次参加这次世界大赛，获得亚军。

1998年1月17日　22岁的法国选手罗克萨纳·默勒奇内亚努（Roxana Maracineanu）在澳大利亚珀斯游泳世锦赛上获得200米仰泳冠军，这是法国游泳史上仰泳项目的第一个世界冠军。

1999年1月17日　第七届“远南”运动会在泰国曼谷闭幕。

2000年1月17日　英国高等法院驳回“公正对待妇女”组织要求驱逐迈克·泰森（Michael Gerard Tyson）出境的请求。泰森为在曼彻斯特同英国重量级冠军佛朗西斯的一场比赛赴英。泰森于1992年因强奸黑人选美小姐华盛顿曾被判刑一年（实际只在狱中待了四个月）。英国反强奸组织“公正对待妇女”依据英国移民有关规定，要求驱逐泰森出境。

2001年1月17日　北京奥申委在洛桑向国际奥委会递交了北京2008年奥运会《申办报告》。

2001年1月17日　中国排球史上第一位男外援尤拉正式落户山东济钢俱乐部。尤拉来自于俄罗斯，转会时28岁，期间享有每月3000—3500美元的待遇。

2001年1月17日　在美国圣克拉里塔举行的200米倒退跑比赛中，美国人提摩太·巴德·巴狄娜以32秒78的优异成绩跑完全程，创倒退跑200米世界纪录。

2002年1月17日　世界最伟大的拳王穆罕默德·阿里（Muhammad Ali）在家乡——美国密执安州的贝里恩斯普林思的庄园与妻子“平静地”度过了他的60华诞。全世界的媒体和机构则以不同的方式，隆重祝贺这位传奇人物的生日。

2005年1月17日　辽宁省体育局同下属训练单位及各项目管理中心签订参加十运会任务指标责任状（风险抵押金协议），让各运动队将奖牌的任务指标直接与经济奖惩挂钩。

2005年1月17日　非洲足球青年锦标赛上发生惨剧，贝宁21岁以下国家队的门将萨米乌·约瑟夫在球队0：3失利后，因比赛中出现失误而被球迷围攻，不治身亡。

2005年1月17日　玛利亚·莎拉波娃（Maria Sharapova）出任形象大使协助莫斯科申办2012年奥运会。

2006年1月17日　中国足球协会甲级联赛委员会发布“足协关于湖南湘军俱乐部主要股权转让的公示”。

2006年1月17日　中国足协甲级联赛委员会发布“足协关于大连长波向西藏惠通转让俱乐部产权公示”。

2007年1月17日　“历史与未来——奥林匹克反兴奋剂四十年”主题展览在北京拉开帷幕。

2007年1月17日　深圳获得2011年第二十六届世界夏季大学生运动会主办权。

2007年1月17日　第二十三届大学生冬季运动会在都灵开幕，花样滑冰运动员张昊担任中国代表团旗手。

2007年1月17日　NBA常规赛中，亚特兰大鹰主场以102：88大胜华盛顿奇才，鹰队球员约什·史密斯（Josh Smith）本场抢下一个进攻篮板，职业生涯进攻篮板总数达到1228个，追平前辈穆托姆博迪肯贝·穆托姆博（Dikembe Mutombo），与“穆大叔”共同排名鹰队至那时的历史第六位。

2009年1月17日　国际田联公布110米栏最新排名，刘翔积分缩水排名第十七。

2009年1月17日　拉蒙·卡尔德隆（Ramón Calderón）宣布辞去皇马主席。54岁的船业大亨维森特·博卢达成为过渡主席。同年6月，曾经的“银河战舰”缔造者弗洛伦蒂诺·佩雷斯（Florentino Pérez Rodríguez，1947.3.8— ）当选皇马第二十任主席。

2010年1月17日　达喀尔拉力赛落幕，大众车队西班牙老将卡洛斯·塞恩斯（Carlos Sainz）夺得汽车组冠军；法国车手塞里尔·德普雷（Cyril Despres）夺得摩托车组总冠军。两位参赛的中国车手也顺利完赛，其中苏文敏总成绩排在第七十五位，魏广辉总成绩排在第八十二位。

2011年1月17日　亚洲杯A组小组赛最后一轮，背水一战的中国队在阿尔—加拉法球场以2：2与乌兹别克斯坦队战平，小组赛1胜1平1负积4分，位列小组第三，与第四名科威特队同遭淘汰。同组的乌兹别克斯坦和卡塔尔携手晋级八强。中国队连续两届亚洲杯在小组赛阶段就遭淘汰。

2011年1月17日　从NBA魔术队交易到太阳队的球星文森·卡特（Vince Carter）投进其职业生涯第二万分，成为当时NBA史上第三十七位达到这一里程碑式业绩的球员。

2011年1月17日　两名极限运动爱好者爬上位于挪威首都奥斯陆西北约200公里处的埃德菲尤尔冰冻瀑布，从而使人类首次踏足这一冰瀑之颠。

2012年1月17日　日本名古屋大学教授内田良准公布，从1983到2010年，因练习柔道致死的日本初、高中生已达到114人，其中初中生39人，高中生75人。这些死亡案例中，一半以上是发生在初中或高中一年级，其中14人是在授课期间死亡。除了致死案例，还有275人因练习柔道致伤造成后遗症。

2012年1月17日　沙尔克04俱乐部组织全队前往德国西部的维多利亚煤矿实地参观，劳尔（Raul Gonzalez）等大牌球星下至地下1078米，亲身体验矿工生活，向在高温、噪音等恶劣环境下工作的矿工们致敬。

1/18 Jan

1868年

著名武术家、民族英雄霍元甲诞生

1868 年 1 月 18 日，清末著名爱国武术家霍元甲出生于天津静海小南河村（2009 年 1 月 18 日起更名为精武镇），为上海精武体育会创始人。

武艺出众的霍元甲抱着为国雪耻，振奋民族的强烈愿望，在天津和上海，先后同俄、英洋力士比武，并打败外国洋力士，为中华民族争得了荣光，令国人扬眉吐气，欢欣鼓舞。

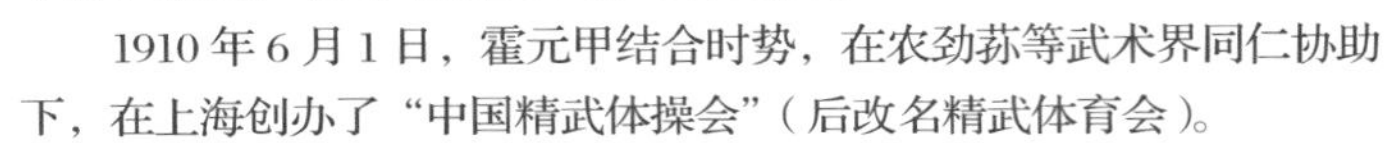

1910 年 6 月 1 日，霍元甲结合时势，在农劲荪等武术界同仁协助下，在上海创办了“中国精武体操会”（后改名精武体育会）。

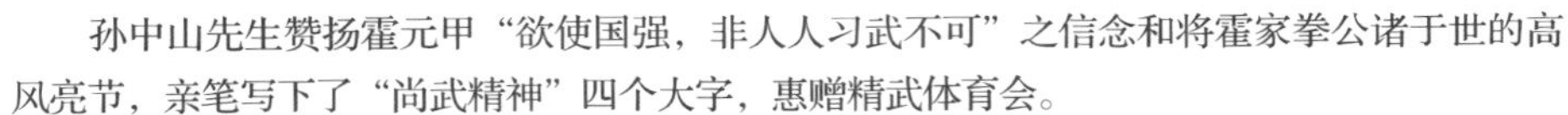

孙中山先生赞扬霍元甲“欲使国强，非人人习武不可”之信念和将霍家拳公诸于世的高风亮节，亲笔写下了“尚武精神”四个大字，惠赠精武体育会。

1896年

一届奥运会获六枚奖牌的维拉·里托拉出生

1896 年 1 月 18 日，芬兰长跑选手，六枚奥运奖牌获得者维拉·里托拉（Ville Ritola）出生。维拉·里托拉是五枚奥运金牌获得者，两次创造 10000 米跑世界纪录。

在 1924 年巴黎奥运会上，里托拉不可思议地夺取四金二银。在 10000 米比赛中，他以近半圈的优势夺冠，并且将自己保持的世界纪录提高了 12 秒多。三天后，他又在障碍跑比赛中，以近 75 米的优势夺冠。虽然他在随后进行的 5000 米长跑和越野比赛中不敌努尔米，夺取两枚银牌，但他代表芬兰队摘得越野团体赛金牌，最后他在巴黎奥运会上的表演以 3000 米团体金牌结束。

在 1928 年阿姆斯特丹奥运会上，里托拉在 10000 米比赛中不敌努尔米获得银牌。不过在他参加的最后一项奥运比赛男子 5000 米中，战胜了努尔米，以 12 米的优势摘得了自己的最后一枚奥运金牌。在他参加的两届奥运会中，里托拉总共夺得五金三银。1928 年后，维拉·里托拉退役。

1911年

尤金·伊莱成为世界上第一个在军舰甲板上起降的飞行员

1910年，美国海军进行了一次飞机起落试验。他们在“伯明翰”号巡洋舰上安装了长25.3米、宽8.53米的木质平台。当年11月14日，尤金·伊莱驾驶一架寇蒂斯“金色飞行者”号双翼机，从这个平台上起飞，然后在4000米外的韦罗贝岬降落。这样，原始形态的航空母舰诞生了。

1911年1月18日，伊莱又进行了一次更为惊人的飞行，他驾机从旧金山海岸起飞，着陆于“宾夕法尼亚”号巡洋舰上特别建造的甲板上。着陆时，飞机起落架的钩子正好勾住甲板上预先安置的横越甲板的长绳。绳端系有沙袋，起减速作用。飞机拖着沙袋在甲板上滑行了一段距离后就停住了。现代舰载飞机也正是按照这一原理在航空母舰上着陆的。

1967年

“恐怖伊万”伊万·萨莫拉诺出生

1967年1月18日，伊万·萨莫拉诺（Ivan Luis Zamorano）出生在智利科洛尼亚·德·迈普（Colonia de Maipu’）。外号“恐怖伊万”的萨莫拉诺堪称智利足球史上最显赫的球星。

1991年，萨莫拉诺初登西甲联赛，效力于塞维利亚。他在59场比赛中共射入了21个球。随后他被球队以500万美元的价格交易去了西甲豪门皇家马德里。1994—1995赛季，萨莫拉诺在联赛中攻入了27个进球，在和死敌巴塞罗那的比赛中更是上演了帽子戏法。萨莫拉诺不仅荣膺当年西甲最佳射手，也帮助球队获得了联赛冠军。在1992至1996年为皇马效力期间，萨莫拉诺赢得过联赛、西班牙国王杯、西班牙超级杯和欧洲超级杯的冠军荣誉。

5个赛季之后萨莫拉诺转投意甲豪门国际米兰。1998年5月，国际米兰以3：0击败拉齐奥后获得欧洲联盟杯的冠军，在决赛中正是萨莫拉诺踢进了打破僵局的第一球。

萨莫拉诺在国际米兰身穿的“1+8”号球衣可谓足坛史上一段传奇。1997年，罗纳尔多从巴塞罗那加入国际米兰，因为萨莫拉诺，他只能放弃9号而穿上10号球衣。第二年，罗伯托·巴乔从AC米兰加入蓝黑军团时，希望自己身穿10号球衣。经过权衡，俱乐部要求萨莫拉诺让出9号，这样罗纳尔多9号，巴乔10号，相安无事。然而，并非心甘情愿的萨莫拉诺用一个史无前例的做法来显示自己也是“9号”：他接受了18号球衣，但却在1和8之间加了一个小小的+号，诞生了绝世无双的“1+8号”。

2003年12月22日，萨莫拉诺在智利圣地亚哥国家体育场举行告别赛，他在告别赛中以第314个入球结束了个人的第636场比赛。

1971年

前西班牙球员、前巴塞罗那队主帅瓜迪奥拉出生

1971年1月18日，何塞普·瓜迪奥拉（Josep Guardiola i Sala）出生在西班牙桑特佩多。

瓜迪奥拉的球员生涯大部分时间是在巴塞罗那度过的。在克鲁伊夫的“梦之队”时代，他助巴萨夺得球队历史上首个欧洲冠军联赛冠军。在该队的最后4年他一直担任队长。

退役后，瓜迪奥拉先是担任巴萨二队教练，2008年6月14日正式出任巴塞罗那队主教练。上任第一赛季就率领巴萨夺得了所有参加的大赛的冠军，史称六冠王。2011年又一次率领巴塞罗那获得了五冠王。

2012年4月27日，巴塞罗那俱乐部召开新闻发布会，瓜迪奥拉宣布不与巴塞罗那俱乐部续约。

1983年

国际奥委会归还索普71年前获得的两枚金牌

1983年1月18日，国际奥委会在时隔71年之后，将吉姆·索普（Jim Thorpe，1888年5.28—1953.3.28）在1912年奥运会上获得的两枚金牌归还给他的女儿。

Jim Thorpe, World's Greatest Athlete, a Moira Productions Film
Thorpe Football Portrait
photo by Jim Thorpe Home, Yale, Oklamona

1912年斯德哥尔摩奥运会上，美国运动员索普以惊人的毅力、充沛的体力和高超的技术赢得了五项全能和十项全能两枚金牌。他十项全能的成绩是8412.955分，创造了世界纪录。这个纪录保持了20年。

当时有个记者找出了索普身穿洛杉矶棒球队球衣的照片，因此向各大通讯社揭露了索普曾以周薪15美元的代价为职业棒球队打过棒球，从而否定了他业余运动员的身份。美国田联和国际奥委会根据死板的规定，取消了索普的比赛资格和他所创造的世界纪

录，追回了两枚金牌。

1953 年 3 月 28 日，索普病逝，终年 65 岁。临终前他对 7 个孩子的遗言是："还我金牌！"

1997年

挪威人伯格·奥斯兰历时 64 天穿越整个南极大陆

1997 年 1 月 18 日，极地探险家挪威人伯格·奥斯兰（Borge Ousland）在无外界援助的情况下，首次以最快的速度独自一人穿越了南极洲。他从 1996 年 11 月 15 日出发，拉着 185 公斤的补给雪橇从威德尔海伯克纳岛出发，64 天后，也就是 1997 年 1 月 18 日，他到达了麦克默都海湾的斯科特站，全程 2690 公里。

伯格·奥斯兰携娇妻在北极举行婚礼

2006 年，他与麦克·霍恩在不借助外援的情况下，成功抵达北极点，实现了有史以来技术难度最大的一次北极远征。伴随着极地冰盖的加速融化，近年来，奥斯兰先生投身于极地环境保护工作，努力唤起公众对极地环境恶化的关注。

伯格·奥斯兰是世界上唯一独自穿越南极洲、北冰洋冻海与北极点的人。

2002年

意大利公布历史最佳阵容，巴乔、罗西领衔锋线

迪诺·佐夫

2002 年 1 月 18 日，意大利足协公布了由意大利球迷在线选出的意大利历史上最佳阵容。

这一阵容基本上以 1982 年西班牙世界杯夺得冠军的那个阵容为班底，其中，包括了当时的 6 名选手：迪诺·佐夫（Dino Zoff）、弗朗哥·巴雷西（Franco Baresi）、克劳迪奥·詹蒂莱（Claudio Gentile）、布鲁诺·孔蒂（Bruno Conti）、马尔科·塔尔德利（Marco Tardelli），以及"金童"保罗·罗西（Paolo Rossi）。

"梦之队"的其他三名球员分别是：亚利桑德罗·内斯塔（Alessandro Nesta），保罗·马尔蒂尼（Paolo Maldini）以及罗伯托·巴乔（Roberto Baggio）。

阵容如下：

门将：佐夫

后卫：詹蒂莱、内斯塔、巴雷西、马尔蒂尼

中场：布鲁诺·孔蒂、塔尔德利、桑德罗·马佐拉、詹尼·里维拉

前锋：罗·巴乔、保罗·罗西

1. 克劳迪奥·詹蒂莱 2. 亚利桑德罗·内斯塔 3. 弗朗哥·巴雷西 4. 保罗·马尔蒂尼 5. 布鲁诺·孔蒂 6. 马尔科·塔尔德利 7. 桑德罗·马佐拉 8. 詹尼·里维拉 9. 保罗·罗西 10. 罗伯托·巴乔

2002年

中国选手高崚获得 2001 年度国际羽联最佳运动员奖

2002 年 1 月 18 日，国际羽联宣布中国选手高崚成为 2001 年度最佳运动员奖的获得者。这一奖项是国际羽联 1998 年设立的，由马来西亚羽坛宿将庄友明赞助。庄友明是 20 世纪 50 年代令马来西亚崛起于世界羽坛的传奇人物。1955 年，庄友明以绝对主力的身份帮助马来西亚男队夺取了汤姆斯杯。自 1998 年起，国际羽联开始评选以这位划时代巨星的名字命名的年度最佳运动员奖，高崚之前，已有丹麦的盖德（男单）、马尔廷（女单）、印尼的陈甲亮（男双）获得过埃迪·钟奖。

22 岁的高崚在 2001 年的表现十分抢眼，在全英公开赛和世锦赛两大赛事中，高崚两次携女双和混双双冠同归，同时她还是帮助中国队实现苏迪曼杯四连冠的主力干将。

高崚出生于武汉，前中国国家羽毛球队队员。作为一名双打选手，她在国际大赛中取得很高的成就，曾两获奥运会混双冠军。她善于在网前为同伴做球，且斗志顽强，是中国继葛菲之后又一位兼项混双和女双的优秀选手。高崚在奥运会、世锦赛、全英赛都创造了后人难以逾越的辉煌纪录，以 14 个世界冠军成为当时中国羽毛球第一人。

北京奥运会后，高崚功成身退，与相恋三年的男友吴圣步入婚姻殿堂。

2004年

20世纪60年代平男子100米跑世界纪录的“飞人”陈家全去世

1961年《新体育》杂志封面上的陈家全

2004年1月18日，曾经在20世纪60年代平田径男子100米世界纪录的“飞人”陈家全因突发心肌梗塞在山东济南去世，享年65岁。陈家全是四川培养的一位优秀短跑选手，他于1965年10月24日在重庆大田湾体育场跑出了10秒整的成绩，平了男子100米世界纪录（手计时）。陈家全也是迄今为止中国唯一一位平世界纪录的男子100米运动员，堪称中国“第一飞人”。

退役后，陈家全担当起了培养、选拔短跑运动员的任务，他的弟子李涛曾于20世纪90年代成为亚洲第一飞人。

2005年

世界最佳门将评选，布冯荣膺桂冠

2005年1月18日，世界最权威的足球统计机构IFFHS，发布了2004年世界最佳门将排名，尤文图斯队钢铁门神布冯以185分名列第一。

在本赛季的意甲联赛和欧洲冠军联赛中，尤文图斯队一路高歌，他们成功的关键是防守，而门神布冯的存在是这条钢铁防线的基石。

排名第二的是英超切尔西队的门将捷克人切赫，意大利AC米兰队巴西门将迪达排名第三。

2006年

年度世界最佳门将出炉，切尔西守护神获殊荣

2006年1月18日，国际足球历史和统计联合会（IFFHS）公布了年度最佳门将的评选结果，切尔西“门神”切赫（Petr Cech，1982.5.20—　）以压倒性优势当选。在此次来自全球各大洲81个国家的足球专家投票评选中，切赫首次斩获殊荣。这也是切赫三天内第二次被选为年度最佳，此前在欧足联年度最佳阵容中切赫当选最佳门将。

在此次评选中，来自近四十个国家的专家将切赫列为世界头号门神，最终他的得分超过排名次席的迪达近二倍之多。尽管布冯从8月开始负伤缺席了半个赛季意甲联赛，但凭借前半年的出

色表现依然在评选中得到了很多专家的青睐，位列第三，这也是布冯在2003和2004两年占据了本项评选头把交椅之后，三年内第一次让出最佳门将的位置。

2010年

李昌镐迎来职业生涯第1500胜，连续三年进KBS杯决赛

2010年1月18日，李昌镐九段在韩国首尔迎来职业生涯第1500局胜利，同时连续三年进入韩国KBS围棋王战决赛。

KBS围棋王战进行的是超快棋比赛，当天下午连续进行了两盘。李昌镐首先在败者组第五轮中击败尹燦熙二段，随后又在败者组决赛中战胜崔哲瀚九段，晋级决赛。

在KBS围棋王战28年历史上，李昌镐夺得过10次冠军，5次亚军。第一次夺冠是1988年的第八届，当时李昌镐为三段，战胜了金秀壮七段；随后1991年第十一届李昌镐升至五段，击败曹薰铉九段；1993年第十三届李昌镐再胜曹薰铉。1998年第十七届李昌镐第一次以九段的身份获得冠军；第二十和二十一届，二十三和二十四届，二十六和二十七届，李昌镐三次二连霸。

李昌镐也是韩国第二个完成1500胜的棋手。曹薰铉九段为韩国胜局数最多的棋手。

2011年

2010年最佳裁判揭晓，韦伯登顶，亚洲裁判获第二

21世纪前10年最佳裁判马库斯·默克

2011年1月18日（当地时间1月17日），国际足球历史和统计联合会（IFFHS）公布了2010年年度最佳裁判以及21世纪前10年最佳裁判得主，英格兰人霍华德·韦伯（Howard Webb）和德国人马库斯·默克（Markus Merk）分获这两项殊荣。

38岁的韦伯兼职警察，2010年执法了两项顶级赛事的决赛——欧洲冠军联赛以及南非世界杯，并获封爵士头衔。不过英格兰第一金哨也是毁誉参半的人物，世界杯德容蹬踏阿隆索的判罚，以及足总杯曼联对阵利物浦中点球与红牌的裁定，都引起了巨大争议。

2010年度最佳裁判霍华德·韦伯

排名第二的伊尔马托夫（Ravshan Irmatov）同时也是亚洲排名最高的主裁。33岁的乌兹别克斯坦人2003年成为国际裁判，曾两度当选亚足联年度最佳，2010年世界杯他担任揭幕战的主裁。第三名瑞士人布萨卡（Massimo Busacca）是2010年欧洲超级杯的主裁。

本世纪前10年最佳裁判的评选也同时进行，它以过去10年每年最佳主裁评选的分数乘以10%而后相加得出总分。结果德国金哨默克以135分的绝对优势毫无争议地当选。48岁的德国人在2004、2005、2007年三度当选国际足联年度最佳裁判，更是6次德国年度最佳裁判得主，曾主吹2002—2003赛季欧冠决赛和2004年欧锦赛决赛。

1月18日备忘录

1968年1月18日　穆罕默德·阿里（Muhammad Ali）拒绝应征入伍参加越南战争的上诉被法院驳回。1967年4月28日，阿里在越战的高峰期拒绝接受美军的征召。从宗教立场出发而拒绝入伍的阿里，被美国地方法院以拒绝服兵役的罪名吊销了在全美各州的拳击执照，并没收护照，同时面临5年监禁的处罚。后来在解释拒绝参战的原因时，阿里所说的那句“我跟那些越共没有仇”被许多人记住了，他在同一次采访里的另一句话是“没有越共叫过我‘黑鬼’”。

1985年1月18日　第一届国际田径联合会世界室内田径锦标赛（International Association of Athletics Federations World Indoor Championships）在巴黎开幕，当时赛事名称为世界室内运动会（World Indoor Games），直至两年后第二届赛事重新命名世界室内田径锦标赛。

1987年1月18日　国内首届铁人三项赛在海南三亚举行。

1996年1月18日　江泽民为第五届全国大学生运动会题词：“发展学校体育运动，促进社会主义精神文明建设。”

1998年1月18日　斯蒂芬·彼德汉塞尔（Stéphane Peterhansel）第六次赢得达喀尔拉力赛冠军。

2000年1月18日　被誉为保加利亚“最成功的体育教育家”、“传奇式举重教练”的伊万·阿巴吉耶夫（Iwan Abadjiev）在索非亚正式宣布退役。其弟子伊万·伊万诺夫同时宣布参与角逐国家举重队教练职务。

2001年1月18日　瓦斯科达伽马队（Club de Regatas Vasco da Gama）第四次获得巴西全国联赛桂冠。

2003年1月18日　第十届全国冬季运动会在哈尔滨落幕。

2003年1月18日　在瑞士格劳邦登的滑雪胜地特里尔举行了一场由2473人（1162人对1311人）参加的当时世界最大规模的打雪仗比赛。

2004年1月18日　2004达喀尔拉力赛圆满闭幕，三菱车队法国车手斯蒂芬·彼德汉塞尔（Stéphane Peterhansel）夺冠改写历史。

2004年1月18日　东莞日之泉集团有限公司以1元价格承接广州足球俱乐部70%的股权。
2007年1月18日　2007年全国体育局长会议在北京开幕。
2007年1月18日　中国女足主教练马良行托病请辞。
2008年1月18日　第十一届全国冬季运动会在黑龙江齐齐哈尔市开幕。
2008年1月18日　《2007世界体育强国排行榜》出炉，中国居第二。美俄分居第一、三位。
2009年1月18日　北京市体育局注资国安2000万资金。
2010年1月18日　泰森出席在洛杉矶贝弗里山举办的好莱坞外国记者协会（HFPA）第六十七届金球奖（The 67th Annual Golden GlobeAwards）颁奖典礼。泰森在电影《宿醉》中本色出演他本人：拳王泰森。

1878年

阿森纳队传奇教练赫伯特·查普曼出生

1878 年 1 月 19 日，赫伯特·查普曼（Herbert Chapman）出生于英格兰约克郡。查普曼是阿森纳历史上最成功的主教练。1925—1933 期间，他率领阿森纳队捧起 1930 年足总杯，并于 1931 和 1933 年两次问鼎联赛冠军。

查普曼为足球运动做出过许多创新。他设置了教练区、在球场挂上时钟、把足球改为白色。他把泛光灯和人工草皮引入足球比赛，让比赛在夜间和雨水连绵的地区得以进行。他为球员的球衣编上号码、引入物理疗法。他拒绝董事会对首发的安排，建立了主教练直接对主席负责的管理体制。

1933 年冬季，他在客场比赛途中染上肺炎，因医治无效而病逝，享年 55 岁。

1903年

法国《机动车报》宣布创办环法自行车赛

1902 年法国《机动车报》编辑亨利·德斯格朗吉（Henri Desgrange）接到老板德迪翁的旨意，出于宣传目的和为了与另一家报纸《自行车报》竞争而组织有关巴黎的自行车比赛。1903 年 1 月 19 日，德斯格朗吉在报上宣布，将于 1903 年 7 月 1 日举办世界上最大规模的自行车赛——环法自行车赛（英语：Tour of France，法语：Tour de France）。

2013 年环法自行车赛路线

由于《机动车报》用的是黄色纸张，所以参赛运动员都将身穿黄色运动衫。

于是 1903 年的 7 月 1 日第一届环法自行车赛诞生了。共有 60 名选手参加了比赛，最终毛瑞斯·盖利（Maurice Garin）成为了环法赛的第一位总冠军。

1962年

美国篮球教练杰夫·范甘迪出生

1962 年 1 月 19 日，NBA 教练杰夫·范甘迪（Jeffrey William "Jeff" Van Gundy）出生于“教练世家”，他的父亲比尔·范甘迪是一名高中篮球队教练，他的哥哥斯坦·范甘迪后来也成为 NBA 球队主教练。

1996 年 3 月 8 日，杰夫·范甘迪出任 NBA 纽约尼克斯队主教练，期间率领球队在 1999 年以东部第八的身份一举杀入 NBA 总决赛，创造了 NBA 历史上少见的“黑八奇迹”（专指 NBA 季后赛中，排名第八的球队击败排名第一的球队）。

2003 年下半年，范甘迪开始执教休斯敦火箭队，虽然拥有姚明、麦迪等球星，但范甘迪始终无法率领球队突破季后赛第一轮。

2007 年 NBA 季后赛中，火箭队 3∶4 遭到犹他爵士淘汰，范甘迪与火箭队分手，前萨克拉门托国王队主教练里克·阿德尔曼（RickAdelman）接任，而范甘迪转而担任娱乐与体育节目电视网（ESPN，Entertainment and Sports Programming Network）的解说员。

1966年

瑞典网球运动员斯蒂芬·埃德伯格出生

1966 年 1 月 19 日，斯蒂芬·埃德伯格（Stefan Edberg）生于瑞典小镇瓦斯特维克。

1983—1996 年期间，埃德博格夺得了 6 个大满贯男单锦标（1985、1987 年澳网，1988、1990 年温网，1991、1992 年美网），以及 1984 年洛杉矶奥运会男单示范项目冠军和 1988 年汉城奥运会男单及男双铜牌。

他在职业生涯中共取得了 42 个单打和 18 个双打冠军，他是 1990 和 1991 年 ATP（Association of Tennis Professionals, 国际职业网球协会）单打年终世界排名第一的选手和 1991 年单打 ITF（International Tennis Federation，国际网球联合会）世界冠军，职业生涯取得了单打 806 胜 270 负，双打 283 胜 153 负的佳绩。

此外，埃德伯格帮助瑞典队夺得过三届世界团体杯（1988、1991、1995 年）和四届戴维斯杯。

由于埃德伯格球品极佳，甚少和裁判争论，被誉为绅士，曾五度夺得国际职业网球联合会体育精神奖（1988—1990 年、1992 年、1995 年），国际职业网球联合会其后又以他的名字命名体育精神奖，表扬每一年度最有体育精神的球员。

1996 年，埃德伯格退役，2004 年他被收录入国际网球名人堂（the International Tennis Hall of Fame）。

1973年

“东方神鹿”王军霞出生

1973 年 1 月 19 日，奥运冠军、原中国女子田径队队员、中国历史上最出色的田径选手之一王军霞出生在吉林省蛟河市。由于在赛场上屡获佳绩，王军霞被誉为“东方神鹿”。

1993 年，王军霞在第七届全运会上夺得田径女子 3000 米项目的冠军，两次（预、决赛）打破 3000 米世界纪录（8 分 12 秒 11、8 分 06 秒 11），并以 29 分 31 秒 78 的成绩打破女子 10000 米世界纪录，成为世界上首位突破女子 10000 米跑“30 分钟大关”的运动员。

1996 年，首次参加奥运会的王军霞以 14 分 59 秒 88 的成绩摘得女子 5000 米金牌，并获女子 10000 米银牌，成为中国第一位获得奥运会长跑金牌的运动员。

1994 年，王军霞在美国纽约接受了第十四届杰西·欧文斯国际奖，这是中国也是亚洲运动员首次获此殊荣。

1979年

俄罗斯著名女子体操运动员霍尔金娜出生

1979 年 1 月 19 日，俄罗斯著名女子体操运动员斯维特拉娜·霍尔金娜（Svetlana Khorkina）出生在俄罗斯别尔哥罗德。舒展、优雅、自信的霍尔金娜是现代女子体操的形象代表，她的名字及照片几乎出现在世界上所有的著名体育杂志及报纸上。

有“冰美人”之称的霍尔金娜在各类国际体操比赛中获奖，她是 1996 年亚特兰大奥运会冠军；1995、1996 和 1997 年三届世界体操锦标赛金牌得主和 1996、1997 年、1998 和 2000 年欧洲体操锦标赛金牌获得者，共夺得 57 枚金牌，是女子体操历史上最成功的运动员之一。

2004 年（25 岁）霍尔金娜退役。作为统一俄罗斯党的骨干和普京政策的拥护者，她拥有教育学博士学位，2007 年当选为俄联邦杜马议员。

1980年

F1 赛车手简森·巴顿出生

英国车手简森·巴顿（Jenson Alexander Lyons Button）1980 年 1 月 19 日出生在英国的索美塞得。

2000 年，巴顿成为威廉姆斯车队的车手初登 F1 赛场；2002 年，代表雷诺车队参赛，取得当年车手总排名第七的好成绩。直到 2004 赛季，作为 B.A.R 车队车手的巴顿第一次登上分站赛的颁奖台。

2006 年是他在匈牙利大奖赛上赢得了个人第一个 F1 分站赛冠军。2009 年，巴顿加盟布朗车队，不仅拿下当年车手总冠军，还帮助车队夺得年度车队冠军。

2010 年，巴顿被英国女王授予英帝国勋章（MBE）。

1980年

中国羽毛球男双“风云组合”之一蔡赟出生

1980 年 1 月 19 日，中国羽毛球运动员蔡赟出生于江苏苏州。

蔡赟于 1999 年进入国家二队，原本是单打选手。2002 年初，蔡赟被查出患有先天性心脏病，在接受射频消融手术后重返国家队。2002 年 7 月国家队男双改组，蔡赟被召入男双，改练双打，同年下半年他与傅海峰组成一对男双组合，因其名字和优秀的成绩，这对组合被称为“风云组合”。

从 2003 年起，“风云组合”代表中国羽毛球队参加苏迪曼杯和汤姆斯杯，在长达 8 年的时间内仅在苏迪曼杯赛上就创造了 16 场连胜的奇迹。此外，两人多次获得各国公开赛和世锦赛的男双冠军。

2004 年雅典奥运会，蔡赟、傅海峰在羽毛球男双 1/4 决赛中不敌丹麦老将延斯·埃里克森、马丁·汉森。2008 年北京奥运会，28 岁的蔡赟和 25 岁的傅海峰在决赛中负于印尼组合基多、塞蒂亚万，直到 2012 年伦敦奥运会，两人终于在决赛中战胜丹麦组合鲍伊、摩根森，摘得冠军，这是中国羽毛球队第一次夺得奥运会羽毛球男双金牌。

2009 年 2 月，蔡赟经国家羽毛球队全员投票选举，当选国羽一队的男队队长。

1989年

中国首位奥运会蹦床金牌获得者何雯娜出生

1989 年 1 月 19 日，何雯娜出生于福建省龙岩市，汉族客家人。1995 年何雯娜进入福建省体工队，主攻体操及技巧，1998 年底开始练习蹦床，2002 年进入国家蹦床队。

2007年，这位福建姑娘在魁北克蹦床世锦赛上一鸣惊人。她的动作空中姿态优美，弹跳出色，冲击力十足，不仅一举夺得亚军，也为中国获得一张北京奥运会的入场券。

2008年8月18日，在国家体育馆进行的北京奥运会女子蹦床决赛中，19岁的何雯娜以37.80分为中国蹦床队夺得金牌，成功夺得中国蹦床史上首枚金牌。

2012年伦敦奥运会，何雯娜卫冕失利，摘得该项目的铜牌。

2002年

非洲杯诞生一纪录：乔治·维阿身兼四职实现突破

2002年1月19日，在马里进行的2002非洲杯开幕当天诞生一项纪录：在洲际大赛中由一个主教练攻进本届大赛的第一个进球。诞生这一纪录的比赛场次是揭幕战马里与利比里亚的比赛，打破僵局的正是集利比里亚国家队队长、主教练、财务主管和新闻发言人四职于一身的乔治·维阿（George Weah）。

乔治·维阿1966年出生于非洲利比里亚。曾效力于意大利AC米兰等世界顶级足球俱乐部，先后获得欧洲足球先生（1995年金球奖）、世界足球先生（1995年）和两届非洲足球先生（1989、1994年）称号，被誉为非洲球员典范。

维阿一直希望利比里亚能出现在世界杯赛场上，然而利比里亚常年战乱，经济几近瘫痪，这个梦无比渺茫。维阿自己出钱出力组建国家队，是世界上负担最大、责任最大的球员，维阿被他的同胞们尊称为“乔治国王”。

2002年，利比里亚第一次进入非洲国家杯决赛圈，虽然小组未能出线，但已经实现了历史性的突破。这届比赛也是维阿作为球员最后一次为国家队征战。这届大赛的冠军是喀麦隆队，塞内加尔队获得亚军。

2004年

“冬泳之王”王刚义挑战大西洋获得成功

2004年1月19日，被誉为“冬泳之王”的中国大连理工大学教授王刚义，在加拿大北大西洋海域0.7摄氏度的水温中游了37分30秒，实现了挑战大西洋的计划。王刚义选在“泰坦尼克号”沉没地进行冬泳，是为了挑战人类生命极限，并纪念“泰坦尼克号”沉没92周年。加拿大纽芬兰省省长威廉姆斯为他颁发了在北

大西洋进行冬泳获得成功的证书，中国驻加拿大大使梅平也发去贺电。

王刚义从 2001 年开始先后挑战智利大冰湖、南极冰海、韩国汉江、日本北海道等低温水域，并获得“第一个在智利大冰湖游泳的人”、“南极游泳之最”、“冬季横渡韩国汉江之最”等多项吉尼斯纪录证书，被誉为“冬泳之王”。

2004年

斯诺克职业排名赛首次出现中国德比

刘崧

博家俊

2004 年 1 月 19 日，历史性首次杀入斯诺克排名赛正赛的刘崧与当时世界排名第十九的傅家俊上演了职业斯诺克排名赛上首个中国德比。在前 4 局双方战成了 2 平，第五局刘崧打出单杆 73 分以 3∶2 领先，不过之后第六局、第七局，傅家俊连打两杆 74 分，将比分反超，第八局傅家俊抓住刘崧两次进攻失误，两杆打出 65 分，最终以 5∶3 战胜刘崧，顺利晋级第二轮。

2005年

亨利领衔 2004 年欧洲足联最佳阵容

1. 亨利　2. 舍甫琴科　3. 布冯　4. C・罗纳尔多　5. 马尼切
6. 罗纳尔迪尼奥　7. 内德维德　8. 卡福　9. 内斯塔
10. 卡瓦略　11. 科尔

2005 年 1 月 19 日，欧洲足联在官方网站上公布 2004 年的欧洲足坛最佳阵容，这次评选吸引了超过 120 万网友投票。当时效力于阿森纳的前锋蒂埃里・亨利（Thierry Henry）成为唯一一名连续 4 年入选欧洲足坛最佳阵容的球员。除了亨利以外，他在阿森纳的队友阿什利・科尔（Ashley Cole）也入选最佳阵容。

此外，葡萄牙人也是这次评选的胜利者，里卡多・卡瓦略（RicardoCarvalho）和努诺・马尼切（Nuno Maniche）两名大将顺利入选，何塞・穆里尼奥（José Mario dos

Santos Mourinho Felix）连续两年当选为最佳教练，而在欧锦赛上意外夺冠的希腊队球员却没有一人能够入选，看来欧洲球迷仍不认可希腊球员的水平。

最佳阵容如下：

门将：布冯（尤文图斯）

后卫：卡福，内斯塔（AC米兰）、卡瓦略（切尔西）、阿什利·科尔（阿森纳）

前卫：克里斯蒂亚诺·罗纳尔多（曼联）、马尼切（波尔图）、罗纳尔迪尼奥（巴塞罗那）、内德维德（尤文图斯）

前锋：亨利（阿森纳）、舍甫琴科（AC米兰）

2007年

欧足联公布2006年度最佳阵容：巴萨4人入选

2007年1月19日，欧足联公布由球迷评出的2006年度最佳阵容，巴塞罗那队堪称最大赢家，詹卢卡·赞布罗塔（Gianluca Zambrotta）、卡尔斯·普约尔（Carles Puyol i Saforcada）、罗纳尔迪尼奥（Ronaldinho Gaúcho，小罗）和萨穆埃尔·埃托奥·菲尔斯（Samuel Eto'o Fils）4名球员榜上有名，其中，小罗获得29.2万张选票，为球员得票之最。此外，弗兰克·里杰卡尔德（Frank Rijkaard）还获得最佳教练的称号。

阿森纳有两人入选，尤文图斯、拜仁慕尼黑、皇家马德里、利物浦、AC米兰各有一人入选。世界冠军意大利队总共有3人入选，其中吉安路易吉·布冯（Gianluigi Buffon）在4年中第三次获得欧洲最佳门将。

最佳阵容如下：

门将：布冯（尤文图斯）

后卫：拉姆（拜仁慕尼黑）、普约尔（巴塞罗那）、卡纳瓦罗（皇家马德里）、赞布罗塔（巴塞罗那）

中场：法布雷加斯（阿森纳）、杰拉德（利物浦）、卡卡（AC米兰）、罗纳尔迪尼奥（巴塞罗那）

前锋：埃托奥（巴塞罗那）、亨利（阿森纳）

主教练：里杰卡尔德（巴塞罗那）

1. 埃托奥 2. 亨利 3. 布冯
4. 法布雷加斯 5. 杰拉德 6. 卡卡 7. 罗纳尔迪尼奥
8. 拉姆 9. 普约尔 10. 卡纳瓦罗 11. 赞布罗塔

2009年

FIFA公布2008年最佳阵容：西甲5人入选

2009年1月19日，国际足联FIFA公布2008年度最佳阵容，西甲5人入选，英超3人，意甲仅有卡卡一人入选。

在门将的位置上43%的球迷将选票投给了伊戈尔·卡西利亚斯·费尔南德斯（Iker Casillas Fernández）。后防位置上，左后卫菲利普·拉姆（Philipp Lahm）以2%的优势击败曼联的帕特里斯·埃弗拉（Patrice Evra）。而在中后卫的人选上，约翰·特里（John George Terry）与卡尔斯·普约尔（Carles Puyol i Saforcada）的得票率分别为28%和25%。右后卫位置的评选中，塞尔吉奥·拉莫斯（Sergio Ramos Garcia）优势明显。

中场方面，卡卡（葡萄牙文：Kaká）独领风骚，哈维（Xavier）、史蒂文·杰拉德（Steven Gerrard）与弗兰克·里贝里（Franck Ribéry）也得到了球迷的青睐。

1. C·罗纳尔多　2. 梅西　3. 卡西利亚斯
4. 卡卡　5. 杰拉德　6. 哈维　7. 里贝里
8. 拉莫斯　9. 特里　10. 普约尔　11. 拉姆

前锋评选中，新科世界足球先生克里斯蒂亚诺·罗纳尔多（Cristiano Ronaldo）获得52%的支持率，里奥内尔·安德雷斯·梅西（Lionel Andrés Messi）仅以1%的差距紧随其后。

最佳阵容如下：

门将：卡西利亚斯（皇马）

后卫：拉莫斯（皇马）、特里（切尔西）、普约尔（巴萨）、拉姆（拜仁）

中场：卡卡（AC米兰）、杰拉德（利物浦）、哈维（巴萨）、里贝里（拜仁）

前锋：C罗（曼联）、梅西（巴萨）

2010年

亨利上帝之手逃过国际足联处罚，当值主裁亦逃处罚

2010年1月19日，国际足联宣布不对法国前锋蒂埃里·亨利（Thierry Henry）的手球行为进行任何处罚。

亨利因在与爱尔兰的世界杯预选赛附加赛中，手球助攻队友加拉斯完成决定性一击，在将法国队送入世界杯决赛圈的同时，也宣告了爱尔兰队的“死刑”。亨利随之接到国际足联的传唤。FIFA官方发表的声明称，亨利在与爱尔兰队的附加赛中手球助攻队友得分，帮助法国队成功跻身南非世界杯，国际足联执行委员会要求纪律委员会对于亨利的手球行为进行调查。在经过一个月的调查后，执行委员会表示没有任何相关法规可以判定亨利的手球是一次严重违反规则的行为，因此决定不对他进行任何处罚。对于当值主裁的漏判，FIFA表示没有明文规定允许执行委员会强行对其进行处罚。同时，虽然爱尔兰表示强烈不满，甚至要求国际足联破天荒允许他们以第三十三支入围球队身份参加世界杯，但国际足联依然决定维持该场比赛的结果。

2011年

2010年欧足联最佳阵容：梅西领巴萨六将，穆帅最佳教练

2011年1月19日，欧足联官网公布2010年度最佳阵容，巴塞罗那6人入选，前一赛季带领国际米兰夺取三冠王的穆里尼奥（Mourinho）荣膺最佳主帅。

在欧足联的这份名单中，由梅西（Messi）领衔的6名巴萨球员显得格外耀眼，梅西与自己的锋线搭档大卫·比利亚·桑切斯（David Villa Sanchez）、共同竞逐FIFA金球奖的哈维（Xavier Hernandez Creus）、伊涅斯塔（Andrés Iniesta）以及防线组合普约尔（Carles Puyol i Saforcada）、皮克（Gerard Pique），构成最佳阵容的中轴线，另外再算上两名皇家马德里的球员卡西利亚斯（Iker Casillas Fernández）与C·罗纳尔多（Cristiano Ronaldo），最佳阵容中共有8位西甲球员。

除了西甲以外，上赛季欧冠半决赛淘汰巴萨的国米仅有韦斯利·斯内德（Wesley Sneijder）以及麦孔·道格拉斯·西塞纳多（Maicon Douglas Sisenando）入选，而在这场比赛中打进关键进球的米利托（Gabriel Alejandro Milito）遗憾落选。另外一名非西甲球员是来自切尔西的边卫阿什利·科尔（Ashley Cole）。

1. 梅西　2. 比利亚　3. 卡西利亚斯
4. C·罗纳尔多　5. 哈维　6. 斯内德　7. 伊涅斯塔
8. 麦孔　9. 皮克　10. 普约尔　11. 科尔

2010年欧足联最佳阵容如下：

门将：卡西利亚斯（皇马）

后卫：麦孔（国米）、皮克（巴萨）、普约尔（巴萨）、阿什利·科尔（切尔西）

中场：C·罗纳尔多（皇马）、哈维（巴萨）、斯内德（国米）、伊涅斯塔（巴萨）

前锋：梅西（巴萨）、比利亚（巴萨）

主帅：穆里尼奥（皇马）

2012年

百年奥运赞助商柯达申请破产

2012年1月19日，曾经是一代人“精彩每一刻”标志的柯达公司，申请破产保护，以争取度过流动性危机。作为百年奥运曾经的顶级赞助商，柯达与奥运会共同成长，但在2008年北京奥运会后，柯达因为经济原因退出奥运赞助行列，虽然股价一度上涨，但也无法挽救昔日胶片巨头的坍塌。不仅是柯达，伦敦奥运会上还有其他巨头申请

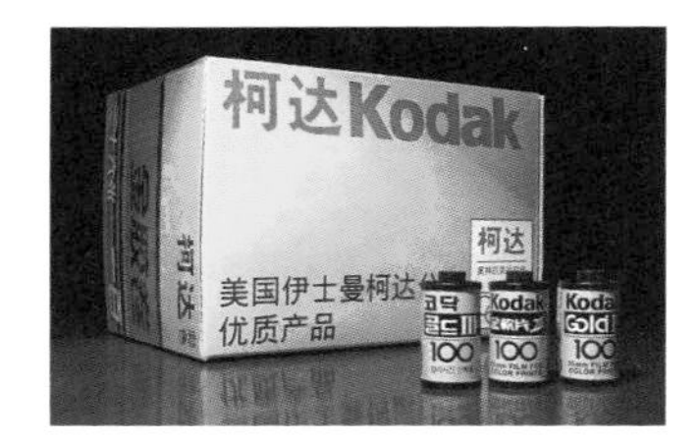

破产退出赞助行列。

2012 年 1 月 19 日，柯达公司官方宣布，柯达及其美国子公司提交了破产保护申请。创立于 1880 年的柯达公司，在数码时代的今天终于倒塌，它曾是世界最大的影像产品及相关服务生产和供应商，总部位于美国纽约州罗切斯特市。

有着 131 年历史的柯达公司，与奥运会也有非常深的渊源，赞助了从首届奥运会开始的所有奥运会，包括广告中多次出现奥运比赛场中的精彩一刻，柯达成功将自己打造成奥运影像赞助商的形象。在 1999 年，柯达签约成为奥运会顶级赞助商。与奥运紧密联系在一起的柯达公司，却在成为顶级赞助商后不到 10 年，与国际奥委会分道扬镳。2007 年，柯达公司宣布在 2008 年北京奥运会后，停止赞助奥运会。

根据柯达公司数据显示，到 2004 年，柯达已经亏损 1.13 亿美元；2005 年亏损 7.99 亿美元；2006 年亏损 3.46 亿美元。而柯达试图转型，转型后的业务与奥运会相关性不大，因此退出奥运赞助商行列。

2012年

滑雪女星萨拉·布尔科意外受伤殒命雪场

2012 年 1 月 19 日，被誉为加拿大最美的滑雪女明星萨拉·布尔科（Sara Burke，1982.9.3—2012.1.19）因在训练中不慎受伤，医治无效身亡。

布尔科是在 2012 年 1 月 10 日的一次训练中意外摔倒造成重伤。当时布尔科的头部和颈椎都严重受创，虽然之后进行的手术非常成功，但进入重症监控室的布尔科，还是没能将自己的生命延续。

29 岁的布尔科是一名世界级 U 形池滑雪名将，是第一个能在比赛中完成 1080 度旋转的女子选手。布尔科曾经四次在冬季极限运动会上赢得冠军，被众多媒体视为 2014 年索契冬奥会女子超级 U 形池滑雪金牌的最有力竞争者。根据萨拉·布尔科的遗愿，她的器官和组织全部捐献给有需要的人。

1月19日备忘录

1939年1月19日　来自美国威斯康星州阿特金森堡的欧尼斯特·豪森仅用 4.4 秒的时间扒

光了一只鸡身上的所有毛，成为拔鸡毛最快的人。

1955年1月19日　中华全国总工会颁布《关于开展职工体育运动暂行办法纲要》。

1985年1月19日　国家体委下发《全国体育竞赛区开展“精神文明奖，评选活动办法和要求的通知”》。

1988年1月19日　中华台北奥委会宣布：开始接受台体育团队赴大陆比赛的申请。有关邀请大陆杰出体育界人士访台，不必经台奥委会，可直接向台“教育部”提出申请。

1999年1月19日　涉嫌贿选的国际奥委会芬兰委员皮·海格曼（Pirjo Haggman）向国际奥委会主席萨马兰奇提出辞职，萨马兰奇接受了她的辞呈。海格曼成为首位因为涉嫌贿选丑闻而辞职的委员。

2002年1月19日　长春亚泰召开新闻发布会宣布将行政诉讼中国足协。2001年10月16日，中国足球协会对前一年打假球的球队作出处理决定（简称“14号处理决定”），取消长春亚泰足球俱乐部当年甲A资格，以及2002、2003年甲乙级足球联赛引进国内球员的资格。长春亚泰不服，两次向中国足球协会提出申诉状，中国足协未能在法定的时间内答复。2002年1月，长春亚泰足球俱乐部及其教练员、球员向北京市二中院提起行政诉讼。

2002年1月19日　《今日说法》：司法机关应主动介入黑哨事件。

2003年1月19日　2003年达喀尔汽车拉力赛在埃及的沙姆沙伊赫结束。42岁的日本车手增冈浩（Masuoka）驾驶三菱帕杰罗赛车蝉联汽车组冠军；摩托车组冠军是KTM车队的塞恩科特（Sainct）。

2003年1月19日　关颖珊（Michelle Kwan）第七次问鼎全美花样滑冰女子单人滑冠军。

2004年1月19日　中国女篮在日本仙台举行的第二十届亚洲女篮锦标赛决赛中以92∶80战胜东道主日本队，卫冕冠军。

2005年1月19日　在香河进行的全国足球工作会议决定：2005年中超不降级，中甲两队升入中超，从2006年将全面恢复升降级。

2005年1月19日　第六届亚洲冬季运动会吉祥物发布仪式在长春举行，梅花鹿“鹿鹿”成为2007年在吉林省长春市举办的这届亚冬会的吉祥物。

2005年1月19日　2004年度中国最佳田径运动员、教练员颁奖仪式在北京举行，刘翔、邢慧娜和孙海平、王显德分别获得2004年中国最佳田径男、女运动员和教练员。

2005年1月19日　国际游泳联合会（International Swimming Federation，FINA，简称国际泳联）在法兰克福举行的特别会议上做出决定，由于主办第十一届世界游泳锦标赛所需的3640万欧元预算费用存在大约1100亿欧元的缺口，因此剥夺蒙特利尔该届世界游泳锦标赛主办权。两周后，加拿大游泳协会申委会主席德斯罗切斯开枪自杀。在舆论的压力下，加拿大泳协一方面积极寻找资金，另一方面极力游说国际泳联。2月15日，他们终于重新获得承办权。

2006年1月19日　总工会、体育总局发布《关于表彰命名全国职工体育示范单位的决定》。

2006年1月19日　国家体育总局局长刘鹏在2006年全国体育局长会议上就“十五”期间我国体育事业的发展状况进行简要回顾，称“十五”期间中国共获493个世界冠军，创98项世界纪录。

2007年1月19日　国家体育总局在2007年全国体育局长会议上举行表彰大会，刘翔、郭晶晶等178名运动员被授予体育运动荣誉奖章。

2007年1月19日　2008年北京奥运会、残奥会京外赛会志愿者招募启动仪式在人民大会堂举行。

2009年1月19日　国家体育总局关于足球运动管理中心新一届领导班子任命会议在中国足协举行。总局副局长崔大林宣布谢亚龙调离足协，南勇接任足球运动管理中心主任一职。

2009年1月19日　退赛三个半月的湖北武汉光谷职业足球俱乐部正式确定将一线队40名球员集体挂牌，这标志着武汉光谷足球队彻底解散。

2009年1月19日　西班牙和葡萄牙正式宣布联合申办2018年世界杯。

2009年1月19日　国际足联官网刊登报道，对中国北京国安俱乐部将得到北京市体育局2000万的资金注入一事予以关注。

2011年1月19日　在美国展开国事访问的中国国家主席胡锦涛前往美国国务院参加午宴，NBA休斯顿火箭队的姚明和NFL（美国橄榄球联盟）“华裔第一人”王凯获邀赴宴。

2011年1月19日　山东黄金男篮于CBA常规赛中，在一度领先25分的情况下，被浙江稠州银行队以94：89逆转击败，被媒体称作“16年职业联赛最耻辱的失败”。

2012年1月19日　伦敦奥组委对外介绍由世界反兴奋剂机构（WADA）认证的反兴奋剂实验室，表示这个被专家称为“奥运史上最先进的实验室”将在2012年奥运会、残奥会期间承担起兴奋剂检测工作，检测数量将创历史新高的6250例。

1874年

英格兰足球传奇人物斯蒂夫·布鲁默出生

1874 年 1 月 20 日，英格兰足球传奇人物斯蒂夫·布鲁默（Steve Bloomer）出生在英格兰的嘉利伍斯特郡。

布鲁默在球员生涯中效力过德比郡队和米德尔斯堡队，曾参加过 598 场英格兰联赛，进球 353 个。布鲁默曾连续 13 个赛季成为德比郡的最佳射手，其中 5 个赛季还是整个联赛的最佳射手。在为米德尔斯堡队效力 4 年后，他又于 1912 年返回德比郡，并在 38 岁时帮助球队夺取乙级联赛的冠军。布鲁默是德比郡历史上进球最多的球员：292 球（1892—1906，1910—1914 年）。

斯蒂夫·布鲁默半身塑像在普莱德公园球场揭幕

布鲁默退役后，出任柏林英国人队的教练员。第一次世界大战期间，他曾被逮捕。在德国鲁勒本集中营度过的 4 年中，他还组织难友进行足球比赛。

1938 年 4 月 16 日，布鲁默辞世，享年 64 岁。

1892年

第一场正式篮球比赛在美国基督教青年会国际训练学校举行

1892 年 1 月 20 日，修改篮球规则后的第一场篮球正式比赛在美国基督教青年会国际训练学校举行。当时的规则是两支球队，每支队有 9 个人，比赛用球是足球，篮筐被绑在距离地板 3.04 米处的看台栏杆上。

现代篮球的发明人是加拿大人詹姆斯·奈史密斯博士（Dr. James Naismith）。奈史密斯从用球投入桃子筐在加拿大被称之为“Duck–on–a–Rock”的游戏中受到启发，于 1891 年 11 月 15 日初步构思出篮球游戏。最早的规则没有运球这一规定，只允许球在球场内传递。之后他又编写了 13 条篮球规则，其中有 12 条仍然沿用至今。起初，奈史密斯将两只桃篮分别钉在健身房内看台的栏杆上，桃篮上沿距离地面 3.04 米，用足球作比赛工具，向桃篮投掷。投球入篮得 1 分，按得分多少决定胜负。每次投球进篮后，要爬梯子将球取出再重新开始比赛。以后逐步将竹篮改为活底的铁篮，再改为铁圈下面挂网，经过百年的改进形成了现今的篮球规则。

1930年

美国飞行员林白以 14.75 小时创横跨美国飞行纪录

美国杰出的飞行员查尔斯·奥古斯都·林白（Charles Augustus Lindbergh，又译林德伯格，1902.2.4—1974.8.26），于 1930 年 1 月 20 日驾驶“圣路易精神号”创横跨美国飞行纪录。

林白是著名飞行员、发明家、探险家，他于 1927 年 5 月 20 至 21 日，林白在纽约长岛罗斯福机场起飞，在巴黎附近的布格机场降落，飞行记录 33.5 小时，共计 3610 公里，林白因此成为首个进行单人不着陆跨大西洋飞行的人。返美后，加尔文·考罗里基总统（Calvin Coalidge）颁赠国会荣誉勋章（Congressional Medal of Honor）给这位年轻谦逊的飞行员。

1932 年 3 月，林白的长子被人绑架撕票，罪犯布鲁诺·哈卜曼（Bruno B. Hauptmann）在 1935 年被定罪。这一绑架罪行震惊全美，导致联邦林白法案（Lindbergh Act）的诞生。此后林白夫妇先移居英国，后移居法国，在法国林白与人共同研究生理学。

1956年

传奇游泳运动员约翰·内伯出生

1956 年 1 月 20 日，传奇游泳运动员约翰·内伯（John Phillips Naber）出生在美国埃文斯顿。

内伯是 1976 年蒙特利尔奥运会上最耀眼的明星，他独揽四金一银，其中夺冠的项目分别是 100 米和 200 米仰泳，4×200 米自由泳接力和 4×100 米混合泳接力。在他夺冠的各个项目中，内伯都打破或者追平了世界纪录。他所创造的 100 米仰泳世界纪录（55 秒 49）保持了 7 年之久。他创造的 200 米仰泳世界纪录（1 分 59 秒 19）首破“两分钟大关”。

1977 年，内伯赢得了美国的詹姆斯·萨利文奖，并且在退役后进入了泳坛名人堂。1984 年洛杉矶奥运会开幕式上内伯是手持五环旗入场的 8 名美国奥运名宿之一。

退役后的内伯不仅从事经商、写作，而且还在电视台担任嘉宾和游泳解说员。

1957年

第一届奥运会第一枚金牌得主康诺利去世

1957 年 1 月 20 日，摘得第一届奥运会第一枚金牌的詹姆斯·康诺利（James Connolly）于美国逝世，享年 89 岁。

詹姆斯·康诺利 1865 年 11 月 28 日出生在美国。1896 年，当时还是哈佛大学法律系学生的他在看到现代奥运会即将在希腊举行的消息后，从哈佛大学退学，前往雅典。经过 17 天的海上航行，最终在奥运会开幕的前一天到达雅典。第二天，1896 年 4 月 6 日，康诺利在三级跳中，跳出了 13.71 米的成绩，获得三级跳比赛的金牌，这也是现代奥运会的第一枚金牌。同时，康诺利还在跳高比赛中拿到银牌，并在跳远比赛中获得铜牌。后来，他成为一位知名的记者和小说家，并且获得哈佛大学的名誉博士学位。

1980年

旅日棋士张栩出生

1980 年 1 月 20 日，旅日棋士张栩出生在台湾省台北市。

张栩是林海峰门下弟子，1994 年入段，2001 年升七段。曾获 2000 年富士通杯八强。2001 年成为本因坊战挑战者，创下这一棋战的最年少挑战者纪录，并升为八段。2002 年获 NHK 杯冠军，2003 年再度挑战本因坊成功，并升为九段。

2010 年 2 月 26 日，日本第三十四期棋圣战结束争夺，张栩九段以 4：1 的总比分击败卫冕者山下敬吾九段，在夺得这一日本最大新闻棋战桂冠的同时，成为新日本棋圣，并且成为继 1987 年赵治勋之后第二位全日本新闻棋战大满贯（棋圣、名人、本因坊、十段、天元、王座、小棋圣）得主。

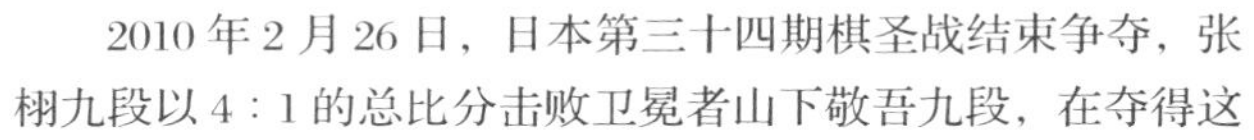

1981年

1980 年全国最佳运动员评选活动揭晓

1981 年 1 月 20 日，由首都 10 家新闻单位主办的 1980 年全国最佳运动员评选活动揭晓。女子跳水运动员陈肖霞、女子排球运动员郎平、女子游泳运动员梁伟芬、男子乒乓球运动员郭跃华、举重运动员吴数德、足球运动员容志行、男子体操运动员李月久、女子体操运动员李翠玲、男子

羽毛球运动员韩健、男子三级跳远运动员邹振先当选。

1981年

英格兰著名球员欧文·李·哈格里夫斯出生

1981年1月20日，英格兰著名球员欧文·李·哈格里夫斯（Owen Lee Hargreaves）出生于加拿大的卡尔加里（Calgary）。

哈格里夫斯的父亲是英格兰人，母亲是威尔士人。16岁时，他被德甲豪门拜仁相中。2000年时，可以代表英格兰、威尔士、加拿大或德国参赛的哈格里夫斯选择代表英格兰队参加国际比赛。2001年8月15日，哈格里夫斯首次代表英格兰队出场，对手是荷兰队。2002年世界杯，哈格里夫斯亦曾在两场小组赛中上场。

哈格里夫斯先后效力过拜仁慕尼黑俱乐部和曼联俱乐部。在拜仁，他得到过四次德甲冠军（2001、2003、2005、2006年），一次欧洲冠军联赛冠军（2001年），一届洲际杯冠军（2001年），三届德国足协杯冠军（2003、2005、2006年）。在曼联，他获得过一次英超冠军（2008年），一次欧洲冠军联赛冠军（2008年）。

1983年

巴西著名球星"小鸟"加林查去世

1983年1月20日，巴西著名球星加林查（Garrincha）去世，原因是酗酒造成的肝硬化，年仅49岁。

加林查原名曼诺尔·弗朗西斯（Manoel Francisco dos Santos），曾代表巴西队参加三届世界杯，赢得1958和1962年两届冠军。加林查和贝利（Pele，1940.10.23— ）以高超的球技和卓越的表现征服了世界足坛，巴西这个足球王国也从此开始了他们的辉煌。

"加林查"在葡萄牙语中是一种小鸟的名字，这种鸟能在原始森林里轻盈、优美而又神速地飞行。加林查控球功夫极佳，个人突破能力极强，速度飞快，球迷们就送给他"小鸟"这个雅号，形容他

非凡的足球才能。

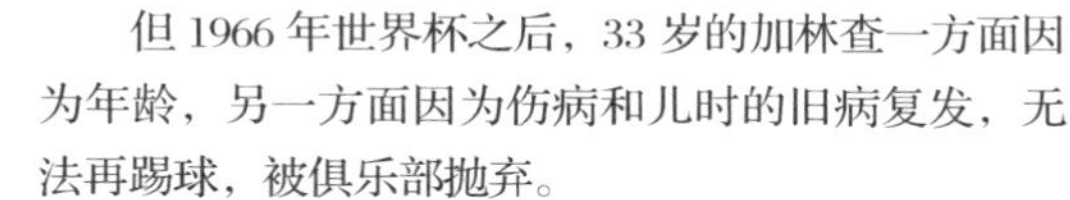

但1966年世界杯之后，33岁的加林查一方面因为年龄，另一方面因为伤病和儿时的旧病复发，无法再踢球，被俱乐部抛弃。

这个被认为是足球历史上盘带最出色的运动员，个人生活却充满争议，被热爱足球的巴西人认为不符合他们的道德标准。1983年1月20日，加林查因酗酒造成肝硬化而在里约州去世。巴西政府用他的

名字命名了巴西利亚的一座体育场。在加林查的葬礼上，一款条幅这样写道："他是个可爱的孩子，他爱和小鸟说话。"

在《加林查传》一书中，这位天才被描述为"职业足球历史上最不职业的球员"。加林查从不系统训练，没有经纪人，他彻夜酗酒，从不爱惜身体，踢球只是靠他与生俱来的天赋。

1984年

5枚奥运金牌获得者约翰尼・韦斯默勒去世

历史上最伟大的游泳运动员之一约翰尼・韦斯默勒（Johnny Weissmuller）于1984年1月20日去世，享年79岁。

1922年7月9日，18岁的约翰尼・韦斯默勒在100米自由泳比赛中成为游进1分钟大关的第一人。

在1924年巴黎奥运会和1928年阿姆斯特丹奥运会上，韦斯默勒出尽风头。他夺得了这两届奥运会男子100米自由泳的金牌；他和队友合作，两度摘得4×200米接力的金牌；他还是巴黎奥运会400米自由泳的冠军。作为历史上最伟大的游泳运动员之一，韦斯默勒一共创造了超20项的世界纪录，其中他在1927年创造的世界纪录保持了17年后才被人打破。

《人猿泰山》剧照

约翰尼・韦斯默勒与杜克・卡哈纳莫库

退役后，韦斯默勒在好莱坞成为电影演员。1932年，韦斯默勒主演影片《人猿泰山》，一夜之间成为了世界知名影星，接下来他又主演了好儿部《人猿泰山（Tarzan, the Ape Man）》系列影片。

1994年

曼联队历史上最受爱戴和最成功的主帅逝世

1994年1月20日，传奇主教练，英格兰足球名人堂成员马特・巴斯比爵士（Sir Alexander Matthew Busby CBE）去世。

1945年2月19日，34岁的巴斯比出任曼联队主教练，揭开"红魔"一个全新时代的序幕。1948年，他们首夺足总杯，4年之后，在联赛中折桂，并于1956和1957年再次两夺联赛冠军。

1958年2月6日，在巴斯比率队参加欧洲杯比赛后途经德国慕尼黑返国时，球队包机在起飞时失速坠毁，8名曼联球员遇难，巴斯比也身受重伤。之后一年留院治疗中他曾多次病危，甚至有两次已经做完临终祷告，但最终他却奇迹般康复，

弗格森和巴斯比

并继续执教球队。1968 年他率领再度崛起的曼联队捧起了欧冠奖杯。

在执掌曼联 23 年之后，巴斯比宣布在 1968—1969 赛季末退役。但他的退役生涯并没能持续太久，1970 年 12 月 28 日，董事会再次邀请他在赛季结束前执教曼联。在此之后，巴斯比再次宣布退役，并加入俱乐部董事会，在这个岗位上一直干到 1982 年。

马特・巴斯比于 1958 年被授予高级英帝国勋爵士，1968 年曼联赢得欧洲冠军杯后封爵，1972 年获得教皇圣格里高利骑士指挥官荣誉称号。

1994 年 1 月 20 日，马特・巴斯比爵士因癌症在基德尔的亚力山德拉医院去世，享年 84 岁。1996 年 4 月 27 日，一座马特・巴斯比爵士的铜像在老特拉福德球场落成。

2005年

天空电视台网站评选出英格兰历史上最伟大的十大前锋

2005 年 1 月 20 日，英国天空电视台网站评选出英格兰历史上最伟大的十大大前锋，阿兰・希勒（Alan Shearer，1970.8.13— ）压倒传奇球星莱因克尔（Gary Winston Lineker，1960.11.30— ）当选第一，是年效力于皇家马德里队的球星欧文（Michael James Owen，1979.12.14— ）、曼城队的主帅基冈（Kevin Keegan，1951.2.14— ）都榜上有名。创造了英格兰队国际比赛进球纪录的博比・查尔顿（Bobby Charlton，1937.10.11— ）没有入选，也许和他踢的位置太全面有关。入选名单如下：

1. 阿兰・希勒；2. 加里・莱因克尔；3. 吉米・格里夫斯（Jimmy Greaves）；4. 吉奥夫・赫斯特（Geoff Hurst）；5. 迈克尔・欧文；6. 迪克西・迪恩（Dixie Dean）；7. 纳特・洛夫豪斯（Nat Lofthouse）；8. 凯文・基冈；9. 斯蒂夫・布鲁默（Stephen Bloomer）；10. 托米・泰勒（Tommy Taylor）。

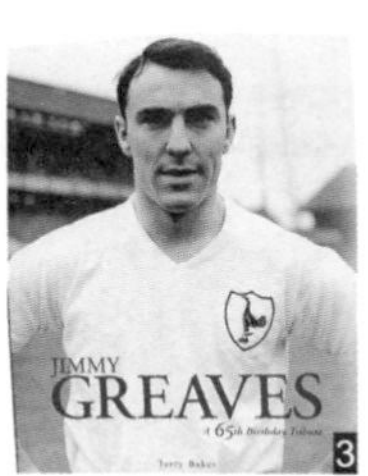

2006年

IFFHS 年度最佳俱乐部主帅，穆里尼奥险胜贝尼特斯

2006 年 1 月 20 日，国际足球历史与统计联合会（IFFHS）公布 2005 年度最佳俱乐部主教练的评选结果，切尔西主帅穆里尼奥（José Mario dos Santos Mourinho Felix）以相当微弱的优势击败利物浦教头贝尼特斯（Rafael Benitez Maudes），成功蝉联年度最佳教练称号。这也是穆里尼奥在当选欧足联年度最佳阵容主教练之后，再度被评选为年度最佳。

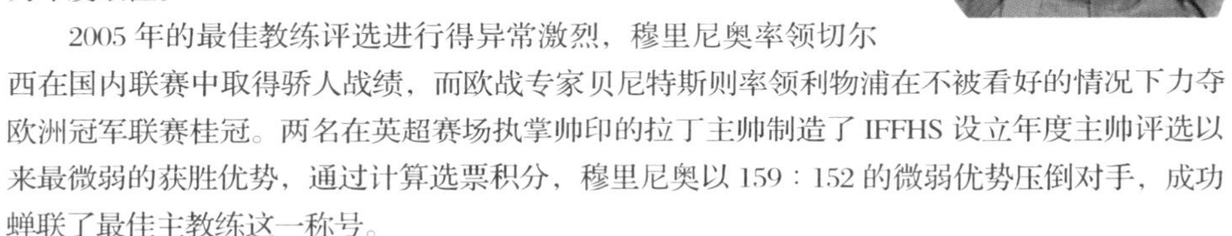

2005 年的最佳教练评选进行得异常激烈，穆里尼奥率领切尔西在国内联赛中取得骄人战绩，而欧战专家贝尼特斯则率领利物浦在不被看好的情况下力夺欧洲冠军联赛桂冠。两名在英超赛场执掌帅印的拉丁主帅制造了 IFFHS 设立年度主帅评选以来最微弱的获胜优势，通过计算选票积分，穆里尼奥以 159：152 的微弱优势压倒对手，成功蝉联了最佳主教练这一称号。

2007年

捷克奥运冠军训练惊魂，被标枪扎中肩膀死里逃生

2007 年 1 月 20 日，捷克男子十项全能奥运冠军、世界纪录保持者罗曼·塞布勒（Roman Sebrle，1974.11.26— ）在训练中被同场训练的队员投出的标枪扎中肩膀。

塞布勒事后在网上公布这一消息时称："如果标枪再偏左 10 厘米，就会刺中我的肺部；如果再往上 20 厘米，就扎中喉咙了；如果再往上 1 厘米，就会刺到骨头、肌肉和肌腱上，那就意味着我提前结束职业生涯。"

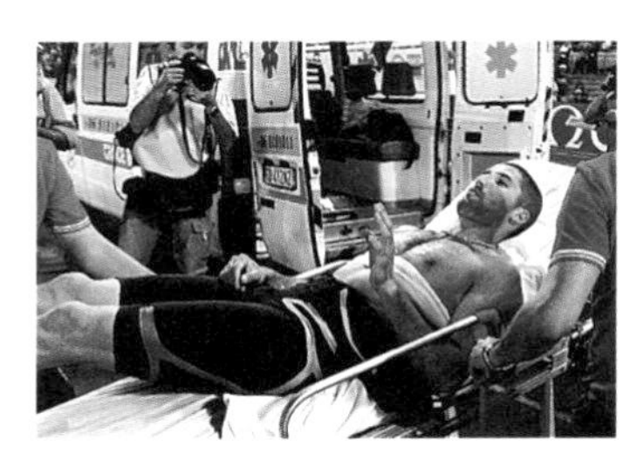

32 岁的塞布勒当时在南非训练。幸好标枪没有刺穿肌肉组织，12 厘米深的伤口缝了 11 针。塞布勒于一周后恢复训练，继续备战在伯明翰举行的欧洲室内锦标赛。塞布勒曾经两次夺得室内世锦赛和欧锦赛的七项全能冠军。

2009年

IFFHS 评世纪最佳门将：布冯居榜首，卡西跻身三甲

2009 年 1 月 20 日，国际足球历史和统计联合会（IFFHS）公布了最新一期的世纪最佳门将排名，布冯（Gianluigi Buffon）以 78 分高居榜首，前曼联传奇门将舒梅切尔（Peter Boleslaw Schmeichel）69 分排名第二，卡西利亚斯（Iker Casillas Fernández）超越前拜仁门神卡恩（Oliver Rolf Kahn）位列第三。

卡西利亚斯在 2008 年帮助皇家马德里队取得联赛冠军，并且在欧洲杯中有着出色发挥，

带领西班牙队最终登顶，因此凭借良好战绩一举超过了已经退役的卡恩跻身前三，并且获得了之前 IFFHS 评选出的 2008 年度最佳门将头号。

IFFHS 的世纪最佳门将评选依据是从 1987 年至今，每年最佳门将的前 10 名依照各自排名获得不同的积分，再累积到一起算得总分，以此排名。

布冯

舒梅切尔

费尔南德斯

2010年

IFFHS 评选 14 年间最佳教练，米卢榜上有名

2010 年 1 月 20 日，国际足球历史和统计联合会（IFFHS）公布了 1996 至 2009 年世界最佳教练排名，曼联主帅弗格森（Alex Ferguson，1941.12.31— ）排名第一，2006 年世界杯冠军教头里皮（Marcello Lippi，1948.4.11— ）和担任阿森纳队的主帅温格（Arsène Wenger，1949.10.22— ）并列次席。同时，前中国国家队主帅米卢蒂诺维奇（Bora Milutinovic，1944.9.7— ）排在第三十二位，排名高于德国队主帅勒夫（Joachim Loew，1960.2.3— ）和西班牙少帅瓜迪奥拉（Josep Guardiola i Sala，1971.1.18— ），与意大利金牌教练特拉帕托尼（Giovanni Trapattoni，1939.3.17— ）持平。时任上海申花队主帅的布拉泽维奇（Miroslav Blazevic，1937.2.10— ）排名第五十四位。

亚历克斯·弗格森

2010年

亚运会 2014 年后不在双数年举行，韩国仁川将成绝唱

2010 年 1 月 20 日，亚奥理事会发布重大决定：第十八届夏季亚运会将推迟到 2019 年举行，并从此夏季亚运会全面改至单数年份举行。这意味着，已有 60 年历史的亚运会，在双数年份举办的惯例将成绝唱，2014 年韩国仁川亚运会将是最后一届在双数年份举办的亚运会。

第一届亚运会原定于 1950 年举行，后因故推迟了一年举行，从第二届亚运会开始，4 年一届的亚运会全部安排在双数年份举行。巧合的是，亚运会举办年刚好也是世界杯足球赛的举办年，因此，半个世纪以来，世界体坛已经习惯了世界杯和亚运会两项大赛在同一年份举行的节奏。对于调整亚运

OLYMPIC COUNCIL OF ASIA

亚奥理事会第二代会徽

会举办年份的决定，亚奥理事会的解释是为了“提前在夏季奥运会之前一年”举行。这意味着原本2018年举行的第十八届亚运会，将安排在2020年第三十二届奥运会之前的2019年举行。

亚奥理事会同时向下属45个国家和地区奥委会宣布，即刻起开始接受各成员奥委会申办2019和2023年两届亚运会，亚奥理事会计划将同时选定2019和2023年两届亚运会的举办地，这一做法与国际足联宣布将同时确定2018和2022年两届世界杯举办国的决定相似。

1月20日备忘

1924年1月20日　国际皮划艇联合会（International Canoe Federation，ICF）在丹麦哥本哈根成立。

1980年1月20日　因苏联入侵阿富汗，美国总统卡特表明美国将抵制于1980年7月举行的莫斯科奥运会。4月12日美国奥委会正式做出不参加奥运会的决定。

1980年1月20日　在弗吉尼亚州帕萨蒂纳的玫瑰橄榄球场进行的第十四届超级碗橄榄球赛中，观看匹兹堡钢人队对圣路易斯公羊队比赛的观众达到103985人，创当时所有比赛观众数量之最。

1989年1月20日　1988年亚洲10名最佳运动员评选揭晓活动在北京举行。当选的运动员是：楼云（中国，体操）、铃木大地（日本，游泳）、刘南奎（韩国，乒乓球）、聂卫平（中国，围棋）、格哈奥格尔（泰国，拳击）、许艳梅（中国，跳水）、金水宁（韩国，射箭）、秦玉芳（中华台北，跆拳道）、陈静（中国，乒乓球）、庄淑玲（马拉西亚，游泳）。

1991年1月20日　巴西皮里里队迎战克鲁塞罗队。比赛进行到65分钟时，雷电大作，其中一次触地雷击中了场上两名运动员，两人当场身亡。

1999年1月20日　芬兰国际奥委会女委员皮·海格曼（Pirjo Haggman）在赫尔辛基宣布自己已向国际奥委会主席萨马兰奇提交辞呈。

2000年1月20日　喀麦隆人伊萨·哈亚图（Issa Hayatou，1946.8.9—　）在加纳的阿克拉连任非洲足联主席。

2000年1月20日　退役一年的“飞人”乔丹正式购买奇才队部分股权。

2001年1月20日　巴西总统费尔南多·亨里克·卡多索（Fernando Henrique Cardoso）表示，他准备给球王贝利一个新的政府职位。卡多索1995年曾经任命贝利为巴西体育部长，不过这位球王三年后辞去政府政务投身商界。

2004年1月20日　足协公布关于同意珠海俱乐部向上海中邦转让股权的通知。2004年1月，上海中邦置业集团与原珠海安平足球俱乐部公司签约，收购珠海安平足球俱乐部全部股权以及珠海安平足球一线队和2004年中国甲级足球联赛参赛资格。俱乐部更名为珠海中邦足球俱乐部有限公司;球队更名为"中邦城市队",中甲联赛主场留在珠海。2005年,球队迁至上海,俱乐部更名为上海中邦足球俱乐部。

2004年1月20日 足协公布关于力帆公司向威远公司转让主要股权的公示。重庆力帆实业集团有限公司收购云南红塔足球俱乐部后,决定转让原来的力帆俱乐部,将其中甲资格以及21名一线队员以近2000万的低价转让给湖南威远信息技术有限公司。

2005年1月20日 2006年都灵冬奥会火炬正式亮相。

2007年1月20日 第四届澳大利亚青年奥林匹克节足球比赛结束,韩国队分获男女足冠军。中国队男女足两支球队在各自的三场比赛中无一胜绩双双垫底。奥林匹克青年运动会是13—19岁年龄段运动员的聚会,足球项目的比赛规定男足队员必须在18岁以下,而女足队员则规定在16岁以下。

2008年1月20日 北京奥运会、残奥会制服发布会举行。

2008年1月20日 法国航海家弗朗西斯·茹瓦永抵达法国布雷斯特湾,顺利完成单人环球航行。此次航行共用时57天13小时34分零6秒,比两年前英国女航海家埃伦·麦克阿瑟创造的世界纪录提前13天。

2009年1月20日 辽宁省获得2013年第十二届全国运动会的承办权。

2010年1月20日 欧足联公布球迷评选的2009年最佳阵容和主教练。2009年欧洲冠军联赛冠军巴塞罗那成为赢家,梅西、伊布拉希莫维奇等六名球员加上主教练瓜迪奥拉拿下最佳头衔。皇马有三人入选,分别是卡西利亚斯、卡卡和C罗。在决赛中输球的曼联仅埃夫拉一人上榜。切尔西队长特里也在最佳阵容中占得一席。

1/21 Jan

1896年

阿根廷班菲尔德竞技俱乐部成立

班菲尔德竞技俱乐部（Club Atlético Banfield）是阿根廷布宜诺斯艾利斯省班菲尔德市的体育俱乐部，成立于1896年1月21日。主要体育项目为足球。班菲尔德足球队最好成绩是阿根廷足球甲级联赛2009年春季联赛冠军。此外，他们还获得过1951和2005年阿甲联赛亚军。

班菲尔德足球队由一批喜欢踢球的英国移民组建。1865年，一条新建的铁路经过布宜诺斯艾利斯南部，并在那里设立了车站，首任站长是爱德华·班菲尔德。1872年他去世后，这个车站被命名为班菲尔德站。随后，1896年俱乐部建立时，也用了这个名字。班菲尔德队曾在1899年获得乙级联赛冠军，但整个20世纪，尤其1931年阿根廷建立职业联赛以来，班菲尔德就再也没能登顶。1951年班菲尔德队积分冲到了榜首，可惜竞技队取得了同样的分数。两场附加赛后，班菲尔德队总比分0：1屈居亚军。2009年12月13日，班菲尔德客场0：2不敌博卡青年队，但由于争冠对手纽维尔老伙计队主场0：2失利，令这支百年老队终于扬眉吐气。

1910年

奥运会独臂射击冠军匈牙利选手卡乐里·塔卡克斯出生

1910年1月21日，奥运会射击冠军匈牙利选手卡乐里·塔卡克斯（Karoly Takacs）出生在匈牙利布达佩斯。

1938年卡乐里·塔卡克斯是匈牙利射击队一员，此时他也是匈牙利军队的一名士官。在一次军事演习时，手榴弹在塔卡克斯的右手爆炸导致残疾，但这并没有减退塔卡克斯对射击的热情。塔卡克斯决定学习用左手射击。第二年，塔卡克斯就获得了匈牙利射击冠军，并代表匈牙利队在世锦赛中夺得自动手枪冠军。1948年伦敦奥运会，已经38岁的塔卡克斯抱着学习的心态代表匈牙利参加手枪速射比赛。然而令人意外的是，他将世界纪录提高了10环，成功夺得这枚奥运金牌。4年后的赫尔辛基奥运会上，塔卡克斯再次夺冠，成为第一位在奥运会手枪速射比赛中成功卫冕的运动员。

1976年1月5日，卡乐里·塔卡克斯逝世，享年66岁。

1940年

美国最成功的职业高尔夫球员之一杰克·威廉·尼克劳斯出生

杰克·威廉·尼克劳斯（Jack William Nicklaus）是美国最成功的职业高尔夫球运动员之一，即使现在辉煌时期已经过去，他仍然在高球界保持着无人能取代的地位。因为有一头金色头发和高大身材，球迷们喜欢叫他“金熊”。

“金熊”自幼就表现出在高尔夫方面的天分。10 岁打出前 9 洞 51 分的成绩；12 岁起 5 次蝉联俄亥俄州青少年高尔夫球锦标赛冠军；19 岁赢得他第一个美国业余锦标赛冠军；20 岁成为美国公开赛亚军；21 岁在美国业余比赛中折桂；22 岁再获业余赛冠军，并转为职业球员。在 1962 至 1967 年巅峰时期，“金熊”夺得 7 次大满贯赛事桂冠，被认为是这一时期高尔夫球坛第一人。此后 10 年间，尼克劳斯连续占据麦考马克世界高尔夫球排名首位。1986 年，他再次夺得大满贯冠军。如此算来，他统领高尔夫球坛长达四分之一个世纪。

此外，尼克劳斯也是一名出色的高尔夫球场设计师，并出版过多部高球指导书籍和自传等文字作品。其中《高尔夫精典教程》（*Golf My Way: The Instructional Classic*）被认为是最出色的高尔夫指导教材之一。

1954年

NBA 全明星历史上第一次通过加时决定胜负

1954 年 1 月 21 日，NBA 全明星（All Star Weekend）历史上第一次通过加时赛决定胜负。值得一提的是，加时赛中，波士顿凯尔特人主力控卫鲍博·库西（Bob Cousy）独得 10 分，帮助东部全明星队以 98 : 93 战胜西部全明星队。库西也成为了那一届全明星赛最有价值球员。

鲍勃·库西 1928 年 8 月 9 日出生在纽约市。高中时期库西就显示出与众不同的篮球才华。13 岁那年不慎摔断右臂，于是库西用左手运球、传球和投篮。不料当他伤愈后，竟然可以左右开弓，球艺大增。被校队教练格兰姆德相中，库西游刃有余地司职校队后卫，一个明星就此诞生。职业生涯中，库西 6 次获 NBA 总冠军，1 次获 NBA 年度 MVP，2 次全明星赛 MVP，10 次入选 NBA 最佳阵容，为后世的篮球选手树立了榜样。1970 年，库西入选美国篮球名人堂，并在 1989 年担任该机构主席。

1963年

非洲裔美国著名篮球运动员奥拉朱旺出生

1963年1月21日，哈基姆·奥拉朱旺（Hakeem Abdul Olajuwon）出生于尼日利亚前首都拉格斯（lagos）。奥拉朱旺是NBA最伟大的中锋之一，曾在1994、1995年两度率领火箭队获得NBA总冠军，并作为梦之队的成员代表美国队参加亚特兰大奥运会，获得金牌。

1978年，一次偶然机会，奥拉朱旺第一次正式接触篮球。两年后，奥拉朱旺入选尼日利亚国家队，参加全非运动会篮球比赛。一场比赛中，他一人夺得60分和15个篮板球，被美国球探庞德发现，推荐给休斯敦大学的著名教练刘易斯。于是，17岁的奥拉朱旺来到美国，开始了他的篮球生涯。在刘易斯教导下，奥拉朱旺进步神速，尤其脚步动作灵活敏捷，假动作逼真多变，赢得了“大梦（Hakeem the Dream）”的雅号，他的移动脚步也被称作“梦幻舞步（Dreams footsteps，Dream Shake，Dreams step）”。

2002年11月9日，效力火箭队17个赛季的奥拉朱旺在康柏中心正式宣布退役，他所穿过的火箭队34号球衣也一并退役。2008年奥拉朱旺入选篮球名人堂。

2000年

第二十一届世界大学生运动会会徽、吉祥物揭晓

2000年1月21日，在清华大学举行第二十一届世界大学生运动会会徽、吉祥物揭晓仪式，首都二十多所学校的二千多名中外大学生参加活动，反响热烈。经过认真评选产生的第二十一届世界大学生运动会会徽和吉祥物“拉拉”向社会亮相。

本届运动会的会徽由阿拉伯数字“21”变化组成“U”字，会徽整体极具运动感，包含中国书法墨韵，笔触刚劲有力。整个会徽又似飘动着的彩带，寓意世界大学生体育健儿团结携手，相聚北京。本届运动会吉祥物取形于中国珍稀动物扬子鳄。通过拟人化的表现手法，创造了一个活泼、可爱、幽默、友善，充满青春气息的卡通形象，取名为“拉拉”。

世界大学生运动会是国际大学生体联为促进各国大学生体育运动开展和增进世界大学生之间友谊而设立的一项国际综合性运动会，每两年举办一届。1998年11月29日，国际大体联执委会决定由北京承办2001年第二十一届世界大学生运动会。

2004年

国际田联确认两名中国选手打破世界青年纪录

2004年1月21日，国际田联确认一批世界青年田径纪录，其中包括中国女子长跑选手邢

慧娜和女子标枪选手薛娟以及国外几名选手在 2003 年创造的优异成绩。

2003 年 8 月 23 日，巴黎世界田径锦标赛女子 10000 米项目，19 岁青岛姑娘邢慧娜以 30 分 31 秒 55 刷新了由中国选手兰丽新在 1997 年创造的原世界青年纪录。她的成绩比兰丽新快了 8 秒左右。

17 岁的南通选手薛娟则在 2003 年 10 月长沙举行的第五届全国城市运动会上，以 62 米 93 的成绩打破了 61 米 99 的女子标枪世界青年纪录。

2008年

7.42 秒闪电一击创新纪录，西甲历史最快进球被刷新

2008 年 1 月 21 日，巴拉多利德前锋洛伦特（Joseba Llorente，1979.11.24— ）创造西班牙足球甲级联赛最快进球纪录，也给巴拉多利德队带来了一场胜利。

当时比赛刚刚开始，洛伦特接到队友中场传球后甩开对方中卫，赶在对方门将出击前将球送入网内。此时距离比赛开始仅仅 7.42 秒。上半场结束，洛伦特梅开二度，帮助主队 2∶1 战胜西班牙人队。

之前西甲最快进球纪录属于前马拉加前锋达里奥·席尔瓦（Dario Silva），2000 年 12 月他用 8 秒打进一球，有意思的是，席尔瓦当时攻破的正是巴拉多利德队的大门。

截至 2012 年西甲最快进球排名为：

2007—2008 巴拉多利德 Vs 西班牙人，洛伦特（西班牙）7.42 秒；

2000—2001 马拉加 Vs 巴拉多利德，达里奥·席尔瓦（乌拉圭）8 秒；

2001—2002 巴列卡诺 Vs 奥萨苏纳，阿门塔诺（阿根廷）10 秒；

1992—1993 阿尔巴塞特 Vs 卡迪斯，罗梅尔·费尔南德斯（巴拿马）12 秒；

1994—1995 塞维利亚 Vs 皇马，萨莫拉诺（智利）12 秒。

2009年

俄罗斯美女球手唯一征战欧巡赛

2009 年 1 月 21 日，莫斯科出生的 22 岁美女玛丽娅·维琴诺娃（Maria Verchenova）成为第一个获得欧洲女子高球巡回赛全卡的俄罗斯球手。

玛丽娅·维琴诺娃相貌美艳、性感，曾跳了 12 年芭蕾舞。不过到 15 岁必须要在高尔夫和芭蕾舞中间二选一时，她选择了前者。2004 到 2006 年，玛丽娅·维琴诺娃在东欧许

多国家赢得了业余比赛冠军。2007 年她通过资格学校获得欧洲女子巡回赛参赛卡。此后几年她进步神速，欧巡赛排名一路上升，2008 年多次进入前 20 名。玛丽娅·维琴诺娃不仅是第一个拿到欧洲女子巡回赛全卡的俄罗斯选手，也是第一个参加英国女子公开赛的俄罗斯选手，成为了俄罗斯的高球先锋。除了渴望夺取赛事胜利的个人目标外，玛丽娅·维琴诺娃还希望大力推广俄罗斯的高尔夫运动。

2012年

北京奥运开幕式服装设计师去世，曾获奥斯卡奖

2012 年 1 月 21 日，曾负责设计北京奥运开幕式服装的日本设计师石冈瑛子（EikoIshioka）因胰腺癌在东京病逝，享年 73 岁。石冈曾获得过格莱美奖与奥斯卡最佳服装设计奖。

石冈出生在东京，毕业于东京艺术大学。她在成功设计了资生堂和 PARCO 的广告后前往美国，活跃在纽约等地。她因设计了爵士大师迈尔士·戴维斯《TUTU》唱片封面而获得格莱美奖，还凭借《吸血僵尸之惊情四百年》一片的服装设计获得奥斯卡奖。

从歌剧、电影的戏服到职业篮球队队服，石冈设计的新奇服装在各领域广受欢迎。

2007 年，石冈瑛子受聘担任 2008 年北京奥运会开幕式服装总设计师，北京奥运会服装的精彩亮相也让这位设计师的作品风格完美地呈现给全世界。

1月21日备忘录

1934年1月21日　为庆祝“中华苏维埃共和国第二次全国代表大会”的召开，瑞金举行体育比赛大会，毛泽东、朱德到会并讲话。

1980年1月21日　韩国羽毛球明星、世界冠军获得者李敬元（Lee Kyung-won）出生。李敬元是亚洲锦标赛冠军、世界锦标赛季军，与李孝贞的女双组合实力突出。

1989年1月21日　中国科学探险协会在北京成立。中国科学探险协会是由从事和热爱科学探险事业的科技工作者、科学探险爱好者及关心、支持科学探险事业的有关人士自愿组成的全国性、学术性、非营利性社会组织。

1998年1月21日　丰田车队西班牙车手赛恩斯（Carlos Sainz，1962.4.12— ）在蒙特卡洛汽车拉力赛（Rallye Automobile Monte-Carlo）中第三次夺冠。

2000年1月21日　在美国加利福尼亚州范·纽伊斯机场，美国的约瑟·吉比成功地在距离篮筐5.79米处起跳灌篮，创下了一个新的纪录。

2001年1月21日　中国游泳协会对山东省游泳运动员在2000年10月15日广东江门市举行的全国游泳锦标赛中殴打裁判员事件进行处罚。

2001年1月21日　美国人汤米·克洛尔斯创下有史以来最高摩托车飞跃的纪录。在美国加利福尼亚州范·纽伊斯机场，克洛尔斯经过12.19米的助跑，在一条长3.04米的斜坡最高处跳出了7.62米高的最好成绩。

2001年1月21日　上海东方大鲨鱼赢得CBA联赛半程联赛冠军，创下了十二连胜的新纪录，不仅超越了前一赛季十一连胜的战绩，而且独占鳌头，取得了历史性的突破，在12场胜利中有6场是在客场不利条件下夺得的。

2002年1月21日　乌拉圭《观察家报》当日刊登一份研究报告，称2001年乌拉圭向28个国家输出139名足球运动员，其中有10名球员在中国踢球，打破了这个国家球员“出口”的最高纪录。

2002年1月21日　国际奥委会主席雅克·罗格在洛桑宣布，新的国际奥委会执委会以及下属的道德委员会、任命委员会、运动委员会等23个委员会均已组成。中国的何振梁继续担任执委会委员，他还担任文化和奥林匹克教育委员会主席。中国著名乒乓球选手邓亚萍是运动和环境委员会委员。

2002年1月21日　中国围棋规则改革迈出了重大一步，在中国棋院进行的“同里杯”第十六届中国围棋天元赛预赛中，首次试行“大贴子”，即黑贴三又四分之三子。

2004年1月21日　曾经在1996年亚特兰大奥运会和2000年悉尼奥委会两次夺得10000米银牌、马拉松世界纪录保持者肯尼亚人保尔·特盖特，在意大利奥委会于罗马举行的仪式上，成为世界粮食计划署（WFP）“对抗饥饿大使”。

2007年1月21日　第四届北京2008年奥运会歌曲征集评选活动启动仪式在北京举行。

2010年1月21日　公安部证实南勇、杨一民、张健强被传讯。

2011年1月21日　威廉姆斯F1车队宣布惊人计划，考虑公开发行股票上市。

2011年1月21日　在重庆进行的女足四国邀请赛上。中国女足2：3负于本届比赛首个对手加拿大队。这是自2000年以来，中国女足第一次在新年的首场比赛中输球。

1920年

英格兰首次世界杯冠军教练阿尔夫·拉姆齐出生

1920 年 1 月 22 日，英格兰首次世界杯冠军教练阿尔夫·拉姆齐（Alf ramsey）出生在英格兰的伯尔顿埃塞克斯。

阿尔夫·拉姆齐是率领英格兰队开创辉煌的先驱（1963—1974 年任英格兰队主教练），他最伟大的成就是 1966 年 7 月 30 日率领英格兰队首次赢得第八届世界杯。英国女王伊丽沙白授予他爵士头衔。

拉姆齐成为英格兰队主教练后，正式在大赛中采用“442”阵型，放弃传统的两边锋打法，采取防守反击战术。虽然时至今日，不少人对他的防守反击打法及粗暴治军的风格还颇有微词，但“442”阵型仍是目前被采用得最多的打法。他为英格兰足球所作的功绩不可磨灭。

1999 年 4 月 28 日，阿尔夫·拉姆齐逝世，享年 79 岁。

1955年

乔·戴维斯创第一个被正式承认的斯诺克一杆 147 分纪录

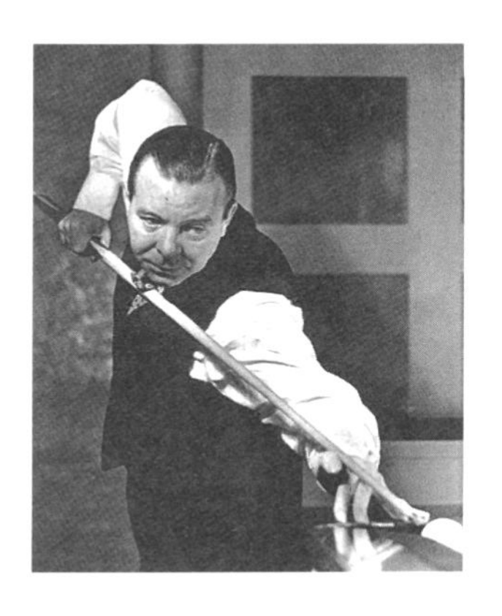

1955 年 1 月 22 日，乔·戴维斯在英国伦敦对威利·史密斯的比赛中创造了第一个被正式承认的斯诺克一杆 147 分纪录。

乔·戴维斯（Joe Davis，1901.4.15—1978.7.10），英国人。被誉为现代斯诺克台球之父，同时也是斯诺克台球历史上最伟大的选手之一。

乔·戴维斯是在斯诺克台球中第一个意识到控制主球走位重要性的选手，他通过良好的意识和精湛的杆法控制主球走位，连续得分，大大提高了斯诺克运动的水平，提升了比赛的激烈程度和观赏性。

1927 年，乔·戴维斯帮助组织了首届斯诺克世界锦标赛，并在决赛中以 20 : 10 战胜汤姆·丹尼斯（Tom Dennis）获得冠军。之后历届比赛，他又囊括了所有冠军，直到 1946 年淡出世锦赛。乔·戴维斯创下的世锦赛 15 次夺冠的辉煌战绩至今无人能及。此后，他仍作为职业选手参加其他赛事，直到 1964 年正式退役。

1967年

罗马尼亚优秀体操运动员埃卡特琳娜·萨博出生

1967 年 1 月 22 日，埃卡特琳娜·萨博（Ecaterina Szabo）出生在罗马尼亚扎贡。

萨博是继娜迪亚·科马内奇（Nadia Comaneci，1961.11.12— ）之后最优秀的罗马尼亚女子体操运动员，也是第一位蝉联少年欧锦赛全能冠军的选手。

萨博的第一次成人大赛是 1983 年世锦赛，萨博拿到一金三银一铜，成为罗马尼亚队的最大收获。

萨博的更大成就出现在 1984 年洛杉矶奥运会。萨博作为团体夺金不可或缺的力量，令罗马尼亚女队第一次站在奥运会团体最高领奖台上。虽然全能比赛中，萨博失去夺金机会，但她还是在单项中维护了自己的尊严，拿走了跳马、自由操、平衡木三金。

奥运会结束后，萨博状态明显下滑，于 1987 年退役。2000 年萨博进入国际体操名人堂（International Gymnastic Hall of Fame，成立于 1987 年，1996 年迁址到美国俄克拉荷马市中心）。

1968年

NBA 管理委员会批准密尔沃基和菲尼克斯城成立自己的 NBA 球队

菲尼克斯太阳队（Phoenix Suns）于 1968 年 1 月 22 日成立，当时 NBA 的这个决定有些冒险，因为当时菲尼克斯当地最热门的运动就是美式足球，对于篮球，当地民众的热情不大，但在投资者布洛奇的坚持下，太阳队终于在菲尼克斯成立，28 岁的科朗格洛（Jerry Colangelo）成为球队经理，他也是当时职业体育球队中最年轻的球队经理。

菲尼克斯太阳队 1968 年加盟 NBA，一直位列西部劲旅，但从未加冕总冠军。1969 年选秀错过贾巴尔是太阳队最大的遗憾。2000 年后太阳队坚持小球风格，屡屡打出赏心悦目的比赛，却始终无缘总决赛。

1968 年 1 月 22 日才加入 NBA 的密尔沃基雄鹿队（Milwaukee Bucks），绝对称得上 NBA 中最年轻的“暴发户”——仅仅三年之后，他们就登上了总冠军的领奖台，成为加盟 NBA 后夺冠用时最短的球队。之后几年雄鹿队实力下降，退出了冠军争夺行列。但凭借多年的积累，2009—

2010 赛季重返季后赛，再次成为东部一支强队。2007 年易建联签约加盟 NBA 密尔沃基雄鹿队。

和许多不知用什么动物名称给球队命名的球队一样，密尔沃基队在给自己的球队命名时也举棋不定，最后在包括“臭鼬”、“海狸”等一大堆动物名称中，选择了弹跳力好，而且是密尔沃基一带野生的“雄鹿”为篮球队的队名。

1973年

史上进球最多门将罗格里奥·切尼出生

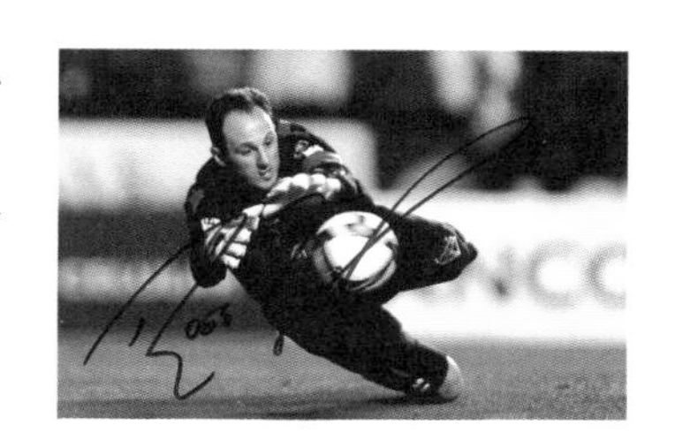

1973 年 1 月 22 日，巴西足球守门员罗格里奥·切尼（Rogerio Ceni）出生于巴西帕托·布兰科。2011 年 3 月 21 日，他攻入职业生涯的第 100 粒入球，成为截至那时史上进球最多的门将。

罗格里奥·切尼不但守门技术出色，是扑点球的好手，更让人称奇的是他那一脚独特的任意球功夫。作为一名门将，切尼已经在 1997—2006 年总共打进 66 球。除了在巴西国内，在南美解放者杯赛场，切尼也有多球入账。切尼个人官网数据显示，100 个进球包括 44 个点球、55 个任意球和 1 个运动战进球。

1977年

日本足球运动员中田英寿出生

中田英寿（Nakata Hidetoshi）1977 年 1 月 22 日出生于日本山梨县。中田英寿是 20 世纪 90 年代日本国家足球队最大王牌。司职前腰的他拥有一流的进攻意识，传球凌厉精确，同时拥有很强的身体对抗能力。

中田英寿 9 岁开始踢球，14 岁入选日本国家青年队。凭借在日本 J 联赛平冢贝尔梅尔俱乐部的出色表现，1997 年 5 月，20 岁的中田英寿首次代表日本国家队出战，并且很快成为主力。1998 年世界杯赛，中田英寿是日本队发挥最稳定的球员。世界杯后，他与意大利的佩鲁贾俱乐部签定了 4 年合同，转会费为 230 万英镑。在代表佩鲁贾参加的首场联赛上打入两球，成为球队绝对主力。

1998 年，中田英寿获得日本足球先生称号，成为获得此殊荣最年轻球员。2000 年 1 月，罗马队以 1300 万英镑的转会费将中田英寿收购，尽管中田英寿多以托蒂替补身份出场，但仍然为罗马夺得意甲冠军立下大功。2001 年夏天，中田英寿以 1850 万英镑转会帕尔马队，成为日本身价最高的球员。

1988年

美国职业篮球运动员格雷格·奥登出生

美国职业篮球运动员格雷格·奥登（Greg Oden）1988 年 1 月 22 日出生于美国纽约州布

法罗。格雷格·奥登司职中锋，2007 年 NBA 选秀状元。但被誉为“奥登大帝”的格雷格·奥登一直深受伤病之扰。2007 年 9 月时奥登膝盖受伤，整个 2007—2008 赛季他都无法上场比赛。2008 年奥登恢复了健康，当年完成了自己在 NBA 的处子秀。但 2009—2010 赛季出战 21 场后再次因伤报销，2010—2011 赛季也全年再次报销。

奥登高中就读于印第安纳州印第安纳波利斯市的劳伦斯北高中学（Lawrence North High School），其间囊括了全美所有个人最高荣誉，许多奖项还是蝉联。他在 2005 年与蒙塔·艾利斯（Monta Ellis）共同分享了 Parade 高中年度球员称号（Parade's High School Co–Player），并获得了 2005 年的年度篮球先生奖。

1990年

国际田联正式取消本杰明·约翰逊创造的短跑世界纪录

本杰明·辛克莱尔·约翰逊（Benjamin Sinclair Johnson，1961.12.30—　），加拿大短跑运动员。1988 年汉城奥运会因服用兴奋剂而被取消男子百米冠军头衔，禁赛两年。

1990 年 1 月 22 日，国际田联正式取消本·约翰逊之前创造的 3 项短跑世界纪录：1987 年在罗马世界田径锦标赛创造的 9 秒 83 百米跑世界纪录，同年创造的 5 秒 55 室内 50 米和 6 秒 41 室内 60 米世界纪录。约翰逊承认，他在 1987 年曾多次大剂量服用能增强肌肉力量的类固醇。

本·约翰逊在 80 年代中期名噪一时，爆发力非凡的他在 1984 年洛杉矶奥运会上获得两枚铜牌，后与卡尔·刘易斯展开长时间对决。

1991 年，本·约翰逊停赛期满复出，但再也未取得优异成绩。1993 年，他在蒙特利尔的一次比赛中再次被查出使用兴奋剂，被罚终生禁赛。

此后，本·约翰逊于 1999 年前往利比亚担任国家足球队体能教练。在他执教下，卡扎菲之子阿尔·萨迪·卡扎菲获得加盟意大利佩鲁贾足球俱乐部的机会，但不久后小卡扎菲被查出服用兴奋剂遭禁赛。本·约翰逊随之离开利比亚。

之后，本·约翰逊闲居加拿大。

1991年

首届李惠堂球王奖评选活动在京揭晓

1991 年 1 月 22 日，首届李惠堂球王奖评选活动在京揭晓，中国女足边锋吴伟英获金奖，银奖和铜奖的获得者分别是：吴群立、牛丽杰和傅玉斌、贾秀全、谢育新。

吴伟英

“李惠堂球王奖”是由中国体育报和香港南源永芳集团公司在 1990 年共同设立的奖项。李惠堂于 1905 年 9 月 18 日出生于香港，祖籍为广东省梅州五华县的粤籍客家人，从 17 岁开始足球生涯，1928 年被亚洲足协评为“亚洲球王”，1976 年 8 月 13 日，联邦德国《环球足球》杂志组织世界球王评比活动，李惠堂同来自巴西的贝利、英国的马修斯、西班牙的斯蒂法诺、匈牙利的普斯卡什一道被评为世界五大球王。1979 年 7 月 4 日，李惠堂因病逝世，享年 75 岁。

2001年

马克·维杜卡当选为 2000 年大洋州足球先生

2001 年 1 月 22 日，大洋州足球联合会宣布，效力于英格兰利兹联队球员马克·维杜卡（Mark Viduka，1975.10.9— ）当选为 2000 年大洋州足球先生。

维杜卡在评选中以 118 票当选，之前一年该奖项的得主、维杜卡的同胞哈里·科维尔（Harry Kewell，1978.9.22— ）以 14 票之差排名第二。巧合的是，他们二人都效力于利兹队。新西兰的西蒙·埃利奥特与瓦努阿图的理查德·伊瓦伊并列第三名，他们都各得了 27 票。

维杜卡是于 2000 年 7 月从苏格兰的凯尔特人队转会到利兹队的。2000 年在对利物浦队的一场比赛中，他一人包办了利兹队的四个进球，使利兹队以 4∶3 获胜，那场比赛中他出色的表演一时成为球迷热议的话题。

维杜卡在 1994 年第一次代表澳大利亚参赛，在 2006 年世界杯预选赛期间，他从受伤的克拉吉·摩尔（CraigMoore）手中接过了队长袖标，主教练希丁克（GuusHiddink）也把他立为球队领袖。

2010 年初，维杜卡拒绝了加盟澳超墨尔本核心的邀请，宣布挂靴。

2002年

5 名探险者在南极举行了首次马拉松长跑赛

2002 年 1 月 22 日，来自爱尔兰、美国和德国的 5 名探险者在南极举行了首次马拉松长跑赛。

首次极地马拉松赛从 21 日下午开始至 22 日凌晨在南极中心地带举行，适逢南极极地白昼季节，所以不存在看不清道路问题。

35 岁的爱尔兰男子理查德·多诺万花了 8 小时 52 分 3 秒的时间跑完了 42.195 公里的全部赛程，夺得这一别出心裁的马拉松比赛桂冠。

只有 3 名参赛者完成全部赛程。其余两人均为美国男子。他们是 38 岁的迪安·卡纳泽斯和 52 岁的布伦特·韦格纳，成绩分别为 9 小时 18 分 55 秒和 9 小时 20 分 5 秒。

这次比赛除了是地球最南端的马拉松赛外，极为艰难的自然条件是另一大特点。参赛者冒着零下 25 至 39 摄氏度的气温在 5 厘米厚的积雪或不平坦的冰层上长跑。为了抵御寒冷，他们必须穿着两层防寒制服，而且还要身负装有食品、饮料和换用物品的背包。

此次马拉松长跑赛被收录到《世界吉尼斯纪录大全》一书中。

2004年

国际奥委会委员伊萨·哈亚图连任非洲足联主席

伊萨·哈亚图(右)和布拉特

2004 年 1 月 22 日，国际奥委会委员伊萨·哈亚图（Issa Hayatou，1946.8.9— ）在突尼斯举行的非洲足联大会上连任非洲足联主席，这是伊萨·哈亚图自 1988 年以来的第五个任期。

哈亚图是在非洲足联第二十六届大会上，以绝对优势第五次当选非洲足联主席的。在全部 52 张选票中，哈亚图获得 46 票，他唯一的竞争对手，博茨瓦纳人伊斯梅尔·巴姆杰仅得了 6 票。

非洲足联主席每四年选举一次。时年 58 岁的哈亚图自 1988 年 3 月 10 日起担任非洲足联主席，一直连任。他还是国际足联副主席。

2006年

科比砍下 81 分，创 NBA 历史单场得分第二高纪录

2006 年 1 月 22 日，洛杉矶湖人队的科比·布莱恩特（Kobe Bryant）一手缔造了联盟史上又一个不可思议的奇迹。他在对阵多伦多猛龙队的比赛中得到 81 分，帮助球队 122：104 获胜。单场 81 分是截至那一年 NBA 历史上的单场第二高分，仅次于威尔特·张伯伦（Wilt Chamberlain）在四十多年前创造的单场 100 分纪录。

比赛中，科比上场 41 分钟，投篮 46 次，命中 28 个，罚篮命中 18 个。单场 81 分也成为 21 世纪以来，联盟首次有球员单场得到 70 分以上的得分。上一次做到单场 70 分以上的球员是圣安东尼奥马刺队的中锋大卫·罗宾逊（David Robinson），他在 1994 年 4 月 24 日对阵快船队时得到 71 分。而 21 世纪以来的单场第二高分也是由科比保持的，他在 2007 年 3 月 16 日对阵波特兰开拓者队的比赛中得到了 65 分。

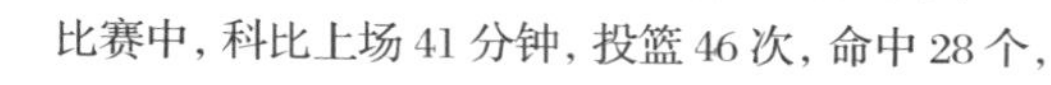

2008年

拉丁美洲年度最佳车手评选，马萨再次名列榜首

2008 年 1 月 22 日，巴西车手菲利普·马萨（Felipe Massa，1981.4.25— ）被评选为“拉丁美洲最佳车手”，这也是他继 2007 年之后再一次当选。

在本次评选中，马萨击败的对手包括：纳斯卡哥伦比亚车手蒙托亚（Juan Pablo Montoya）、印地车赛巴西车手卡南（Tony Kanaan）等名将。共有 64 名来自南美洲的记者参加了本次评选

投票，其中马萨赢得了超过半数的选票。

蒙托亚名列第二，GP2 冠军争夺者、巴西车手格拉西（Lucas di Grassi）以及雷诺世界系列赛（World Series by Renault）墨西哥车手杜兰（Salvador Duran）并列第三。

卡南在 2008 赛季经历了一场恶战，名列印地车手积分第五，不过他的得票要比他在印地车赛中的对手卡斯特罗内维斯（Helio Castroneves）高。

而巴西小将小皮奎特（Nelson Piquet Jr）在担任雷诺 F1 车队试车手后并没有更多地在赛场上亮相，因此本次评选他的得票未能进入前 10 名。

2009年

菲尔普斯当选全美年度最佳，女子最佳柳金考芙琳并列

2009 年 1 月 22 日，美国奥委会公布 2008 年全美年度最佳运动员和团队得主名单。世界体育史上夺得奥运会金牌最多的运动员、游泳名将菲尔普斯（Michael Phelps，1985.6.30— ）顺利捧起最佳男运动员奖杯。

北京奥运会女子体操全能冠军娜斯佳·柳金（Nastia Liukin，1989.10.30— ）和北京奥运会游泳 6 枚奖牌获得者纳塔莉·考芙琳（NatalieCoughlin，1982.8.23— ）分享当年度最佳女运动员的荣誉。

美国奥委会同时还宣布了其他奖项得主，艾琳·波波维奇（Erin Popovich）当选最佳残疾运动员，北京奥运会男排冠军美国队当选最佳运动队。

菲尔普斯此前已被美国游泳协会、《体育画报》和美联社评为年度最佳男运动员。在北京奥运会上，23 岁的菲尔普斯参加了 8 个项目的比赛，结果一鸣惊人夺得全部 8 项冠军，不仅改写了同胞斯皮茨保持的一届奥运会夺得 7 块金牌的纪录，而且还以 14 枚金牌成为奥运史上收获金牌最多的运动员。

由美国奥委会主办的这项年度评选活动始于 1974 年。

2010年

巴塞罗那当选 20 年最佳俱乐部

2010 年 1 月 22 日，国际足球历史与统计联合会（IFFHS）公布一份名为“全时代世界俱乐部排行”的评选结果。西班牙豪门巴塞罗那夺魁，英超豪门曼联队位居第二，另外一支西班牙豪门皇马和意大利传统豪门尤文图斯并列第三。

虽然这项评选名为“全时代世界俱乐部排行”，但由于在 1991 年之前，IFFHS 并未开始评

比年度最佳俱乐部，故此项评选只以 1991 年 1 月 1 日之后的统计数据作为依托。所以，这项评选被称为“20 年最佳俱乐部排行”更加合适。

根据评选规则，过去 19 年里进入到年度俱乐部排行的前 50 名分别获得积分，第一名获得 50 分，并依次递减，累积总得分后进行最终排名。而每一年 IFFHS 进行俱乐部排行时，考虑该俱乐部在国内联赛、国内杯赛、各大洲的比赛以及 FIFA 举办的比赛中的比赛成绩。

最终在过去 19 年里获得了 3 次欧洲冠军联赛冠军的巴塞罗那队最终以 807 分位列第一。曼联以 726 分名列第二，而皇马和尤文图斯各积 633 分并列第三。意大利另两家豪门 AC 米兰和国际米兰分列第五、第六位。德国传统豪门拜仁列第七，第八到第十分别为阿森纳、河床以及切尔西。

曼彻斯特联会徽

皇家马德里会徽

尤文图斯会徽

巴塞罗那会徽

2011年

2010 射联最佳运动员日名将称王，俄枪手立压易思玲

2011 年月 22 日，国际射联 2010 年最佳男女运动员出炉，日本名将松田知幸（MATSUDA Tomoyuki）和俄罗斯的克里莫娃（KLIMOVA Kira）分别当选为男女最佳，两人都是手枪运动员。

一年一度的国际射联年度最佳运动员评选是由国际射击体育记者们参与投票选举的。在女子运动员的评选中，跻身前 9 名的有三位中国选手，分别是步枪的易思玲和武柳希，以及飞碟老将刘英姿。其中易思玲和武柳希分别得到了 53 和 49 票，排在第三和第四位，刘英姿以 24 票排在第六。俄罗斯名将克里莫娃得到了最多的 65 票。克里莫娃时年 28 岁，在 2010 年的慕尼黑射击世锦赛上，克里莫娃战胜了郭文珺等名将，在女子 25 米运动手枪的比赛中封后，并且成为俄罗斯军团第一位获得伦敦奥运会参赛资格的选手。

男子最佳运动员评选中，意大利名将卡普里亚尼、匈牙利的西迪以及美国的马修埃·蒙斯都跻身前十，但最终，日本名将松田知幸力压众多名将，以 67 票高居榜首。

松田知幸时年 35 岁，是一位手枪选手，在 2010 年的慕尼黑射击世锦赛上，他力压北京奥运会冠军庞伟和秦钟午，夺得男子 10 米气手枪和男子 50 米手枪两枚金牌。

2012年

首届冬青奥会闭幕，杨帆收获三金成中国“夺金王”

2012年1月22日，在奥地利的雪山小城因斯布鲁克，为期9天的首届冬季青年奥运落下帷幕。

中国体育代表团在这届冬青奥会上，共有23名运动员参赛，获得7枚金牌、4枚银牌和4枚铜牌，成绩仅次于德国代表团。在花样滑冰等传统优势项目的比赛中，中国年轻运动员发挥出色，取得不错的战绩。其中，速度滑冰选手杨帆收获了男子1500米、3000米和集体出发3枚金牌，成为夺金数量最多的中国运动员。程方明在冬季两项的比赛中夺得一金一铜，为中国队取得雪上项目的突破带来了惊喜。

坐落于阿尔卑斯山谷的因斯布鲁克，是奥地利西南部的一座小城。小城人口仅十几万，却已承办了1964年第九届冬奥会、1976年第十二届冬奥会和本次首届冬青奥会。

1月22日备忘录

1968年1月22日　有记载的渔夫与鱼之间最长的搏斗时间是32小时5分钟。这场搏斗是1968年1月21—22日在新西兰陶兰加美厄岛附近海面发生的。搏斗双方是多纳尔·希特利（新西兰，1938年生）和一条黑色大马林鱼（估计有6.096米长，680公斤重），大鱼将12吨重的游艇拖了足足80.45公里，然后挣断了绳索。

1976年1月22日　2000年悉尼奥运会乒乓球女双冠军、女单亚军李菊出生。她是乒乓球“女子技术男性化”的代表人物。

1978年1月22日　全国体育工作会议在北京召开，一千四百余人参加会议，是建国以来国家体委召开的代表性最广、规模最大的一次会议。

1980年1月22日　英格兰球星乔纳森·伍德盖特（Jonathan Woodgate）出生。

1985年1月22日　首届尤尼克斯杯羽毛球公开赛在日本东京开幕，至1月27日结束。中国选手赵剑华和吴健秋分获男、女单打冠军，韩国的朴柱奉和金文秀获男双冠军，斤练子和柳尚希获女双冠军，苏格兰的吉利兰和英格兰的高尔斯获混双冠军。尤尼克斯（YONEX）是世界最出名的羽毛球拍。

1996年1月22日	以科技兴体为主题的全国体委主任会议在北京召开。
1997年1月22日	深圳足球俱乐部队更名为深圳足球俱乐部深圳平安队。
1997年1月22日	国家体委下发《关于加强体育法制建设的决定》。
1997年1月22日	在美国亚利桑那州图克逊的福特·洛威尔公园，美国的费尔迪·阿多伯在30秒内颠球136个，创下30秒颠足球世界纪录。同时，他在1分钟之内颠球262次。
1999年1月22日	奥运申办贿选爆出丑闻，澳大利亚奥委会主席约翰·考兹承认自己在1993年投票选举2000年奥运会主办城市的前夜，送给非洲两名国际奥委会委员肯尼亚的穆克拉和乌干达的恩扬维索每人3.5万美元。
2002年1月22日	NBA同3家电视网签定6年46亿美元的电视转播合同。
2004年1月22日	中国“好日子”登山队成功登顶南美洲阿空加瓜峰。
2004年1月22日	国际篮联官方网站公布新一期国家队排名，刚刚在亚锦赛上卫冕的中国女篮位列第九位，中国男篮排在第十三位。
2005年1月22日	第二十二届世界大学生冬季运动会落幕。东道主奥地利队共夺得十金八银三铜，高居奖牌榜首位；中国队共获三金六银八铜，排在奖牌榜第九位。
2005年1月22日	常昊中盘击败古力第三次获NEC杯围棋赛冠军。
2005年1月22日	“巴黎申办2012年奥运会大使俱乐部”成立。
2006年1月22日	“大洋一号”科考船经过297天的航行，完成中国首次环球大洋科学考察各项任务凯旋。
2008年1月22日	2007—2008赛季CBA联赛季后赛1/4决赛第四场，八一队84∶95负于辽宁队，13年来首次无缘半决赛，同时成为CBA13年历史上第一支在季后赛第一轮出局的卫冕冠军（上海夺冠之后的一个赛季没进季后赛）。
2007年1月22日	首次参加亚洲冬季运动会的阿联酋代表团抵达长春。参赛的唯一项目是男子冰球。
2009年1月22日	国家体育总局对2008年体育领域内的先进个人和先进单位进行表彰，其中在奥运会上摘取金牌以及在2008年各项赛事上获得亚洲和世界冠军的157名运动员获得“体育运动荣誉奖章”。奥运会上退赛的刘翔获得表彰，而姚明、中国女排、中国女曲、郑洁等无缘获奖，一度引起不少争议。
2010年1月22日	南勇被免职，韦迪担任国家体育总局足球运动管理中心主任兼党委书记。
2010年1月22日	NBA常规赛中，洛杉矶湖人客场87∶93负于骑士，科比·布莱恩特拿下31分，个人生涯总得分突破25000分大关，成为NBA历史上得分破25000的第十五人，并且以31岁151天的年龄超越威尔特·张伯伦，成为截至那时NBA史上最年轻的25000分先生。
2011年1月22日	中国跳水“郭晶晶时代”结束。
2012年1月22日	非洲杯在赤道几内亚的港口城市巴塔开幕，由于非洲足联官网上还在继续使用卡扎菲时期的国旗，利比亚集体威胁罢赛。直至在开赛一小时前，网站启用了新利比亚国旗，利比亚才答应出发参赛。

1/23 Jan

1870年

现代排球运动的发明者威廉·摩根出生

1870 年 1 月 23 日，现代排球运动发明者威廉·摩根（Williams G. Morgan）出生于美国纽约州洛克波特市。摩根在马萨诸塞州春田学院学习期间，结识了篮球运动的发明者詹姆斯·奈史密斯。受篮球运动启发，1895 年摩根在霍利奥克发明了排球，当时称为“Mintonette”（小网子之意）。

排球的雏形，是人们分站在网球场球网两侧，将篮球胆托来托去，参加人数、击球次数不限。比赛中网高 1.98 米。

1896 年，在美国斯普林费尔德体育专科学校举行了第一场公开比赛。当年，霍尔斯泰德教授根据比赛特点，提议将“Mintonette”改为“Volleyball”（空中击球），即现代国际通用名称。当时的正式用球圆周约为 63.5—68.8 厘米，重量约为 255—346 克，和现代国际比赛用球规格差不多。

排球运动首先传入加拿大、古巴、巴西等拉美国家，第一次世界大战期间传入法国、意大利等欧洲国家。二战后，东欧国家排球运动技术水平长期居世界领先地位。排球运动传入亚洲始于 1900 年的印度。1913 年第一届远东运动会把排球列入正式比赛。

1947 年国际排球联合会在法国巴黎成立，负责领导国际排球运动。第一任主席是法国人保尔·黎伯。国际排联现已有一百四十多个会员国。

1912年

美国跳水运动员乔治娅·科尔曼出生

1912 年 1 月 23 日，美国跳水运动员乔治娅·科尔曼（Georgia Coleman）出生在美国的爱达荷州。乔治娅·科尔曼是第一位在跳水比赛中完成向前翻腾二周半的女选手，她获得过多枚奥运会奖牌，包括一枚跳板金牌。

在参加 1928 年阿姆斯特丹奥运会时，练习跳水才仅仅六个月的科尔曼赢得十米跳台银牌和三米跳板铜牌。科尔曼在接下来的几年里统治了美国跳水锦标赛，夺得室外跳板和跳台冠军以及室内一米跳板和三米跳板冠军。在 1932 年洛杉矶奥运会上，她赢得了三米跳板比赛的金牌，并在十米跳台比赛中再添一枚银牌。

1937 年，科尔曼感染了脊髓灰质炎，三年后因肺炎病逝，年仅 28 岁。

1919年

利物浦队著名教练罗伯特·鲍勃·佩斯利出生

1919 年 1 月 23 日，英格兰的罗伯特·鲍勃·佩斯利（Robert Bob Paisley）出生在英格兰的达勒姆（今桑德兰）。

佩斯利被认为是利物浦队历史上最成功的教练。他先后作为球员、队医、教练及主教练为利物浦足球俱乐部贡献了半个世纪的时间。在执教利物浦的 9 年内，他带领球队夺得 6 次联赛冠军，3 次欧洲冠军杯冠军，1 次联盟杯冠军，3 次联赛杯冠军，5 次社区盾杯和 1 次欧洲超级杯冠军，大大小小共计 19 座冠军奖杯。鲍勃·佩斯利也是唯一一个拿过三次欧洲冠军杯冠军的主教练。

佩斯利在利物浦的处子秀是在 1946 年 1 月 5 日的足总杯第三轮第一回合，当时利物浦客场 2∶0 赢下曼切斯特城。他的处子球是在 1948 年 5 月 1 日的联赛，佩斯利第二十二分钟的进球帮助红军在安菲尔德 2∶1 战胜狼队。

1946—1947 赛季，佩斯利帮助利物浦拿到了 24 年来的第一个顶级联赛冠军。那个赛季，佩斯利在 42 场比赛中出场 34 次。1949—1950 赛季，足总杯半决赛，佩斯利的进球帮助利物浦 2∶0 战胜埃弗顿，这是利物浦第一次闯进温布利球场，但决赛中他们惜败于阿森纳队。

鲍勃·佩斯利 1996 年 2 月 14 日逝世，享年 77 岁。

1938年

日本职业摔跤手马场正平出生

1938 年 1 月 23 日，马场正平（ジャイアント马场，以巨人马场的称呼而闻名）出生于日本新潟县三条市的马场。因为身高 2 米 09，求学期间就备受日本运动界瞩目。高中毕业后，他加入巨人棒球队，成为巨人二队中的王牌投手。1957 年马场正式升为一队，不过出场没多少次，就因意外从棒球界引退，前往美国摔跤界发展。因为他手刀极为厉害，在美国摔跤界很受欢迎。之后他成为第四十九代 NWA（National Wrestling Alliance，国家摔跤联盟）摔跤冠军，该冠军亦第一次被东方人获得。1960 年，马场将美国摔跤引进日本，并以十六文踢、手刀等表演，让日本接受了美式摔跤。马场是日本职业摔跤的真正启蒙者之一，1960 年以来一直活跃于摔跤界，并以憨厚怪物形象，很受日本人欢迎。1999 年 1 月 31 日，马场因病去世，享年 61 岁。

1944年

有史以来最优秀的非美国籍篮球运动员谢尔盖·贝洛夫出生

苏联国家男篮主力后卫兼队长谢尔盖·贝洛夫（Sergey Belov）1944年1月23日出生于西伯利亚，贝洛夫从小就接受滑雪、田径、技巧等多项体育训练，最后却选择了篮球。

贝洛夫身材高大，留着标志性的小胡子。他在20岁时完成国家队处子秀，三年后便为苏联队勇夺1967年蒙得维的亚世锦赛冠军立下汗马功劳。1969年世锦赛，贝洛夫帮助球队卫冕成功。作为四次欧洲联赛冠军得主，贝洛夫曾在莫斯科效力于工会和中央陆军两家俱乐部，并为国家队出战14年。

贝洛夫参加了1972年慕尼黑奥运会那场著名的男篮决赛。正是贝洛夫最后时刻具有争议的一投，让苏联队终场绝杀击败美国队，获得冠军。贝洛夫被认为是有史以来最优秀的非美国籍篮球运动员。

1980年退役后，贝洛夫曾担任国家队教练和苏联篮协主席，在那年莫斯科奥运会开幕式上，贝洛夫亲手点燃主火炬。

1959年

NBA历史上首次两人同时获得全明星赛MVP

1959年1月23日，在底特律举办的NBA全明星赛上，圣路易斯的鲍勃·佩蒂特（Bob Pettit，1932.11.12— ）和明尼阿波利斯的埃尔金·贝勒（Elgin Baylor，1934.9.16— ）同时获得全明星赛MVP（Most Valuable Player，最有价值球员），这在NBA历史上尚属首次。最终他们两人所在的西部全明星队以124：108击败东部全明星队。

鲍勃·佩蒂特1932年11月12日出生，身高2米06，司职前锋、中锋。他被誉为NBA50年代最伟大的大前锋，并且成为NBA历史上第一个得分达到20000分的得分手。

埃尔金·贝勒，1934年9月16日出生，身高1米96，司职前锋。他是篮球史上最让人赏心悦目的神投手之一，是一个既会跑又会投的典范。1976年，贝勒入选美国篮球名人堂。

1960年

瑞士人雅克·皮卡德创人类有史以来抵达海底的最深纪录

1960年1月23日，来自瑞士的探险家、发明家雅克·皮卡德（Jacques Piccard）博士和美国陆军中尉唐纳德·沃尔什乘瑞士制造的美国海军海洋潜水艇特里斯特号，潜到马里亚纳海沟的“挑战者深渊”地段探海，深度达10919.76米，创最深潜水纪录（1995年再次测定时，深度为10916米）。当时水的压力是每平方英尺（929平方厘米）7664.88千克，水温3度。他们潜水时间长达4小时48分，然后又用了3小时17分上升到水面。这是人类有史以来曾经抵达的海底最深处，从那以后，再没有人打破他创下的世界纪录。

当雅克潜到水下9875米深处的时候，深海潜水器开始无法承受压力，曾发生一次爆炸，导致一块19厘米厚的舷窗玻璃出现轻微裂痕。然而雅克和同伴一致决定继续下潜，他们足足花了5小时才抵达11千米深的海底，呆了20分钟后开始返回。

雅克·皮卡德1922年7月22日出生在比利时布鲁塞尔，2008年11月1日去世，享年86岁。

1967年

举重奥运会冠军土耳其运动员苏莱曼诺古出生

土耳其举重运动员奈姆·苏莱曼诺古（Naim Suleymanoglu），1967年1月23日在保加利亚出生。奈姆·苏莱曼诺古在保加利亚出生和长大，父母是土耳其人。

苏莱曼诺古身高只有1米47，但他很快就成为一名世界知名的举重运动员。15岁的时候，苏莱曼诺古第一次打破世界纪录。1984年，16岁的苏莱曼诺古成为第二位成功举起自己体重三倍重量的运动员。由于保加利亚抵制1984年的美国奥运会，苏莱曼诺古没有前往洛杉矶赛场，但三个星期后，他就举起了比奥运冠军成绩多30公斤的重量。

1986年苏莱曼诺古改变国籍，成为土耳其人，并且代表土耳其参加了1988年韩国汉城奥运会。在汉城奥运会最轻量级比赛中，他打破抓举和挺举的世界纪录，并以30公斤的优势夺冠，他的总成绩比轻量级冠军的成绩还要重。在接下来的八年半时间里，苏莱曼诺古没有遇到过失败，直到1992年欧洲锦标赛，他被保加利亚选手佩沙洛夫击败。3个月后的1992年巴塞罗纳奥运会赛场上，苏莱曼诺古又以15公斤的优势击败佩沙洛夫，夺取自己的第二枚奥运金牌。

四年后的1996年美国亚特兰大夏季奥运会，苏莱曼诺古再次打破自己创造的世界纪录，夺取个人的第三枚奥运金牌。2000年澳大利亚悉尼夏季奥运会，苏莱曼诺古第四次参赛，但三次挺举145公斤中都遭到失败，遗憾与金牌无缘。

1984年

荷兰“小飞侠”罗本出生

1984年1月23日，荷兰足球运动员阿尔杰·罗本（Arjen Robben）出生在荷兰的一个小镇贝达姆。罗本的父亲汉斯是当地一所学校的物理学和运动学教师，曾经是运动员；母亲玛丽奥是教运动学的教师；妹妹维维安则是一名体操运动员。这样的家庭让罗本从小对运动有极大兴趣。

罗本从小就显示出足球天赋，6岁时进入当地一家足球学校。12岁时他加入格罗宁根俱乐部，随后是埃因霍温和切尔西，再后来效力皇家马德里和拜仁慕尼黑。2010年世界杯预选赛中，罗本为荷兰队出场6次，打进一球。决赛阶段，罗本表现出色，打进两球，最终帮助荷兰取得亚军。拥有英超、西甲、德甲、荷甲四国联赛冠军头衔的罗本，被誉为继奥维马斯（Marc Overmars，1973.3.29—　）之后荷兰最出色的边锋。

2002年

乌克兰小将波诺马廖夫荣登国际象棋世界冠军宝座

2002年1月23日，来自乌克兰的19岁小将波诺马廖夫（Ruslan Ponomariov）在国际象棋世界锦标赛男子决赛第七局比赛中，与同胞伊万丘克战平，从而以4.5分比2.5分的总成绩战胜对手，夺取世界冠军，他也成为国际象棋史上最年轻的世界冠军。

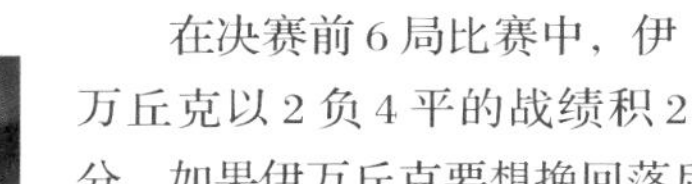

在决赛前6局比赛中，伊万丘克以2负4平的战绩积2分，如果伊万丘克要想挽回落后局面，必须在剩下的两局比赛中战胜对手，因此在当日的比赛中，执黑后行的伊万丘克采取了阿廖欣防御法。尽管伊万丘克使尽浑身解术，但最后也未能使对手俯首称臣，结果在第二十二步时只好与波诺马廖夫握手言和，因此失去获得世界冠军的可能。

波诺马廖夫于1983年11月出生于乌克兰。14岁即获得特级大师称号。他从12岁获得少年世界冠军后多次在国际比赛中夺魁，并于17岁时就跻身世界前25名。

2004年

被誉为“倒勾之父”的巴西球星莱昂尼达斯去世

被誉为贝利之前巴西最伟大的球员、“倒勾之父”的莱昂尼达斯·达·席尔瓦（Leonidas da Silva），于2004年1月23日去世。

1913年9月6日，莱昂尼达斯出生在里约热内卢的圣克里斯托旺区，1929年，莱昂尼达斯在萨奥—克里斯托瓦奥队开始球员生涯，在1929到1936年间先后效力巴西里巴内斯、博昂苏塞索、乌拉圭佩纳罗尔、巴西达伽玛和博塔弗戈等队。1936年，莱昂尼达斯加盟弗拉门戈，1942年起转投圣保罗队，直到1951年退役。可以说，这位前锋几乎效力过巴西所有的豪门球队，转会圣保罗时的转会费还创了巴西纪录。正是在圣保罗，莱昂尼达斯达到了个人职业生涯的巅峰，帮助球队5次夺取圣保罗州联赛冠军（1943、1945、1946、1948、1949年），此前他曾3次获得里约州联赛冠军（1934、1935、1939年），同时是两届最佳射手（1938、1940年）。

莱昂尼达斯曾两次参加世界杯，1934年巴西首轮被淘汰，1938年获得第三。两届世界杯之旅中，他在1938年打进8球，不仅成为最佳射手、成为世界杯历史上第一个单场打进4球的人，更值得一提的是，其中一个是精彩的倒挂金钩射门，这种射门方式在当时较为罕见，因此在巴西，人们尊称莱昂尼达斯为“倒勾之父”，认为是他发明了这种技术，不过据莱昂尼达斯回忆，自己其实是从一位名不见经传的队友那里学来的。

2004年1月23日，莱昂尼达斯去世，享年90岁。

2006年

冬奥火炬传递至意大利北部被抢，组委会担心更大抗议

2006年1月23日，都灵冬奥会火炬抵达意大利北部小镇特兰托，在传递过程中发生意外，火炬被四名抗议者抢走。

抗议者是反对全球化运动的示威者，在他们从意大利著名田径选手贝尔兰达手中抢走火炬后，随行的护卫队员又迅速抢回，之后在火炬接力过程中再没有发生什么意外。贝尔兰达是意大利女子1500米全国纪录保持者，她表示自己没有受伤，抢火炬行为也并非针对她个人。

第二十届冬季奥林匹克运动会火炬于2006年2月10日抵达主办城市都灵，途经一百四十多个城市，达到11300公里，还拜访了两个前冬奥会举办城市——克罗地亚的达佩佐和法国的阿尔贝维尔。都灵冬季奥运会于2006年2月10至26日举行。

2009年

IFFHS18 年世界俱乐部总排名：巴萨第一曼联第二

2009 年 1 月 23 日，IFFHS 公布过去 18 年的世界俱乐部排名，西甲豪门巴塞罗那队以 757 分的积分排名榜首，英超曼联队落后 79 分屈居第二，排在第三位的是意甲的尤文图斯队。

IFFHS 解释说，该排行榜始于 1991 年，其积分系统统计了过去 18 年间的俱乐部排名，并得出历史总排名。在这期间，巴萨 2 次获得冠军杯冠军，8 次获得西甲联赛冠军；曼联同样获得 2 次冠军杯冠军和 10 次英超冠军。老牌豪门 AC 米兰和皇家马德里队则分别排在第四和第五位。IFFHS 18 年世界俱乐部排名前 20 位：

1. 巴塞罗那（757 分）；2. 曼联（678 分）；3. 尤文图斯（621 分）；4.AC 米兰（611 分）；5. 皇家马德里（605 分）；6. 国际米兰（567 分）；7. 拜仁慕尼黑（563 分）；8. 阿森纳（550 分）；9. 河床（503 分）；10. 切尔西（442 分）；11. 利物浦（435 分）；12. 波尔图（425 分）；13. 博卡青年（420 分）；14. 罗马（405 分）；15. 阿贾克斯（400 分）；16. 帕尔马（373 分）；17. 圣保罗（367 分）；18. 瓦伦西亚（367 分）；19. 流浪者（364 分）；20. 拉齐奥（342 分）。

2009年

2009 年全明星首发阵容揭晓，魔兽票王姚明第七次入选

2009 年 1 月 23 日，NBA 官方网站报道，魔术队中锋德怀特・霍华德（绰号魔兽）以 3150181 票的成绩荣膺 2009 年全明星票选票王，并成为联盟史上首位全明星得票超过 300 万的球员，火箭中锋姚明则连续第七次当选西部首发中锋。第五十八届全明星赛定于美国当地时间 2 月 15 日在菲尼克斯举行，这是这座城市继 1975、1995 年之后，第三次举办全明星赛。

东部首发除了霍华德、詹姆斯、韦德，还有凯文・加内特，以及活塞队后卫阿伦・艾弗森。

西部方面，科比、邓肯连续第

十一次参加全明星赛。此外还有黄蜂队后卫克里斯・保罗、太阳队前锋阿玛雷・斯塔德迈尔，以及姚明。

2010年

李娜、郑洁联手创造历史，大满贯16强首现两朵金花

2010年1月23日，中国金花李娜在澳大利亚网球公开赛第三轮比赛中以2：1的总比分击败汉图楚娃，晋级16强，加之此前郑洁早已完成晋级，首次出现两朵金花在同一项大满贯赛事中闯入第四轮的壮举，对于中国网球来说是个不小的突破。

和其他中国选手不同，李娜立足单打赛场，犀利的进攻和顽强的拼劲让她逐渐成为亚洲网球的领军人物。2011年李娜获得澳网亚军，又在同年6月法网赛场夺得苏珊朗格朗杯。这是中国乃至亚洲历史上第一个网球大满贯赛事的冠军。

2011年

信使在世界最高树冠空中走廊骑自行车35米

2011年1月23日，骑自行车出访东盟七国充当信使的中国登山户外协会副会长金飞豹（1963.11.23—，籍贯云南昆明），抬着自行车登上了西双版纳望天树景区树冠走廊，并在这条号称世界最高的36米高的树冠空中走廊上骑行了35米。

10点30分，一段35米长、两侧高约1.5米的网线织成的护栏中间被金飞豹选中作为自行车高空骑行的区域。常人就是空手行走也须双手抓住两边的护网，小心翼翼地挪步。对于龙头稍宽的自行车，就是推着走过一段空中走廊也十分吃力。在第一遍的试骑行中，金飞豹想尽各种招数，最终采用单手扶自行车龙头，另一只手抓着护网的方式，用时15分钟才完成试骑行的过程。

正式骑行时，金飞豹逐渐摸索到了诀窍，并在后半段加快了骑行速度，且不用手抓护网就能保持平衡。在最后10米冲刺时，他几脚猛踩便顺利地达到终点平台。人类历史上首次在36米高空走廊的自行车骑行圆满成功，从试骑行到最终完成，只花了30分钟。

高空走廊骑行结束后，金飞豹带着信使团队向中老边境的磨憨口岸进发。下午4点，在办理完出境手续后，一行6人顺利进入老挝，正式踏上了出访第一个东盟国家的征程。

2012年

花滑加拿大全锦赛陈伟群惊人突破300分夺五连冠

2012年1月23日，加拿大花滑全锦赛落幕，世界冠军陈伟群连续第五次夺冠，两套节目总分突破300分。陈伟群在短节目就创造了101.33的高分，成为首个短节目突破100分大关的选手。在自由滑中他再接再厉，获得200.81，总成绩达到302.14分。遗憾的是，全锦赛不是世界性比赛，这个纪录无法被吉尼斯承认。

陈伟群（Patrick Chan）1990年12月31日出生于加拿大渥太华市，是华裔花样滑冰运动员。2011年莫斯科世界花样滑冰锦标赛上，陈伟群获得男子单人滑冠军，并打破日本人高桥大辅保持了三年的纪录。他还两次获得世界花样滑冰大奖赛总决赛冠军。

1月20日备忘录

1915年1月23日　1948年奥运会女子田径标枪金牌得主、奥地利的赫尔马·鲍马出生。

1923年1月23日　1952年奥运会田径男子3000米障碍金牌得主、美国的霍拉斯·阿申菲尔特出生。

1928年1月23日　1968年冬季奥运会有舵雪橇两枚金牌得主、意大利的尤金·蒙蒂出生。

1951年1月23日　1968年奥运会女子田径4×100米接力金牌得主，美国的玛格丽特·约翰逊出生。

1956年1月23日　国际奥委会第五十二次全会在意大利的科蒂纳丹佩佐召开。决定两个德国组成一个联合代表队参加奥运会。

1966年1月23日　1988年奥运会男排金牌得主、美国的斯科特·弗尔通出生。

1969年1月23日　俄罗斯著名足球运动员安德烈·坎切尔斯基（Andrei Antanasovich Kanchelskis）出生。1988年，安德烈·坎切尔斯基的足球生涯开始于基辅迪那摩，1991年前往英格兰效力，在曼联队达到了职业生涯的顶峰，他与吉格斯飞翔于红魔的左右两翼，以其优雅的动作和过人的技术，为曼联队带来众多荣誉。他一共代表曼联出场158场，攻入36球。1995年，坎切尔斯基被授予巴斯比爵士年度最佳球员奖。

1970年1月23日　1998年冬季奥运会冰球金牌得主、NHL布法罗军刀队门将、捷克共和国的理查德·斯梅赫里克出生。

1981年1月23日　全国总工会、国家体委联合颁布《基层厂矿、企业、事业、机关体育协会章程（试行）》。

2002年1月23日　中国足协就足坛反黑一事公开表态。2001年11月，中国足协根据相关规定对甲A、甲B相关球队在联赛的最后期间所发生的腐败行为进行了处理，当时担任足协副主席的南勇发表了足协支持反腐的声明。

2002年1月23日　以印第安酋长命名的智利大牌足球俱乐部科洛科洛社会和体育俱乐部破产。

2002年1月23日　春兰—中国“围棋希望工程”基金在北京正式启动，来自北京、黑龙江、辽宁、河北、湖北等省市的10名少年棋手获得首批春兰围棋基金的资助。

2002年1月23日　布雷西亚队的意大利后卫梅罗突遭车祸惨死。

2002年1月23日　捷克3名冬奥会选手在捷克北部遇车祸受伤。埃·哈科瓦、兹·韦伊纳罗瓦、兹·维泰克均为冬季两项选手，都入选捷克代表队即将前往美国盐湖城参加冬季奥运会。

2003年1月23日　中国足协收到中国保险监督管理委员会（简称“保监会”）的抄送文件，明确否决中国太平洋保险公司对四川大河俱乐部的收购。中国足协表示等待大河俱乐部合法转卖，然后再予注册。

2004年1月23日　日本围棋界2003年度棋士评奖，张栩获最优秀棋士奖。

2004年1月23日　NBA洛杉矶湖人队球星科比·布莱恩特（Kobe Bryant）的性侵犯案再次开庭。此案最终结果是科比公开道歉，女方撤诉，以庭外和解告终。

2004年1月23日　美国人丹尼·希金伯特姆在《吉尼斯世界纪录》电视节目录制现场创造了从8.9米的高度跳到30厘米深的水池的最浅跳水纪录。

2004年1月23日　在《吉尼斯世界纪录》电视节目录制现场，身穿泳裤的荷兰人维姆·霍夫站在充满冰晶体的罐子里坚持了1小时7分钟，打破了由他本人保持的56秒的原世界纪录。

2005年1月23日　北京两会提议：2008奥运工程提速，2005年成为攻坚年。

2006年1月23日　北京奥组委官方网站推出动态电子地图服务，这在奥运会历史上尚属首次。

2006年1月23日　广州市足球办公室宣布日之泉同意让出广州足球俱乐部管理权和股权，广州市全面托管俱乐部。

2007年1月23日　伦敦奥运筹委会宣称2012年奥运会将成史上最环保的一届。

2008年1月23日　在亚布力雪场进行的全国冬运会比赛中，赛场女子成绩播报员在离开赛场过程中，不慎从约5米高的缆车上摔下导致重伤。

2011年1月23日　2011赛季澳大利亚网球公开赛女单第四轮比索，意大利老将斯齐亚沃尼（Francesca Schiavone）和俄罗斯的库兹涅佐娃（Svetlana Kuznetsova）鏖战4小时43分钟，斯齐亚沃尼以6：4、1：6、16：14险胜晋级八强，其耗时创下了女子网球单场比赛耗时最长纪录。

2012年1月23日　2012赛季澳大利亚网球公开赛男单第四轮，日本球员锦织圭（Nishikori Kei）以2：6、6：2、6：1、3：6、6：3战胜法国选手特松加（Jo-Wilfried Tsonga）晋级澳网八强，追平亚洲男选手在大满贯中的最佳战绩，也是亚洲男选手自公开赛时代以来在澳网上的最佳成绩。

1955年

第一个在100米自由泳项目中游进50秒的蒙哥马利出生

1955年1月24日，美国著名游泳运动员吉姆·蒙哥马利（Jim Montgomery）出生。

9次世界冠军得主吉姆·蒙哥马利最辉煌的时刻是1976年蒙特利尔奥运会，他当时在100米自由泳项目上，以49秒99的成绩勇夺冠军，成为了第一个闯进50秒大关的人。此后他又在4×100米与4×200米自由泳接力赛中帮助美国队夺魁，这次奥运会是他唯一一次进入奥林匹克殿堂。在世锦赛舞台上，蒙哥马利曾3次亮相，最成功的当数1973年贝尔格莱德世锦赛，他总共拿下5枚金牌。

1986年，蒙哥马利入选美国游泳名人堂。

1968年

1984年奥运会体操女子全能金牌得主、美国的玛丽·卢·雷顿出生

玛丽·卢·雷顿（Mary Lou Retton）1968年1月24日出生，她是第一位获得奥运会体操单项金牌的美国女子体操运动员。在1984年洛杉矶夏季奥运会上，雷顿在最后的跳马项目中获得满分，从而戏剧性地在全能比赛中获胜。

雷顿四岁起学习舞蹈和杂技，一年后开始体操训练。1983年师从贝拉·卡罗利，后者帮助雷顿制订出适合她结实强壮身躯的表演风格，展示了速度、准确和力量，改变了女子体操运动的面貌。

20世纪80年代初，雷顿在主要的美国和国际比赛中取得成功。1984年美国体操锦标赛上，她获得了跳马、自由体操和全能冠军。同年，她第一次在奥运会上亮相。全能比赛进入最后一轮时，雷顿落后罗马尼亚队的埃卡特琳娜·萨博0.05分，她需要在跳马上获得满分10分才能赢得金牌。雷顿完美地完成了难度很高的塚原跳获得冠军。

洛杉矶奥运会后，雷顿退役并成为一名富有激情的演说家和电视解说员。1985年，她成为入选美国奥运名人堂的第一位体操运动员。

1970年

苏联举重运动员阿列克谢耶夫首次打破110公斤以上级世界纪录

1970年1月24日，苏联男子举重运动员瓦西里·阿列克谢耶夫（Vasily Alekseyev），在苏联青年举重锦标赛首次打破110公斤以上级世界纪录。

瓦西里·阿列克谢耶夫1942年1月7日出生，是一位伐木工人和伏特加酿酒师的儿子。12岁的时候，他就以伐木和举原木进行锻炼，14岁起在平等条件下与伐木工人进行摔跤比赛。1961年，他进入林业学院时被介绍去练举重。

阿列克谢耶夫直到1970年1月举办的苏联青年锦标赛上才有所作为。当时他打破了4项世界纪录，之后又摘取22项全国和世界冠军。在美国俄亥俄州哥伦布市举行的世锦赛上，他成为第一位三项总成绩（挺举、抓举和推举）超过600公斤的举重运动员，同时成为挺举超过226.8公斤的第一人。他拥有8个欧洲冠军头衔和6个世界冠军头衔，并在西德慕尼黑和加拿大蒙特利尔赢得了奥运会金牌。

1978年世锦赛上，阿列克谢耶夫因伤退赛；1980年莫斯科奥运会，他未能完成所有比赛，之后选择退役。2011年11月25日，阿列克谢耶夫在德国去世，享年69岁。

1977年

中国奥运史上首枚皮划艇项目金牌获得者孟关良出生

孟关良，籍贯浙江，中国皮划艇静水项目运动员。身高1米82，体重88公斤。

孟关良1994年进入绍兴市业余体育学校练习皮划艇运动，并于同年入选专业队，一年后成为国家队成员。手臂力量强大的孟关良从八运会起，在全国比赛中多次获得冠军。2004年，孟关良与杨文军合作，赢得了雅典奥运的男子C2–500米项目金牌，该枚金牌是中国奥运史上的首枚皮划艇项目奖牌。

2008年北京奥运会，两人再度获得男子双人划艇500米冠军。

1986年

美国著名女子排球运动员弗·海曼猝死球场

1986年1月24日，美国著名女子排球运动员弗·海曼（Hamman Flora）在日本的一场比赛中猝死，时年31岁。

当时，弗·海曼正代表日本大荣商号队参加同日立队的比赛。当第三局快结束时，她的马尔凡并发症发作，经抢救无效，于当地时间9点36分去世。海曼是1982年11月后加入大

荣商号队，参加日本女排联赛的。

海曼1954年7月29日出生，少年时代生活在加利福尼亚的罗格伍德，从小喜欢田径、篮球。初中时，在姐姐苏珊的介绍下，海曼和排球结成了终生伴侣。几年后，海曼成为了全美最优秀的女排选手，1974年入选美国国家队。由于有良好的身材和弹跳能力，海曼成为"世界第一炮手"，美国女排因此实力大增，取得1980年奥运会女排的决赛资格和1984年奥运会的亚军，这些成绩与海曼的努力是分不开的。

1984年奥运会后，海曼去了日本大荣队打球，1986年1月24日海曼在球场上倒下，在送往医院的途中心脏停止跳动。

2003年

菲亚特创始人乔瓦尼·阿涅利因患前列腺癌去世

2003年1月24日，菲亚特创始人乔瓦尼·阿涅利（Giovanni Agnelli）病逝，享年82岁。

阿涅利的逝世不仅对他掌管下的尤文图斯俱乐部来说是一个莫大损失，更使菲亚特汽车公司经历了一个打击。意大利全国所有媒体以不亚于"9.11"事件的报道规模，报道了乔瓦尼·阿涅利的逝世以及此后的葬礼。阿涅利逝世次日，德国、法国、英国、瑞士、西班牙、葡萄牙、俄罗斯等欧洲国家为他降下半旗，表达沉痛哀悼。

1969年，阿涅利买下法拉利50%的股份。到1988年，阿涅利拥有了该车队90%的股份。阿涅利改变了法拉利从前自我专制的管理风格，任命蒙特泽莫洛为公司总经理。在蒙特泽莫洛的管理下，法拉利在赛车界重振雄风，托德和迈克尔·舒马赫为车队连续多次赢得世界冠军头衔。法拉利成为世界上最强大的车队，阿涅利功不可没。

1947年，年仅26岁的阿涅利当选尤文图斯俱乐部主席。在他掌权的7年间，尤文图斯队赢得两次意甲联赛冠军。1954年卸任后，他被尊为尤文图斯俱乐部荣誉主席。至2003年去世，阿涅利掌舵黑白军团的时间长达56年。

1940年小乔瓦尼·阿涅利（左）和他的祖父老乔瓦尼·阿涅利在一起

2003年

“冬泳之王”王刚义征服日本北海道冰海

2003年1月24日，王刚义征服了日本北海道冰海，在小樽忍路湾畅游31分39秒，创造纪录。经测试，当时气温为零下7摄氏度，水温0摄氏度，浪高1.4米。

当天，王刚义乘快艇驶入公海。在选定下水位置后，王刚义纵身跳入冰海中，向寒冷的气温和水温发起挑战。开始时，王刚义在海水中以各种不同姿势游进，后来由于海里风高浪猛，王刚义被一个个浪头卷盖住，一时间不见了踪影。而当王刚义冲破巨浪重新出现在人们视线时，也宣告了他挑战成功。

王刚义生于1956年6月20日，吉林长春市人，吉林大学法学博士。2001年3月18日，上海大世界基尼斯总部为王刚义颁发《第一个在智利大冰湖游泳的人》、《南极游泳之最》两项大世界基尼斯纪录证书。

2005年

意甲奥斯卡八大奖揭晓，卡卡登顶、AC米兰包揽四桂冠

2005年1月24日，亚平宁瞩目的意甲奥斯卡奖最终揭晓，八项大奖均名花有主，最终，来自AC米兰的卡卡夺得了2003—2004赛季最佳球员的殊荣。

卡卡

意甲奥斯卡奖包括“最佳外援”、“最佳本土球员”、“最佳新人”、“最佳门将”、“最佳教练”、“最佳后卫”、“最佳裁判”、“最佳球员”等多个奖项。其中，“最佳球员”人选在“最佳外援”和“最佳意大利本土球员”中诞生。

在“最佳外援”的评选中，卡卡最终击败了自己的队友舍甫琴科，捧起了这一奖项。而在“最佳本土球员”的评选中，托蒂再次蝉联此项殊荣，但是在最终“最佳球员”的评选中，卡卡力压托蒂，成为最后的赢家。

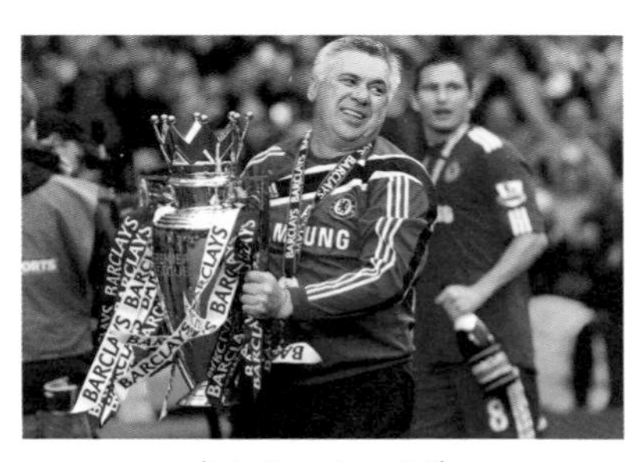

卡尔洛·安切洛蒂

“最佳新人”由来自帕尔马的吉拉迪诺、罗马的卡萨诺，以及国际米兰的马丁斯争夺，最终，上赛季打进了23球的吉拉迪诺得到了评选者的一致认可。

“最佳教练”为AC米兰主教练安切洛蒂。

“最佳门将”由尤文图斯门神布冯获得，这也是他在前段时间IFFHS进行的“世界门将评选”夺

1. 保罗·马尔蒂尼；2. 弗朗西斯科·托蒂；3. 阿尔贝托·吉拉迪诺；4. 布冯；5. 科里纳

冠之后，获得的又一次认可，排在他之后的是AC米兰的迪达和拉齐奥的佩鲁济。

“最佳后卫”则是“AC米兰内战”，三名候选者马尔蒂尼、内斯塔、斯塔姆均来自AC米兰，不过后者是以上赛季拉齐奥球员的身份参加评选的，但最终，马尔蒂尼战胜了两位队友，成为了赢家，这也是他为AC米兰效力满20周年之后获得的又一礼物。

“最佳裁判”的评选中，下赛季即将离开意甲赛场的光头裁判科里纳为他的裁判生涯画上了一个圆满的句号，他最终战胜了帕帕雷斯塔和罗塞蒂，最后一次得到了以前自己曾经多次获得的“最佳裁判”奖，这也证明了他是意大利近年来最好的裁判。

2006年

意甲年度奥斯卡奖揭晓，尤文图斯独揽四奖

2006年1月24日，2005年度意甲奥斯卡奖揭晓，在意甲球员联盟所评出的年度奖项中，AC米兰前锋吉拉迪诺获得“最佳球员”奖项，尤文图斯前锋伊布拉希莫维奇当选“最佳外援”，尤文主帅卡佩罗获得“最佳教练”奖。尤文图斯是这次奥斯卡奖最大赢家，共获得四项大奖。

吉拉迪诺在2004—2005赛季帮助帕尔马成功保级，新赛季加盟AC米兰之后也有着不俗的表现。对于意甲各支球队外援而言，伊布无疑有着绝对高人一筹的实力，他在意甲助攻榜上长期占据榜首。卡纳瓦罗的“最佳后卫”同样没有多少争议，而布冯几乎凭借半个赛季的表现赢得了“最佳门将称号，这位尤文图斯守护神在球员心目中的位置可见一斑。

在其他奖项评选中，“最佳新人”被佛罗伦萨的帕齐尼获得，而明星裁判科里纳在淡出国际赛场之后，依然在球员中有着绝对的认知度，他再次当选“最佳裁判”。

1. 卡纳瓦罗　2. 帕齐尼　3. 吉拉迪诺　4. 布冯　5. 科里纳　6. 卡佩罗

2007年

常昊零封李昌镐问鼎三星杯，第二次获得世界冠军

2007 年 1 月 24 日，第十一届三星杯世界围棋公开赛在上海圆满落幕。在三番棋决赛第二局比赛中，中国棋手常昊九段执黑 289 手以 3 目半的优势击败韩国棋手李昌镐九段，从而以 2∶0 的总比分零封对手夺冠，这也是他继应氏杯夺冠以后，第二次获得世界冠军。

这是常昊第一次在世界大赛番棋决战中击败李昌镐，此战也被视为常昊“第二春”来临的标志。常昊获得 2 亿韩元奖金。李昌镐获得 5000 万韩元。

2008年

首位日本女性顺利到达南极点，亦曾成功登顶珠峰

2008 年 1 月 24 日，时年 40 岁的日本女性登山者续素美代在经过两个月、1200 公里的南极冰雪之旅后，于当日通过卫星电话对国内通话，称她已经成功到达南极点。她成为了首位抵达南极点的日本女性。

2007 年 11 月，续素美代从日本出发，经由南美洲的智利，在 11 月 28 日抵达南纬 80 度的南极洲大陆附近，开始了“冰雪之旅”。续素美代以雪橇和滑雪板为代步工具，一路滑向南极点。

此前，续素美代于 1998 年 5 月成为第三位成功登顶珠峰的日本女性，2004 年她还滑雪横穿了格陵兰岛。

2009年

英国体育百强人物榜揭晓：弗格森登顶，小贝列第七

2009 年 1 月 24 日，英国著名媒体《泰晤士报（The Times）》公布该报评选出的全英体育百强人物榜，曼联主帅弗格森力压英国奥委会主席塞巴斯蒂安·科荣膺榜首。排在前十名的还有曼城新老板曼苏尔（第三）、切尔西队老板阿布拉莫维奇（第六）、贝克汉姆（第七）、英格兰队主教练卡佩罗（第八）和英超联盟首席执行官理查德·斯库达摩尔（第十）。

另外上榜的还有最年轻的 F1 世界冠军汉密尔顿（第十一）、英国网球名将安迪·穆雷（第十六）、曼联老板美国人格雷泽（第十九），国际足联主席布拉特排名第二十，国际奥委会主席罗格列第二十五位。

2009年

孙继海一项新纪录独步亚洲，11 场足总杯保持首发

2009 年 1 月 24 日，英格兰足总杯开始第五轮角逐，谢联主场 2∶1 淘汰查尔顿，孙继海首发。只要孙继海踢足总杯，他绝对能维持首发纪录，这点不但在亚洲旅英球员中首屈一指，就是在英超球员中也不多见。

孙继海第一次参加足总杯比赛，是在 1998—1999 赛季效力水晶宫队时。当时他随队客场挑战纽卡斯尔，与范志毅一起首发，孙继海踢满全场，成为第一个在足总杯比赛中踢满全场的中国球员。加上之后 10 年里，孙继海在英国共踢了 11 场足总杯比赛，全部首发。这项纪录对他来说，是众多留洋荣誉中的一个点缀。

孙继海，我国著名足球运动员，21 世纪初“海外兵团”的代表人物。司职右后卫，同时具有极强的进攻能力，攻守俱佳。多次入选国家队，是中国男足进入 2002 年韩日世界杯决赛圈的关键球员。

2011年

印度英联邦运动会组委会主席因腐败指控被解职

2011 年 1 月 24 日，印度政府宣布解除新德里英联邦运动会组委会主席卡尔曼迪和其助手巴诺特在组委会担任的职务，以利于继续针对两人的贪腐调查。

2010 年 10 月在印度新德里举办的英联邦运动会是该赛事历史上规模最大的一届，也是印度自 1982 年亚运会以来举办的最大规模赛事。不过运动会组委会被印度媒体曝光天价采购，而运动会实际开支也远超预算。

印度审计署公布了英联邦运动会最终审计报告，列出了多种高价采购的物品。如22卢比（1美元约合45卢比）一卷的卫生卷纸，其购买价格高达每卷3751卢比等。此外，印度审计署预计，63亿卢比的英联邦运动会建设工程中，至少有10亿卢比用于给组委会回扣。参与运动会建设的公司等机构也受到调查。

卡尔曼迪时年66岁，1996年起担任印度奥林匹克委员会主席一职。2011年4月25日，印度中央调查局宣布，他们在经过详细调查之后，已经以涉嫌腐败为由，拘捕了卡尔曼迪。

2012年

意甲奥斯卡奖出炉，伊布最佳球员、米兰大赢家

2012年1月24日，传统的意甲奥斯卡奖评选结果出炉，AC米兰成为最大赢家，共获得6项大奖，伊布当选意甲“最佳球员”与“最佳外援”，阿莱格里当选“最佳教练”，蒂亚戈·席尔瓦也捧走了“最佳后卫”的奖杯。艾尔·沙拉维获得意乙“最佳球员”。此外，由于AC米兰是上赛季意甲冠军，所以红黑军团早就锁定了“最佳俱乐部”。

意甲奥斯卡奖创办于1997年，是由每个意甲球员投票，评选出每项大奖的最终得主。由于评选、颁奖的过程效仿奥斯卡，因此被称为是“意甲奥斯卡奖”。也由于所有意甲球员都有资格投票，因此这个奖项并不仅仅只是看重名气，而具备比较高的含金量，被认为是意甲联赛的金球奖。

1月24日备忘录

1926年1月24日　美国密执安州底特律的多劳西·梅尼基，在16小时30分钟内连续打了130局保龄球，平均每小时7.9局，创造了马拉松式的保龄球比赛纪录，被载入吉尼斯世界纪录。

1960年1月24日　西弗吉尼亚伯恩斯维尔的丹尼·希特，创造了美国中学男子篮球比赛个人得分的最高纪录135分。

1973年1月24日　国务院批转1973年全国体育工作会议纪要。

1986年1月24日　为纪念1985年国际青年年，国际奥委会奖给中国两名最佳男女运动员郎平和童非各一枚奖章，以表彰他们在1985年为世界体育运动发展所

作的贡献。

1987年1月24日　乌拉圭著名球星阿尔贝托·苏亚雷斯（Luis Albereo Suarez）出生。现效力于英格兰利特浦足球俱乐部，前锋。

1998年1月24日　江苏女子许钊在南京原地连续旋转4小时4分39秒，转11812圈。

1999年1月24日　国际奥委会召开特别会议，萨马兰奇会后宣布对涉嫌盐湖城申办奥运会贿赂丑闻的14名国际奥委会委员的处理决定，并宣布将改革2006年冬季奥运会申办程序，禁止国际奥委会成员访问申办城市，同时禁止申办城市代表拜访国际奥委会成员。

2000年1月24日　英国一位名叫摩尔的17岁球迷在一个下午观看了3场英格兰超级联赛的比赛，创下了吉尼斯世界新纪录。他在吉尼斯世界纪录官员纽波特的陪同下，乘坐直升机和出租摩托车在105分钟内赶赴英超的3个赛场，并按要求至少观看了1分钟的比赛。

2000年1月24日　英国人卡洛琳·汉密尔顿、安·丹尼尔斯、波姆·奥利弗、罗奈·斯塔舍和佐伊·赫德森经过60天艰难跋涉后，到达南极极点，成为世界上第一支实现这一壮举的女子北极探险队，也成为了世界上最早征服南北两极的女性。

2004年1月24日　来自42个国家的672名跳伞运动员在泰国曼谷从6架飞机上跳下，创造了一次跳伞人数最多的新世界纪录。被称为“世界团队”的跳伞者从2135米高的6架C-130军用运输机上跳下。活动组织者说，参加跳伞的为世界跳伞界精英，其中250人来自泰国武装部队。

2005年1月24日　中国足协公布对沈阳金德队张可兴奋剂检查呈阳性的处罚决定。

2005年1月24日　英国交通大臣麦克纳尔蒂在伦敦著名的王十字车站，亲自启动了泰晤士河专线列车，拉开了伦敦申办2012年奥运会的推广活动序幕。

2006年1月24日　联合国秘书长科菲·阿塔·安南（Kofi Atta Annan）向全世界正处于敌对状态的各方发出呼吁，希望他们能在2006年都灵冬奥会期间停止征战，观看冬奥会的比赛。

2007年1月24日　NBA掘金和超音速的比赛半场结束还剩2分04秒时，艾弗森突破上篮斩获两分，就此跨过20000分大关，成为历史上第三十位得分过20000的球员。

2011年1月24日　徒步穿越青海湖冰面探险活动结束。

1/25 Jan

1890年

娜丽·布莱绕全球一周旅行，历时72天6小时11分14秒

娜丽·布莱（Nellie Bly），原名伊丽莎白·简·科克伦（Elizabeth Jane Cochran），1864年5月5日生于美国宾夕法尼亚州科克伦的米尔斯，绰号“萍可”（意指粉红色）。

1880年代晚期从事采访写作前，娜丽·布莱曾发表过几篇研究报告。之后她离开《匹兹堡电讯报》前往纽约市，受聘于约瑟夫·普立兹以煽情报道著称的报纸《纽约世界报》。上任后，第一项工作就是写篇关于布莱克韦岛上女精神病院的故事。她承受着精神病患的待遇，坚定地在病院的可怕环境下采访，这种以秘密采访的方式完成的报道不久便成为她的标志。1888年，有人建议《世界报》模仿儒勒·凡尔纳的著作《环游世界八十天》，派一位记者绕全球一周旅行，娜丽·布莱很自然地成为不二人选。

1889年11月14日，她离开纽约，展开长达24899英里的旅程。历时72天6小时11分14秒，她于1890年1月25日抵达新泽西。当时这是最快环绕全球的世界纪录，虽然几个月后这一纪录即被乔治·法兰西斯·崔恩（George Francis Train）打破：他在62天内完成了旅程。

1892年

英超埃弗顿队的主场古迪逊公园球场开始建造

1892年1月25日，古迪逊公园（Goodison Park）球场开始建造，建成时间是1892年8月24日。古迪逊公园球场是全世界最古旧的球场之一，昵称“高贵老妇”（Grand Old Lady），可容纳40157人，1948年9月埃弗顿与利物浦的比赛达到最高票房78299人。

古迪逊公园球场当时造价3000英镑，它是英国第一个三面都拥有双层看台的球场，也是联赛中第一个使用地下加热系统的球场。

埃弗顿原先在斯坦利公园（Stanley Park）东南角的一个公开的球场比赛，到了1882年，已经有约两千人到斯坦利公园球场观看埃弗顿的比赛，埃弗顿决定租赁位

于女修道院路附近的场地，自资建造了小型看台和更衣室，并开始收取入场费。

1884年埃弗顿再迁往安菲尔德，这片土地为当地的啤酒商柯拉尔及市府参事约翰·贺定所共同拥有。埃弗顿在1888年加入联赛时安菲尔德的年租为100英镑，当翌年获得联赛亚军时贺定将租金提高至250英镑，而他更拥有独家在场内出售小食的权力。1889年5月埃弗顿的委员开会决定另觅场地，但仍不舍安菲尔德，故向贺定提出妥协的180英镑续租一年，但愤怒的贺定没有回应。贺定从柯拉尔手中收购安菲尔德的拥有权，并提议以6000英镑卖给埃弗顿，当埃弗顿拒绝接受时，贺定即要求埃弗顿迁出，并同时成立自己的"埃弗顿足球俱乐部及运动场有限公司"，虽然成功注册，但联赛联盟裁定埃弗顿可以保留名称，故新俱乐部须改名为利物浦。

1890—1891赛季埃弗顿赢得首个联赛冠军，获利达1700英镑。1892年1月25日以佐治·马汉为首的委员租赁了位于兰开夏·沃尔顿的一块工地，作价8090英镑，最终发展成为古迪逊公园球场。

1924年

第一届奥林匹克冬季运动会在法国的夏蒙尼开幕

1922年国际奥委会巴黎会议上，决定在1924年夏季奥运会前举行冬季项目比赛，称为"国际冬季体育周"（Winter Sports Week），并委托法国承办，地点定在夏蒙尼（Chamonix）。

1926年，在国际奥委会里斯本第二十五次会议上，决定此后与夏季奥运会同年举办冬季奥运会，届次按实际召开次数计算，并将"国际冬季体育周"正式命名为第一届冬季奥运会。

首届冬奥会于1924年1月25日至2月5日举行。参赛的有冰雪运动水平较高的挪威、芬兰、瑞典、瑞士、奥地利、美国、加拿大、法国，以及对比赛不抱多大希望但颇有兴趣的英国、意大利、比利时、捷克斯洛伐克、拉脱维亚、匈牙利、南斯拉夫、波兰共16个国家，参赛运动员共258人，其中女选手11人，男选手247人。这实际上还是一次欧美的冰雪赛。比赛项目有滑雪、滑冰、冰球和有舵雪橇。

开幕式前一星期，夏蒙尼当地风雨不停，冰场变成了水池，几乎使比赛延期。但突然一次冰冻，使大会得以顺利进行。1924年1月25日，夏蒙尼天空晴朗，大会正式开幕。法国体育教育部秘书长加斯东·维达尔主持了开幕式。各队入场先后与夏季奥运会略有不同，以法文字母为序，奥地利率先，东道主殿后。运动员宣誓由东道主派一名代表（滑雪运动员卡米耶·曼德里翁）宣读，其他各队派一名代表复诵。芬兰人克拉斯·顿贝格（Clas Thunberg）一人独得了速滑3枚金牌（1500米、5000米和全能）、1枚银牌（10000米）、1枚铜牌（500米），是本届成绩最出色的运动员。

1924年

速滑运动员查尔斯·朱特劳获得第一个冬季奥运会冠军

同首届夏季奥运会一样，获得第一个冬季奥运会冠军的也是美国人，他就是男子速滑运动员查尔斯·朱特劳（charles jewtraw），他以44秒的成绩在500米速滑中取胜。

此外，他在1500米比赛的成绩是2分31秒6，获得第八名；5000米比赛的成绩是9分27秒，获得第十三名，他在1922年10000米速滑比赛的成绩是17分59秒3。

查尔斯·朱特劳1900年5月5日出生于纽约克林顿县，1996年1月26日在佛罗里达棕榈海滩去世，享年96岁。

1932年

世界上第一枚冬奥会邮票诞生

由于第一届和第二届冬奥会的举办时间较早，所以并没有发行相关的邮票，真正的冬奥会邮票是从1932年的第三届冬奥会开始发行的。第三届冬奥会在美国纽约州的一个不到4000人的小镇普莱西德湖举行，这是冬季奥运会自从1924年举办以来，首次来到美洲大陆。

1932年1月25日，美国邮政为第三届冬奥会发行了一枚纪念邮票，邮票主图为一滑雪选手，背景为雪山景观，上面印有“普莱西德湖·纽约”和日期“2月4日至13日，1932年”的字样，该枚邮票采用平版印刷，齿孔为11度，刷色为胭脂玫瑰，面值2美分，同时这枚邮票也成为了世界上第一枚冬奥会邮票，而美国则成为了世界上最早发行冬奥会邮票的国家。

1943年

前葡萄牙男足著名球星尤西比奥出生

尤西比奥（Eusébio da Silva Ferreira）是葡萄牙著名足球运动员，是20世纪60年代一位出色而具传奇性的射手，他经验丰富，技术全面，体力充沛，奔跑快速、攻势凌厉，擅长强行突破射门。射门时左右开弓，起脚快，力量大，故有“黑豹”的美誉。

1942年1月25日尤西比奥生于非洲国家莫桑比克的首都洛伦索·马贵斯（Lourenco Marques，现在称为马普托），当时的莫桑比克是葡萄牙的殖民地，他后来加入葡萄牙国籍。

尤西比奥不仅为葡萄牙队夺得1966年世界杯的季军，更是该届

的最佳射手。在该届世界杯，葡萄牙在八强赛中，对手是当时表现惊人的朝鲜队，葡萄牙先落后三球，但凭着尤西比奥的力挽狂澜最终以 5：3 反胜，继续晋级。

尤西比奥除了出道时在葡萄牙本菲卡俱乐部（1960—1975 年）效力过 15 年外，还曾效力过多家美洲俱乐部：墨西哥蒙特雷俱乐部（1975—1976 年）、美国波士顿小人俱乐部（1976 年）、加拿大多伦多米特罗斯—克罗地亚俱乐部（1976 年）、美国拉斯维加斯水银俱乐部（1976—1978 年）。

1960年

张伯伦单场砍下 58 分创新秀单场得分的新纪录

威尔特·张伯伦（Wilton Norman Chamberlain，1936.8.21—1999.10.12）是美国职业篮球史上早期最伟大的球员之一，担任中锋，绰号“篮球皇帝”。在 1959 至 1973 年先后为费城勇士（现金州勇士）、费城 76 人及洛杉矶湖人效力。

1960 年 1 月 25 日，在费城以 127：117 击败底特律的比赛当中，张伯伦以新秀的身份单场砍下 58 分，创下了新秀单场得分的新纪录。而他在不到一个月之后的另外一场比赛当中再次单场拿下 58 分，追平了这一纪录。

他曾帮助球队在 1967 和 1972 年两次夺得 NBA 总冠军，并 7 次成为 NBA 得分王，11 次成为篮板王，1962 年 3 月 2 日更是创下了一场独得 100 分的 NBA 纪录，也是 NBA 历史上第二位取得伟大成就的中锋球员（首位为乔治·麦肯）。

1970年

奥运女子射击冠军、创奥运会纪录的李对红出生

1970 年 1 月 25 日，我国优秀射击运动员李对红出生。

李对红 12 岁进入大庆市业余体校开始学习射击，1984 年入黑龙江省军区射击队，年底入八一队，1987 年进入国家射击队。

1996 年 7 月 26 日，第二十六届奥运会女子运动手枪比赛，上届亚军李对红以 3.1 环的较大优势技压群芳，夺得冠军，并创下了该项目的奥运会纪录。

在她之后的职业生涯中，身为军人的李对红还曾在 2001 年获得世界军体理事会射击锦标赛女子运动手枪慢射团体及个人冠军，并在 2002 年获得了世界射击锦标赛女子 25 米运动手枪团体冠军。在 2003 年离开国家队前，曾荣获国家体育运动荣誉奖章，3 次入选全国十佳运动员，3 次荣获“全国三八红旗手”，曾被团中央授予“新长征突击手”称号，同时在军中荣立一等功 5 次，二等功 3 次。

1/25

1980年

西班牙足球运动员哈维·埃尔南德兹·克雷乌斯出生

1980年1月25日，西班牙国脚、巴塞罗那俱乐部中场球员哈维·埃尔南德兹·克雷乌斯（Xavier Hernandez Creus）出生在西班牙加泰罗尼亚的特拉萨。

哈维虽然个子不高（1米70），但脚下控球技术娴熟，视野开阔、洞察力敏锐，传球极为精准，这让他牢牢占据了西班牙国家队和西甲豪门巴塞罗那俱乐部主力中场的位置，被人称之为这两支球队的大脑和灵魂。

继2000年11月15日在西班牙与荷兰队的比赛中首次代表国家队登场后，至2012年的12年间，哈维作为主力球员连续参加了三届世界杯和三届欧洲杯等国际大赛，帮助球队获得了一届世界杯和两届欧洲杯冠军，而他个人也获得了2010年世界足球先生的称号。

1995年

70年代“曼联王朝”的开创者坎通纳飞踢球迷

法国球员、曾效力于曼联队的埃里克·坎通纳（Eric Cantona），1966年5月24日出生于法国的一个普通家庭。坎通纳身高1米86，司职前锋，曾经是法国国家队队长，同时帮助曼彻斯特联队四次夺取英格兰超级联赛冠军，曾被认为是“90年代法国的普拉蒂尼”。

坎通纳技术出众，球艺精湛，控球、带球、传球的功力深厚，射门得分的能力也很强，但同时，他的性格和火爆脾气常常为人诟病，顶撞裁判员、嘲弄教练员、踢骂球迷等事常有发生，他因此经常被红牌罚下，数次遭停赛处罚。

1995年1月25日，坎通纳在与水晶宫队的一场联赛中又被红牌罚出场，在他怀着满腔怒火低着头走向休息室的时候，一个就在过道旁观众席上的水晶宫球迷对他大声辱骂，不料坎通纳冲向看台踹向那名球迷，此举引起舆论一片哗然。为此，他遭到2万英镑的重罚，并被停赛至赛季结束，原本他还可能被法庭判决入狱两周，后经查确实是球迷辱骂他的行为在前，才改为罚他参加公益服务——在社区教小孩踢足球120小时。

遭此重罚之后，坎通纳依然我行我素。最终个性极强的他终于为自己的叛逆行为付出了惨痛的代价，成了国家队的弃儿。

2004年

被誉为“飞行的家庭主妇”的布兰科尔斯·科恩逝世

2004 年 1 月 25 日，荷兰著名女子田径运动员，第十四届奥运会四枚金牌获得者，被誉为“女欧文斯”的布兰科尔斯·科恩（Fanny Blankers-Koen）逝世，享年 85 岁。

1918 年 4 月 26 日，科恩出生于荷兰的阿姆斯特丹，14 岁开始田径训练和比赛。1936 年科恩首次参加第十一届奥运会就获得跳高第六名，4×100 米接力第五名。

1940 年科恩与她的英籍教练布拉克尔斯结成终生伴侣，并生有一女。但科恩并没有因生儿育女和家务的劳累而退出体坛，她仍旧驰骋在田径场上。1948 年，30 岁的科恩在伦敦举行的第十四届奥运会上，一人独得 100 米、200 米、80 米栏和 4×100 米接力四枚金牌，获得“女欧文斯”和“飞行的家庭主妇”的美名。

科恩退役后曾任荷兰国家女子田径队的教练。1987 年国际田联庆祝成立七十五周年的同时，将其在 1948 年奥运会连夺四枚金牌的伟绩，评选为世界田坛七十五年来的“一百个金色时刻”之一。在她的家乡，为了纪念她，人们为她竖立了一个雕像。

2005年

穆里尼奥当选 2004 年世界最佳教练

2005 年 1 月 25 日，国际足球历史和统计协会公布了 2004 年的世界足坛最佳俱乐部教练，结果带领波尔图队赢得欧洲冠军联赛并带领切尔西在英超中一路领先的葡萄牙人穆里尼奥（José Mario dos Santos Mourinho Felix），以领先带领阿森纳队获得 49 场不败的温格（Arsène Wenger）186 分的巨大分差排名第一。法甲摩纳哥队的主帅德尚（Didier Deschamps）带队获得冠军联赛亚军，他排名第三。

穆里尼奥

在前 15 名中，有 3 名意大利人，2 名法国人和 2 名西班牙人，5 人在英超、4 人在西甲，执教意甲的只有 2 名教练。

温格

这份榜单是国际足球历史和统计协会邀请世界上来自 87 个国家的专业足球人士进行评选的，其中有 57 个国家的代表将穆里尼奥选为第一名。

2005年

橄榄球世界杯冠军队长马丁·约翰逊宣布退役

2005年1月25日，为英格兰橄榄球队夺得世界杯立下赫赫战功的队长马丁·约翰逊（Martin Osborne Johnson，1970.3.9— ）宣布在该赛季结束后退役。

约翰逊身高2米01、体重119公斤，虽然体型彪悍，但身手敏捷，鼎盛时期的百米速度可达10.6秒。

约翰逊从17岁开始打职业橄榄球，两年后就入选老虎俱乐部一线队。不过约翰逊入选英格兰队的路并不平坦，高中毕业后，他游历新西兰，并被该国英式橄榄球传奇人物科林·米兹一眼看中。在米兹劝说下，约翰逊留在新西兰打了一个赛季，还入选新西兰国家青年队。但由于思乡情重，约翰逊还是回到英格兰，成为老虎队的主力二排前锋。

约翰逊总共为英格兰队和英爱联队出战91场，其中最辉煌的时刻莫过于以队长身份率英格兰队出征2003年世界杯，并在决赛中击败东道主澳大利亚队夺冠。

2006年

郑洁、晏紫创造奇迹闯入澳网女双决赛再书纪录

2006年1月25日，2006澳大利亚网球公开赛女双半决赛在墨尔本公园的MCA球场展开，中国选手郑洁、晏紫继续创造奇迹，继1/4决赛淘汰实力强大的前世界头号组合帕斯奎尔、苏亚雷兹之后，又在四强战中以6∶2、7∶6（2∶0）打败排名高于自己的9号种子浅越、斯莱博尼克，成功闯入决赛。

这是中国成年组选手首次在四大满贯赛的双打赛事中进入决赛，此前在2004年的澳网青少年组女双决赛中，来自中国大陆的孙胜男与中华台北的詹咏然合作夺得了中国网球界的第一个大满贯赛双打冠军。

2008年

2007年全美篮球最佳教练，沙舍夫斯基、多诺万携手当选

2008年1月25日，美国男篮主帅迈克·沙舍夫斯基（Michael William "Mike" Krzyzewski，外号“老K教练，”1947.2.13— ）和女篮主帅安妮·多诺万（Anne Donovan，1961— ）携手

当选2007年全美年度最佳教练。

沙舍夫斯基和多诺万在2007年分别率领美国男篮和女篮夺得世锦赛冠军，同时成功晋级2008年奥运会。美国男篮在奥运会美洲区预选赛中十战全胜势不可挡，女篮亦是五战全胜横扫对手。

1月25日备忘录

1942年1月25日　延安新体育学会成立，朱德同志任名誉会长。

1965年1月25日　英格兰诺丁汉地区一法院法官劳顿对英国足球史上最大的“假球”案作出判决，包括两名英格兰队队员在内的10名职业球员以“欺诈罪”被判刑，其中曾经效力于埃弗顿和查尔顿等7个俱乐部队的球员吉·高尔德被判4年监禁和5000英镑的罚金。另外，前苏格兰队门将比蒂、前米德尔斯堡队和曼斯费尔德队队长菲利普斯、哈特尔浦斯队队长汤普森分别被判处9个月、15个月和6个月的监禁，当时效力于英甲（现在的英超）著名球队谢菲尔德星期三队的三名主力斯盛、托尼·凯、莱恩与另外三人被判处4个月的监禁外加不同金额的罚金。

1980年1月25日　荷兰政府宣布抵制莫斯科奥运会。第二十二届夏季奥林匹克运动会于1980年7月19日至8月3日在苏联莫斯科举行，但为了抗议一年前苏联入侵阿富汗，美国等国发起抵制莫斯科奥运会，使得最终只有80个国家参加，这是自1956年以来最少国家参加的一届奥运会。

1985年1月25日　国家体委公布《武术运动员技术等级标准》（试行）。

1988年1月25日　英国肯特郡查塔姆的佐伊·芬恩在伦敦英国广播公司电视中心举办的“蓝彼得”节目中创造了1分钟内在蹦床上做半旋转前滚翻动作次数最多的纪录：78次。

2000年1月25日　从1999年4月25日至当日，历时274天零8分，以澳大利亚昆士兰州的布里斯班为起点和终点，澳大利亚人加里·帕森跑了19030.3公里。在澳大利亚陆地共用了197天23小时49分直到1999年11月8日，行程14399.3公里，之后他跑到塔斯马尼亚岛，最后返回澳大利亚大陆结束行程。

2002年1月25日　辽宁足球俱乐部在北京奥体中心体育场召开新闻发布会，正式宣布2002年的甲A主场落址北京。

2002年1月25日　在大韩体育会理事会中，大家一致同意韩国棋院加入体育会的申请，围棋从文化艺术中脱离出来，成为正式的体育项目。

2004年1月25日　葡萄牙本菲卡队的匈牙利国脚、24岁的米克洛什·费赫尔猝死球场。本菲卡将他的29号球衣退役，以示对他永远的怀念。

2011年1月25日　德国媒体评选出了英超联赛自1992年成立以来最差的10桩冬季转会，中国球员董方卓加盟豪门曼联一事进入三甲。

2005年1月25日　“王军霞健康跑俱乐部”在沈阳成立。

2008年1月25日　中国政协十届常委会第二十次会议在京闭幕，表决通过政协第十一届全国委员会参加单位、委员名额和委员人选名单。刘翔与邓亚萍、周继红、晏紫等22名体育界人士一同当选新一届全国政协委员。

2011年1月25日　NBA常规赛中，多伦多猛龙主场98：100负于孟菲斯灰熊，猛龙队自1999年2月26日与明尼苏达森林狼那场比赛以来保持的连续986场比赛有三分球入账的纪录在这场比赛中终结。

1/26 Jan

1871年

英式橄榄球协会在英国伦敦成立

橄榄球运动起源于英国，原名拉格比足球，简称拉格比（Rugby）。因球形似橄榄，在中国称为"橄榄球"。拉格比本是英国中部的一座城市，拉格比学校是橄榄球运动的诞生地。这所学校里立有一块石碑，碑上刻着"此碑纪念W.W.埃利斯的勇敢行动"。据说，在1823年该校学生埃利斯在一次足球赛中，因踢球失误，情急之下抱球就跑，引得其他球员纷纷效仿，这虽是犯规动作，却给人以新的启示。

1839年以后，这项运动在剑桥等大学逐渐开展起来，并相继成立了格拉比俱乐部。

1871年1月26日，21家俱乐部在英国伦敦的蓓尔美尔街饭店举行会议，正式成立了英式橄榄球协会，当年第一场正式比赛就是英格兰队和苏格兰队的比赛。此后，英式橄榄球很快传入了欧美国家。

1890年，建立了国际橄榄球组织，1906年，在法国举行了国际橄榄球比赛。自此以后，英式橄榄球运动在不少国家都开展起来了，将其规则不断作着相应的变化，于是许多国家都创造出了适合自己国家的橄榄球运动，其中最为著名的就是美式足球（American Football）。

现今世界上，有94个国家和地区流行橄榄球运动，国际最高的组织机构是国际橄榄球理事会（I.R.B），它是由英格兰、苏格兰、爱尔兰和威尔士四个国内协会加上新西兰、澳大利亚和南非三个国外协会所组成的；它的主要任务在于制定橄榄球比赛规则以及橄榄球运动的开展政策。

1913年

吉姆·索普被剥夺1912年奥运会金牌

1913年1月26日，国际奥委会宣布，因为吉姆·索普（Jim Thorpe，1888.5.28—1953.3.28）在1912年夏季奥运会前，参加了两场美国职业棒球比赛，鉴于奥运参赛运动员禁止职业运动员参加，因此索普的金牌被剥夺。

索普的孪生兄弟查尔斯8岁时就离开了人世，父母也在他少年之时撒手人寰。1907年春季，索普成为宾州中学的田径明星，在跳高、投掷和赛跑等项目中屡屡创造佳绩，获得了宾州东区田径大赛的6块金牌。1909 到 1910 年，索普加盟了东卡罗来纳落基山棒球队，每场比赛获得 2 美元，一周获得 35 美元，这些金钱为索普日后被剥夺奥运金牌埋下了伏笔。

吉姆・索普在 1912 年奥运会上分别获得 200 米短跑、1500 米赛跑、跳远、投掷铁饼等五项全能赛中的第一名，在十项全能赛中他获得跳高、1500 米赛跑和推铅球第一名。但他事后承认自己曾是一位职业棒球运动员，因此不配获得只奖给业余运动员的奖牌。他这一自白使仍然为他在斯德哥尔摩的精彩表现而兴奋的美国体育界大为震惊。

索普被剥夺奥运金牌之后全身心进入职业比赛，加盟了纽约巨人队。此后索普为了生计又加盟职业橄榄球比赛，每场比赛获得 250 美元。几年之后，索普当选为美国职业橄榄球协会（APFA）的首任主席。

1919年

意大利史上最伟大球员瓦伦蒂诺・马佐拉出生

1919 年 1 月 26 日，意大利史上最伟大球员瓦伦蒂诺・马佐拉（Valentino Mazzola）出生在意大利卡萨诺德达，他是 20 世纪 40 年代都灵队和意大利国家队的主力前锋，代表国家队出场 12 次，进 4 球，并被誉为“都灵神之队队长”。

所有看过马佐拉踢球的人一致认为他是一名超越时代的球员，他因此被认为是那种能够以一己之力推动球队达成实力之上成绩的球员。

马佐拉的儿子桑德罗（Sandro Mazzola）后来成为 60 年代那支最伟大的国际米兰的奠基人之一。然而，即便是桑德罗也得承认，要与如此著名的父亲比肩有多难。

不过天妒英才，1949 年 5 月 4 日，都灵“神之队”在葡萄牙打完与本菲卡队的拉丁杯比赛回国时，飞机撞上了机场附近的苏佩加山，发生了震惊世界足坛的“苏佩加空难”，马佐拉在空难中不幸遇难，年仅 30 岁。

1956年

第七届冬奥会在意大利科尔蒂纳丹佩佐开幕

第七届冬奥会于 1956 年 1 月 26 日至 2 月 5 日举行。意大利总统格龙基出席了开幕典礼。本届点燃奥林匹克火炬的是意大利著名男子速滑运动员格维多・卡罗利。代表运动员宣誓的为意大利上届奥运会女子快速降下铜牌获得者朱・米鲁佐。她也是奥运会史上第一个执行这种光荣使命的女性。

科尔蒂纳丹佩佐（意大利语：Cortina d'Ampezzo）是意大利北部贝卢诺省的一个城市，面积 254.51 平方千米，平均海拔 1224 米，在 1944 年本亦主办冬季奥运会，但因第二次世界大战而取消。

参加本届冬奥会的有 33 个国家和地区的 924 名运动员，其中女运动员 146 个。首次参加的有伊朗、玻利维亚、苏联，当时的民主德国和联邦德国经过协商，组成德国联队参赛。

冰坛新客苏联队虽第一次参加冬奥会，却获金牌 7 枚、银牌 3 枚、铜牌 6 枚，列第一名，并打破了速滑由挪威、芬兰、美国等垄断的局面。奥地利列第二，金牌 4 枚、银牌 3 枚、铜牌 4 枚。芬兰居苏联、奥地利之后，获金牌、银牌各 3 枚，铜牌 1 枚。多次在冬季奥运会上成绩领先的挪威队，这次列第七位，获金牌 2 枚，银、铜牌各 1 枚。

1958年

中国第一位女子奥运会冠军吴小璇出生

1958 年 1 月 26 日中国第一个获得奥运会金牌的女子射击运动员吴小璇出生于杭州。

吴小璇 1974 年进入浙江射击队，同年进入国家队，当年即获得了允许女选手参加的第四届亚洲射击锦标赛男子气步枪冠军。

1979 年她在第四届全国运动会上以 386 环的成绩打破了女子气步枪全国纪录，1982 年在第九届亚运会上以 584 环的成绩获女子气步枪冠军并创亚洲纪录。

在 1984 年夏季奥运会上，吴小璇在其主项 50 米气步枪上仅获得铜牌，但随后在小口径标准步枪 3×20 的比赛中意外获得金牌，成为了中国第一个获得奥运会金牌的女运动员，并在当年获得了国家体育运动荣誉奖章并当选为全国十佳运动员，同时当选为新中国成立 35 年来杰出运动员和“三八”红旗手。

1988 年,30 岁的吴小璇又在全国比赛中打出了平女子小口径步枪 60 发卧射世界纪录的成绩。

吴小璇退役后在杭州市体委担任处长，1991 年，她赴美国南加州大学（USC）公费留学，学习体育管理，毕业后留在洛杉矶工作并定居当地。

1961年

冰球史上最伟大的运动员维恩·格雷茨基出生

1961 年 1 月 26 日，冰球史上最伟大的运动员韦恩·道格拉斯·格雷茨基（Wayne Douglas Gretzky）出生。

格雷茨基被许多人认为是冰球史上最伟大的运动员，他曾经率领埃德蒙顿油工队 4 次夺得斯坦利杯，9 次当选 MVP，10 次获得得分王头衔，他保持着 40 项常规赛纪录、15 项季后赛纪录和 6 项全明星赛纪录。

1982 年 2 月 24 日，格雷茨基射入当赛季个人的第七十七个进球，打破此前由菲尔·埃斯波西托保持的单季进球 76 个的 NHL（National Hockey League，国家冰上曲棍球联盟）纪录。而格雷茨基更是在那个赛季得到了 212 分，成为 NHL 历史上第一位单赛季得分超过 200 分的球员。值得一提的是，此后他还 4 次完成了单赛季得分超过 200 分。此外，得分 100 以上的赛季有 16 个，其中有 14 个赛季是连续的。

正是这些几乎无人可以企及的荣誉，使得格雷茨基的球衣号码 99 号，被 NHL 正式宣布从联盟中退休。

1963年

著名葡萄牙足球教练何塞·穆里尼奥出生

1963 年 1 月 26 日，著名葡萄牙足球教练何塞·穆里尼奥（José Mario dos Santos Mourinho Feli）出生在葡萄牙的塞图巴尔，他的父亲费利克斯·穆里尼奥是前葡萄牙国门。毕业于里斯本科技大学的穆里尼奥精通葡萄牙语、意大利语和西班牙语，同时还会英语、法语和荷兰语。

1992 年穆里尼奥在里斯本竞技队为著名教练博比·罗布森做翻译工作，后来逐渐介入球队的管理事务。1993 年，老罗布森去了波尔图，穆里尼奥也追随而去。在波尔图的三年，他们赢得了两届联赛冠军。1996 年，穆里尼奥再次追随老罗布森前往巴塞罗那成为了一名助理教练，在老罗布森离开后，继续担任范加尔的助理教练直到范加尔卸任。2000 年，他在本菲卡接手了自己的第一份主教练工作，成为了本菲卡最年轻的本土教练，但在 9 场比赛后，俱乐部改选，穆里尼奥因与新任主席和董事会不和而辞职。2001 年，穆里尼奥成为莱里亚队的主教练，在赛季打到一半时转投波尔图时，该队历史性地冲进联赛的第四名。2003 年，这是穆里尼奥的第一个完整赛季，波尔图一口气赢下联赛冠军、葡萄牙杯和欧洲联盟杯，成为“三冠王”。2004 年，波尔图成功卫冕了联赛冠军，并在 5 月 26 日举行的欧洲冠军杯决赛中，以 3：0 完胜摩纳哥队夺冠。

随后穆里尼奥开始了自己的传奇执教生涯，成为了第一个在四个不同联赛中获得成功的主教练。他先是赴英国伦敦执教切尔西俱乐部，连续两次率队赢得英超联赛冠军；后赴意大利率领国际米兰两夺意甲联赛冠军，并夺得 2010 年欧洲冠军杯冠军，完成三冠王大业；在 2010 年，穆里尼奥以年薪 1000 万欧元的身价成为“银河战舰”皇马的掌舵人，执教的第二个赛季就从老对手巴塞罗那手中抢回了久违的西甲冠军。由于战绩彪炳，穆里尼奥多次被国际足球历史和数据统计协会评为世界最佳教练，并于 2010 年荣膺首届 FIFA 年度最佳教练。

1977年

美国职业篮球运动员文斯·卡特出生

1977年1月26日，美国职业篮球运动员文斯·卡特（Vince Carter）出生于美国佛罗里达州代顿海滩市。

文斯·卡特于1998年NBA选秀大会上以首轮第五位被金州勇士队挑中，后被交易至多伦多猛龙队。2004年，卡特又被交易到新泽西网队，在新泽西待了5个赛季后，于2009年被交易到奥兰多魔术队。2010年12月又被交易到菲尼克森太阳队。2011年12月12日与达拉斯小牛队签约。

卡特弹跳惊人、爆发力极强，堪称NBA能与乔丹比肩的扣篮王“加拿大飞人”，同时拥有出色的突破、投射和助攻能力。

2000年，文斯·卡特凭借“转体360度接大风车扣篮”、“篮板后转体180度接大风车扣篮”、“T-MAC助攻胯下换手扣篮”、“手肘扣篮”，以及“罚球线前一步双手滑翔扣篮”5记惊世骇俗的扣篮获得扣篮大赛冠军。在2000和2001年“全明星球员”评选中，得票列NBA第一位。

1984年

2004年雅典奥运会女子100米蛙泳冠军罗雪娟出生

1984年1月26日，中国游泳运动员，2004年雅典奥运会女子100米蛙泳冠军罗雪娟出生。

1990年，罗雪娟进入杭州市陈经纶体育学校（前身为杭州市少年儿童业余体校）进行游泳业余训练，1997年进入浙江省体训一大队游泳队接受专业训练，2000年6月入选国家队。2000年以来，罗雪娟多次获得全国比赛和亚洲比赛冠军，多次破蛙泳全国纪录和亚洲纪录，并在2001年游泳世锦赛上获得了50米、100米蛙泳的金牌。2004年，在雅典奥运会上，她以1分06秒64的成绩打破女子100米蛙泳奥运会纪录，获得金牌，成为了21世纪初中国女子泳坛乃至世界泳坛蛙泳项目的顶尖选手。

罗雪娟2001年被评为浙江省十佳运动员、省“三八”红旗手，在九运会后立二等功；2002年12月，被杭州市政府授予杭州市体育突出贡献奖，并获杭州市青年“五四”奖章和杭州市“三八”红旗手称号；2003年被评为浙江省十佳运动员、“我最喜爱的运动员”及中国十佳运动员；2004年3月获首届中国十佳劳伦斯冠军奖；2004年雅典奥运会后，被新华社评为奥运会十佳明星，国家体育总局授予体育工作荣誉奖章；2005年3月获中国十佳劳伦斯冠军奖年度最佳人气奖。

2007年1月29日，罗雪娟宣布因身体原因退役。

2002年

著名拳王罗伯托·杜兰退役

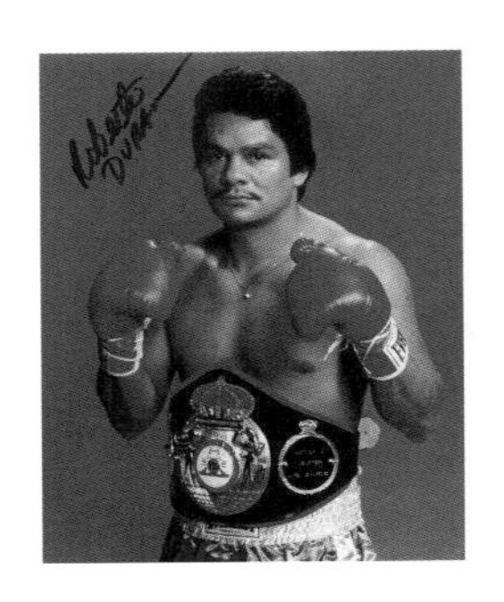

2002年1月26日，对拳坛一直痴迷的前世界著名拳王杜兰（Roberto Duran）在家乡巴拿马城宣布退役。

杜兰曾在20世纪70年代末至80年代中期被誉为是“世界中量级拳坛的四大天王”，与伦纳德、赫恩森和哈格勒齐名，1967至2001年，杜兰每年至少打一场比赛，职业战绩为104胜16负，69次K.O对手。其中1980年，他打败了伦纳德，获得了其拳击生涯中最重要的一场胜利，在职业生涯中先后夺得过四个不同级别的拳王头衔，直到2001年5月，他还活跃在拳坛上，“杀气”不减。

不过，2001年10月，杜兰到阿根廷的布宜诺斯艾利斯参加庆祝球王马拉多纳告别比赛时，不幸遭遇车祸，肺部等脏器严重受伤，这也使得他不得不选择了告别拳坛。

2003年

纳芙拉蒂洛娃澳网混双夺冠，成为大满贯赛最年长冠军

2003年1月26日，女子网坛传奇人物、有女金刚之称的美国老将纳芙拉蒂洛娃（Martina Navrátilová，1956.10.18— ）再次创造历史，在夺得澳网混双冠军后，她以46岁零3个月的高龄超过了澳大利亚的诺曼·布鲁克森，成为最年长的大满贯赛冠军，后者在1924年夺得男双冠军时的年纪为46岁零2个月。这项桂冠也是纳芙拉蒂洛娃辉煌的职业生涯中取得的第五十七个大满贯赛冠军头衔，仅次于考特的62个，排在大满贯赛创立以来的第二位。

纳芙拉蒂洛娃首次问鼎大满贯赛是在29年前的法网混双比赛中，她与捷克的莫里纳配合夺得冠军。之后直到她挂拍的1994年，纳芙拉蒂洛娃一共在四项大满贯赛中获得18个单打、31个女双和7个混双冠军，其中在法网、温网和美网的女单、女双和混双比赛中均有夺冠记录。

2007年

普拉蒂尼当选欧足联新任主席从而结束约翰松统治

2007年1月26日，第三十一届欧足联全体会议在德国杜塞尔多夫结束新一轮主席选举，

米歇尔・普拉蒂尼（Michel Platini）以 27 票对 23 票的优势挫败 77 岁的在任主席约翰松（Lennart Johnson），当选新一届欧足联主席，他也成为欧足联历史上的第六位主席。

约翰松 1990 年以来一直把持着欧洲足联，他代表着欧洲足联的传统价值观，77 岁高龄的他本来打算退位，但在本方阵营找不到合格人选的情况下，他决定再次谋求连任。他主张维持欧足联与欧洲赛事的现有架构，充分开发赛事的经济价值，他得到了德国等足球强国的支持。但改革派普拉蒂尼则得到国际足联主席布拉特明确支持，51 岁的他代表着东欧与苏格兰等弱势群体，反对经济利益至上，其竞选纲领的主要内容包括改革冠军杯赛制，减少强势联赛的参赛球队名额。

虽然约翰松选举失败，但他已经是欧足联历史上在任时间最长的主席。

普拉蒂尼 1955 年 6 月 21 日在法国热夫出生，作为球员取得了极大成功，曾上演欧洲足球先生“帽子戏法”。1988 年，普拉蒂尼成为法国队主帅，4 年后卸任，随后成为法国世界杯组委会副主席；1998 年开始担任布拉特个人助理；2002 年成为欧足联与国际足联执委，并在两大机构多个部门任职；此后他还当选法国足协副主席。

2011年

2010 年度中国正义人物评选揭晓，孙葆洁当选

2011 年 1 月 26 日，由检察日报社正义网络传媒主办的 2010 年度中国正义人物评选活动结果揭晓，打假斗士方舟子、金哨孙葆洁、南平勇士等 10 位个人或团体获评“2010 年度中国正义人物”。

2010 年度中国正义人物评选组委会这样评价国际级足球裁判员、清华大学教授孙葆洁：在捍卫绿茵场上公平和公正的同时，他也可以保持自己的高洁。当所有人溃败，他一个人坚守。孙葆洁，择善固执，九获金哨，德技双高。

“中国正义人物”评选活动是由检察日报社正义网发起、中央十几家媒体共同参与的一项评选活动。该活动旨在通过评选活动弘扬社会正气，彰显公平正义，表彰道德楷模，为和谐社会的公德建设作出积极贡献。该活动从 2009 年开始进行。

2012年

布冯当选1987—2011年间最佳守门员

2012年1月26日，国际足球历史和统计联合会（IFFHS）公布从1987年到2011年这四分之一个世纪里，世界足坛的最佳门将的排行，意大利国门布冯（Gianluigi Buffon，1978.1.28— ）力压卡西利亚斯（Iker Casillas Fernández，1981.5.20— ）和退役的范德萨（Edwin van der Sar，1970.10.29— ）当选。而前曼联门将范德萨和苏比萨雷塔（Andoni Zubizarreta，1961.10.23— ）以及奇拉维特（Jose Luis Felix Chilavert Gonzalez，1965.7.27— ）是排名前10中仅有的3位从未在任何一年中成为最佳门将的球员，不过他们都在相当长的时间里奉献出世界级的表演。

门将排名前十中有8位来自欧洲，奇拉维特是这25年里南美最优秀的门将，他力压巴西的塔法雷尔（Claudio André Mergen Taffarel，1966.5.8— ）和迪达（Nelson Dida，1973.10.7— ）获得这一殊荣。花蝴蝶坎波斯（Jorge Campos，1966.10.15— ）成为中北美地区最佳。而亚洲的最佳门将是来自韩国的李云在（Lee Woon-Jae，1973.4.26— ），排在他身后的是沙特传奇门将代亚耶亚（Mohammad Deayea，1972.8.2— ）。

1月26日备忘录

1930年1月26日	1964、1972年奥运会帆船金/铜牌得主，美国的小哈里·梅尔吉斯出生。
1935年1月26日	在北平举行的第一届华北冰上运动表演会上首次设立了冰球表演项目。这是中国第一次正式出现冰球比赛。
1951年1月26日	1980年奥运会田径金牌得主、捷克斯洛伐克的亚尔米拉·克拉托赫维洛娃出生。
1954年1月26日	全国总工会发出《关于开展厂矿企业中职工群众体育运动的指示》。
1956年1月26日	国际奥委会召开第五十二届全会，43名委员出席。
1958年1月26日	意大利足球教练吉安·皮埃罗·加斯佩里尼（Gian Piero Gasperini）出生。
1960年1月26日	1984年奥运会女子田径4×100米接力金牌得主，美国的珍妮特·波尔登出生。
1993年1月26日	继大连足球特区之后，我国第二个足球特区——广州足球特区成立。

1994年1月26日 深圳足球俱乐部正式挂牌，施行会员制。首期会员由7个团体常任会员、13个团体会员、22个个人会员组成。

2000年1月26日 国家男子足球队参加在越南举行的亚洲杯第九小组赛，以19：0大胜关岛队，取得亚洲杯小组赛第二场的胜利。同时打破了亚洲A级比赛单场得分的最高纪录。

2000年1月26日 宁波波导股份有限公司（BIRD）出资788万元人民币，正式冠名北京宽利足球队为“北京波导足球队”。宽利俱乐部足球队以北京波导队的名称征战2000年全国足球甲B联赛。

2001年1月26日 中国足协颁布禁止现役国脚赴海外踢球的规定。

2002年1月26日 浙江29位人大代表提交议案要求司法介入足坛黑哨。

2003年1月26日 在美国加利福尼亚州圣迭戈举行的第三十七届橄榄球超级杯赛中，美国年仅39岁161天的乔恩·格鲁登带领坦帕湾海盗队夺冠，这是获得橄榄球超级杯桂冠最年轻的教练。

2003年1月26日 英格兰足球天才保罗·加斯科因（Paul Gascoigne，1967.5.27— ）加盟甘肃天马。不过4月8日他就离开了球队，在中国逗留的时间未满三个月。前英格兰国家队中场球员加斯科因，1967年出生于纽卡斯尔盖茨黑德，天赋异禀，个性鲜明，被认为是英格兰足球史上最具想象力的天才之一。

2003年1月26日 国际象棋人机大战首回合在纽约结束，卡斯帕罗夫（Kasparov，1963.4.13— ）执白仅用27个回合就轻松取胜，以1：0领先。

2004年1月26日 姚明得分创个人NBA单场得分新高。火箭队客场99：87击败魔术队，姚明23投15中砍下职业生涯最高的37分，外加10个篮板和2个盖帽，帮助火箭队取得三连胜。姚明这37分，其中21分来自第三节。这也是他当赛季的第二十次两双和近七场比赛中的个人第六次两双。

2005年1月26日 国家体育总局游泳运动管理中心宣布，田亮因一些行为违反体育总局的规定以及相关队纪队规，而将不再是国家跳水队的一员，关系调整回陕西队。

2006年1月26日 中国首家合资足球俱乐部——成都谢菲联足球俱乐部正式落户成都。

2007年1月26日 黑山成为欧足联正式成员，直布罗陀被拒之门外。

2009年1月26日 卡塔尔正式宣布申办世界杯。

2009年1月26日 国际射联2008年度最佳运动员揭晓，郭文珺、杜丽分列第二、第三位。

2011年1月26日 篮协封杀神曲《忐忑》，称噪音刺耳影响罚球进攻。

2011年1月26日 韩国男子足球队在亚洲杯半决赛被日本队淘汰出局，5年不输给日本足球的纪录被终结。

2011年1月26日 亚洲杯半决赛，亚洲排名最高的澳大利亚队以6：0大胜乌兹别克斯坦队，制造2011年亚洲杯决赛圈最悬殊胜局，也是亚洲杯半决赛比分最悬殊的一役，“澳洲袋鼠”历史性打入亚洲杯决赛。

1/27 Jan

1932年

7枚奥运金牌得主苏联体操运动员鲍里斯·沙赫林出生

1932 年 1 月 27 日，著名体操运动员鲍里斯·沙赫林（BorisSchakhlin）出生于苏联乌克兰加盟共和国依什姆城，他从小身体并不强壮。12 岁时父母先后去世，他和哥哥在外婆家生活，萌发了对体操的热爱。14 岁开始练体操，16 岁考进了斯维尔德洛夫斯克中等体育学校，毕业后又考进基辅体育学院。在 12 年的运动生涯中，他总共获得了 7 枚奥运金牌、6 枚世锦赛金牌。

1954 年的罗马，沙赫林帮助苏联队获得世锦赛团体冠军，从而走上了辉煌之路。两年后的墨尔本奥运会，沙赫林获得了鞍马和团体两枚金牌，1960 年罗马奥运会他更是收获了 4 枚金牌，包括男子个人全能、双杠、鞍马和跳马；1964 年在东京获得的双杠金牌是沙赫林在奥运会赛场上的绝唱；1966 年多特蒙德世锦赛成了他的告别战，沙赫林和队友一起赢得团体银牌。

和家人生活在基辅的沙赫林，在退役后不久便建立了一个旨在帮助乌克兰年轻体操选手的基金会。

1974年

冬季两项绝对的王者奥利·艾因那尔·比约达兰出生

挪威伟大的冬季项目运动员、有着冬季两项绝对王者之称的奥利·艾因那尔·比约达兰（Ole Einar Bjorndalen），1974 年 1 月 27 日出生在挪威德拉门。

他 12 岁开始练习冬季两项，1996 年第一次在意大利取得比赛胜利，开始走入世界顶尖选手之列。在所参加的四届奥运会上，2002 年盐湖城冬奥会是比约达兰的个人表演舞台，他先拿下了 20 公里、10 公里短距离、12.5 公里追逐赛以及 4×7.5 公里接力的 4 枚金牌，成为冬奥会历史上唯一一位包揽冬季两项所有项目金牌的选手。加上长野冬奥会的接力金牌，他的奥运金牌总数达到了 5 枚。除此之外，他还曾经 9 次获得世界锦标赛冠军，挪威国王哈莱德也因此授予他“伟大的挪威人”的称号。

比约达兰是一个很有家庭观念且幽默、谦逊的人，也是一个完美主义者和平衡艺术家。在一次电视节目表演中，他在钢丝上，脱下裤子然后又穿上，在此过程中他始终都保持着平衡。

1976年

韩国著名足球运动员安贞焕出生

1976年1月27日，有着“韩国小贝”之称的足球运动员安贞焕（Ahn Jung–Hwan，又译安贞桓）出生在韩国京畿道坡州市，他曾效力过意大利、德国以及中日韩等国顶级联赛球队。

安贞焕幼年丧父，在艰难的环境中长大，他选择足球也是因为“训练结束后可以得到炸酱面和牛奶”。但在职业联赛中，安贞焕凭借着他俊朗的外形和高超的足球技术成为韩国人气最高的球星，1999年当选韩国足球先生。

安贞焕2000年转会到佩鲁贾队，成为第一个登陆意甲联赛的韩国球员。而在2002年韩日世界杯上，代表韩国队出战的他在对阵意大利队的比赛中打进了转败为胜的进球，被国际足联（FIFA）评价为“让亚洲足球发光的进球”。法国《世界报》还将安贞焕选为“11名世界杯新星”之一。但正是因为这粒进球，他无法被意大利人所接受，无奈地被“赶出”了佩鲁贾队。2009年转会到中国大连实德队担任前锋，度过了球员生涯的最后三年时间。2010年南非世界杯时，安贞焕虽然历经挫折进入国家队，但在决赛阶段未能参加一场比赛。

2012年1月31日安贞焕宣布退役。

1978年

富兰克林·雅各布斯跃过2米32，超出身高达59厘米

1978年1月27日，美国著名男子跳高运动员、身高1米73的富兰克林·雅各布斯（Franklin Jacobs）在美国纽约城一次室内比赛中跃过了2米32的高度，创造了跳高高度与运动员身高高度之差最大纪录：59厘米。这一纪录被列入世界吉尼斯大全，一直保持至今。

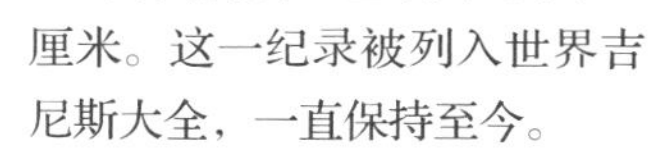

富兰克林·雅各布斯1957年12月31日出生于美国的一个黑人家庭。从小就显示出了卓越的跳高才华。在“高人如林”的跳高赛场上，雅各布斯虽然没有像索托马约尔、默根堡、朱建华等世界跳高名将那样辉煌，但身材矮小的他却以非凡的弹跳力和出色的赛场表现迎得了人们的尊敬。

1984年

卡尔·刘易斯创男子室内跳远8米79的世界纪录

1984年1月27日，美国天才田径选手卡尔·刘易斯（Carl Lewis）在纽约创造男子室内跳远8米79的世界纪录。这个纪录至今（截至2012年）未被打破。

1961年7月1日卡尔·刘易斯出生于美国亚拉马巴州伯明翰，他的母亲艾夫琳年轻时是跳栏和跳远运动员，曾入选美国队参加泛美运动会；父亲比尔·刘易斯年轻时也是美国短跑和足球运动员。卡尔·刘易斯在四届奥运会中获得过9枚金牌，2000年被国际田联评选为20世纪最伟大的田径运动员。

1973年，年仅12岁的刘易斯获得了纪念杰西·欧文斯田径比赛年龄组的跳远冠军，欧文斯还亲切地鼓励他继续努力，争取创造更高的成绩。1979年他进入休斯顿大学，在著名教练汤姆·泰勒斯的指导下开始了新的训练生活，运动成绩也由此突飞猛进。

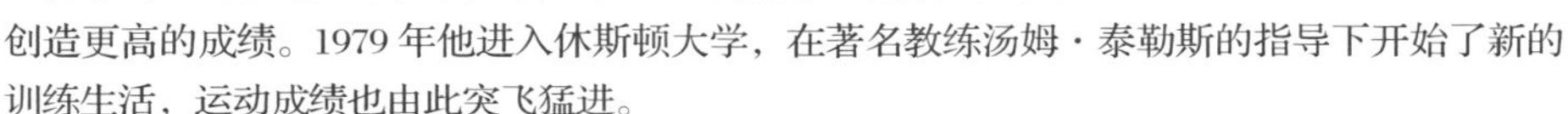

1983年是刘易斯事业的全盛时期。这年5月14日，在美国莫第斯托举行的一次田径比赛中，他创造了平原地区百米跑9.97秒的成绩，离美国运动员海因斯1968年在高原地区墨西哥城创造的9.95秒的世界纪录只差0.02秒。一个月后，在全美田径锦标赛上，刘易斯先是获得了百米跑冠军，接着又奋力一跳，以8.79米的成绩创造了离8.90米的跳远世界纪录只差11厘米的历史第二个好成绩。200米决赛，他一路领先，距离终点还有二十多米时，他就举起双手向沸腾的观众招手致意，结果他的成绩是19秒75，以0.03秒之差未能打破世界纪录。尽管如此，他在这次比赛中第三次蝉联百米跑和跳远冠军，并夺得了200米第一名。接着又在赫尔辛基举行的第一届世界田径锦标赛上独得了百米、跳远和4×100米接力的3枚金牌。

2002年

保加利亚足球运动员勒里·博季诺夫成为意甲最年轻的出场外援

2002年1月27日，意大利足球甲级联赛莱切队主场对布雷西亚队比赛战至第七十分钟，莱切队用保加利亚前锋博季诺夫换下中场巴勒里，这让15岁11个月12天的博季诺夫成为了意甲最年轻的出场外援。此前的纪录是由希腊球员乔托斯保持的，他在1995年为罗马出场时为16岁零4个月。

同时博季诺夫也是意甲第五年轻的出场球员。前4位分别为：阿马代（15 岁 9 个月 6 天，罗马），里维拉（15 岁 9 个月 15 天，亚历山德里亚），阿里斯蒂德·罗西（15 岁 9 个月 21 天，克雷莫纳），坎皮恩（15 岁 9 个月 25 天，博洛尼亚）。在这些人中，最不幸的是坎皮恩，他在 21 岁时便死于街头事故。

2006年

郑洁、晏紫为中国获得历史上第一个网球大满贯赛事冠军

2006 年 1 月 27 日，中国网球女双组合郑洁、晏紫在澳大利亚第二大城市墨尔本举行的澳大利亚网球公开赛女双决赛中不畏强手，在落后的情况下反败为胜，打败了赛事头号种子美国人雷蒙德与澳大利亚选手斯托瑟尔的组合，取得了女双冠军，为中国获得了历史上第一个网球大满贯赛事冠军。

同年 7 月 10 日，她们在温布尔登网球公开赛上再夺女双冠军，第二次捧得大满贯赛事冠军奖杯。

2007年

中国首枚奥运奖牌获得者杨传广在美去世

2007 年 1 月 27 日，曾被称为“亚洲铁人”的中国首枚奥运奖牌获得者杨传广，因脑部中风的病情恶化，在美国加州寓所与世长辞，享年 74 岁。

杨传广生于 1933 年，台湾省台东县马兰人，他在中学时代便表现出超人的体育天赋。

在 1954 年 5 月 3—4 日的马尼拉亚运会上，以“替补”身份入选中国台北代表队的杨文广凭借总分 5454 分赢得十项全能金牌。第二天媒体纷纷报道这位新星，“亚洲铁人”从此成为杨传广的代名词。

1958 年赴美留学深造，在美学习期间，他于 1960 年初以 8424 分的成绩打破十项全能世界纪录。1960 年，杨传广在第十七届奥运会上获得十项全能银牌，从而成为我国历史上第一个获得奥运奖牌的运动员。三年后，他以 9121 分（按现在的计分方法折算为 8089 分）再次刷新了十项全能的世界纪录，并被评为年度最佳运动员。

2009年

IFFHS 评最强攻击后卫，巴萨火炮榜首皇马传奇第三

2009 年 1 月 27 日，IFFHS 公布了世界足球 120 年历史上（1888/1989—2008），攻击能力最强悍的 80 名后卫。

其中前巴塞罗那传奇后卫，曾率队获得 1992 年冠军杯冠军的荷兰火炮罗纳德·科曼

丹尼尔·阿尔贝托·帕萨雷拉

费尔南多·耶罗

罗纳德·科曼

（Ronald Koeman）高居榜首，在 1992 年冠军杯决赛中，正是他在加时赛中一脚势大力沉的任意球破门，帮助巴塞罗那赢得了俱乐部历史上第一座冠军杯。他的职业生涯总共参加了 533 场比赛，打入了 193 个进球。

1978 年捧起世界杯的阿根廷队长、前乌拉圭主帅、前阿根廷河床队主教练丹尼尔·阿尔贝托·帕萨雷拉（Daniel Alberto Passarella）紧随其后，他在职业生涯中总共打入了 134 个进球。随后是前皇马队长费尔南多·耶罗，他在 541 场比赛中有 110 球入账。

从名单可以看出，尽管排名最高的德国人——1974 年世界杯冠军队的主力中场、拜仁球星布莱特纳只排名第五，但德国无疑是出产强力攻击型后卫的国家。这 80 人的名单中，有 16 人来自德国。此外，8 人来自法国，7 人来自阿根廷，5 人来自罗马尼亚。

2011年

“世界公平竞赛奖”创办 45 年来中国摔跤运动员首度获奖

2011 年 1 月 27 日，国际奥委会所在地瑞士洛桑，中国摔跤运动员高峰获得了国际公平竞赛委员会和国际体育记者协会共同评选的 2010 年度“世界公平竞赛奖”，这是该奖项创办 45 年来，中国运动员首次获此殊荣。

在 2010 年 11 月举行的广州亚运会男子自由式摔跤 60 公斤级的赛场上，中国运动员高峰与伊朗选手扎林科拉伊争夺铜牌的比赛结束时，右腿膝盖受伤的扎林科拉伊表情痛苦地倒在地上。虽然在比赛中对方曾因咬了自己而被判罚，高峰仍然友好地伸出双手将其抱起来送下赛场。国际体育记者协会与国际公平竞赛委员会就此认定，高峰在比赛中表现出了高尚的公平竞赛的体育精神。

"世界公平竞赛奖"创立于1964年，由国际公平竞赛委员会和国际体育记者协会根据提名组织年度评选。第一位获奖运动员为意大利有舵雪橇运动员蒙迪。他在1964年因斯布鲁克冬季奥运会中把自己雪橇的零件让给了他的对手英国人纳什，这一慷慨的举动帮助纳什击败了意大利队夺得双人雪橇项目的金牌。

2011年

澳网李娜创历史，亚洲首人进入大满贯决赛

2011年1月27日，2011年度首项大满贯澳大利亚网球公开赛第十一个比赛日，赛会9号种子、中国金花李娜苦战153分钟，以2∶1逆转击败当时排名世界第一的丹麦美少女沃兹尼亚奇（Caroline Wozniacki，1990.7.11— ）。其中，李娜在第二盘第十局挽救了一个赛点，最终以3∶6、7∶5、6∶3完成了逆转，成为首位杀入大满贯决赛的中国人、亚洲人，刷新了自己以及中国金花在四大满贯的最好成绩。

尽管在之后的决赛没能登顶，但在半年后的法国网球公开赛上，李娜再创历史，夺得了苏珊·朗格伦杯。这也是中国乃至亚洲历史上第一个网球大满贯赛事的冠军。凭借该场胜利，李娜成为了自1896年起第一位获得大满贯单打冠军的亚洲选手，世界排名也升至第四，追平日本名将伊达公子此前所保持的亚洲选手纪录。

2012年

梅西登上《时代周刊》封面，足坛第一人当之无愧

2012年01月27日，梅西（Lionel Andrés Messi）荣登美国《时代周刊》(《Time》，1923年3月3日创刊）杂志封面。

对此，加泰罗尼亚地区发行量最大的体育报纸《世界体育报》表示："这充分说明，梅西的影响力已经达到全新层面。"另一家当地媒体《每日体育报》亦有感叹："继三度问鼎金球奖以后，国王梅西再度证明，他就是如今足坛当仁不让的王者。"

相比加泰罗尼亚媒体的唱赞歌，马德里媒体则借此做起了科普工作。《马卡报》指出，《时代周刊》杂志有四个版本，美国版、欧洲版、亚洲版、南太平洋版。梅西登上的是欧洲版，之所以没能登上影响力相对更大的美国版，原因十分简单，足球在美国并非主流运动。

尽管没能登上美国版的封面，但梅西还是对自己能获此殊荣感到十分高兴。

1月27日备忘录

1913年1月27日　美国运动员吉姆·索普退还授予他的奥运会奖牌。吉姆·索普（Jim Thorpe）在1912年奥运会上获得多项冠军，但由于奥运会奖牌当时只颁发给非职业运动员，而索普承认自己曾是一名职业棒球运动员，因此将瑞典国王颁发给他的五项全能奖牌和沙皇授予他的十项全能奖牌全部退回。

1984年1月27日　22岁的克劳斯·弗里德里克在联邦德国费尔特创造了世界上摆起数量最多的多米诺骨牌:320236块牌，一次性推倒320236块牌中的281581块，共用了12分零57秒3。但弗里德里希每天工作10小时，用了31天才摆起这么多的多米诺骨牌。

1985年1月27日　美国人特里·拜兰·罗哈尔在波士顿女子强力举重比赛中，创造了女子举起的最大重量：551磅（249.6公斤）。就是不考虑重量级别，她在女子举重的3个单项中总成绩为1355磅（613.8公斤），也是最高的。

1989年1月27日　NBA菲尼克斯太阳队的凯文·约翰逊（Kevin Johnson）开始连续57场比赛有罚球的纪录。

1990年1月27日　美国佛罗里达州杰克逊维尔的特德·马丁在10分钟内投了185个球，得了175分。是篮球投球最快的人。

2001年1月27日　匈牙利的1996年奥运会冠军科瓦茨（Clstván koѷacs）成为该国历史上第一位职业拳王——WBO羽量级拳王。

2001年1月27日　英国皇家海军预备队的10名海军士兵在曼彻斯特机场把一架重达37吨的波音737—300客机拖拽出100米的距离，用时仅43.2秒。

2002年1月27日　CBA常规赛中，八一队在主场以103：97险胜山东队，创造了主场54场不败的纪录。

2002年1月27日　法国田径联合会宣布，在2001赛季，在法国接受兴奋剂检查的田径运动员共有747人次，其中24人检查结果呈阳性，有12人为法国运动员。

2002年1月27日　中美洲运动会药检委员会宣布，去年11月在危地马拉举行的中美洲运动会参赛运动员中，经过药物检查发现有11名运动员呈阳性反应。

2002年1月27日　为期5天的广州女足四国邀请赛结束。中国女足名列最后一名，挪威队、德国队和美国队分列前三位。

2003年1月27日　美国拒绝执行起跑新规则，田联将封杀其短跑世界纪录。

2006年1月27日　2005年度北京奥运十大新闻评选活动在京揭晓：1.“同一个世界同一个梦想”被确定为北京奥运会主题口号；2.奥运吉祥物福娃千天倒计时诞生；3.北京奥运推出绿色奥运标志；4.办一届“有特色、高水平”的奥运会被确定为北京奥运会目标；5.北京奥运会志愿者项目启动；6.中国电视机构首次大规模进入奥运会电视转播制作团队；7.迎奥运，今年北京提前完成230个蓝天目标；8.北京奥运会马术比赛易地香港举行；9.北京奥运会新建场馆全部开工；10.国际奥委会高度评价北京奥运筹备工作。

2006年1月27日　四川省足协宣布冠城转让失败，四川足球从乙级起步。

2006年1月27日　日之泉公司将所持有广州足球俱乐部70%股权移交给广州市体育局属下的广州足球发展中心。这意味着日之泉公司彻底退出广州足球，同时广州足球俱乐部完成平稳过渡。

2007年1月27日　北京市市长王岐山在与港澳政协委员的座谈会上表示2008年北京奥运会交通不会出问题。

2007年1月27日　国际奥委会主席雅克·罗格在瑞士洛桑开幕的国际体育记者协会体育廉政建设研讨会上发出警告，如果继续容忍针对各类体育比赛进行的非法赌博活动，奥运会将有可能在不久的将来陷入危险的境地。

2007年1月27日　在第十八届海湾杯半决赛现场观战的亚足联执委、竞赛委员会主席、沙特足协职业委员会主席和董事会主席阿卜杜拉·达布尔，在回到酒店后心脏病突发离世，时年54岁。达布尔出生在1953年3月17日，自2005年前亚足联副主席、竞赛委员会主席塔基离开亚足联后，便开始在亚足联担任要职，是仅次于哈曼的第二号人物，达布尔同时也是国际足联2002、2006年世界杯组委会成员。

2009年1月27日　英格兰递交2018世界杯申办书。

2011年1月27日　第二十五届世界大学生冬季运动会在土耳其东部城市埃尔祖鲁姆召开。中国代表团派出一个55人的小阵容，比前一届哈尔滨大冬会的193人少了很多。

2012年1月27日　美国女足在温哥华举行的伦敦奥运会北中美及加勒比地区女子足球预选赛半决赛中以3：0战胜哥斯达黎加队，从而连续第五次获得奥运会女足参赛资格。

1/28 Jan

1596年

英国探险家、著名海盗法兰西斯·德瑞克去世

1596 年 1 月 28 日，英国探险家、著名海盗法兰西斯·德瑞克（Francis Drake，1540—1596）去世。据知他是第二位在麦哲伦之后完成环球航海的探险家。

关于德瑞克的生平，有记载的不多，仅知他是海盗出身。他的小名为 El Draque，也就是西班牙文“龙”的意思。

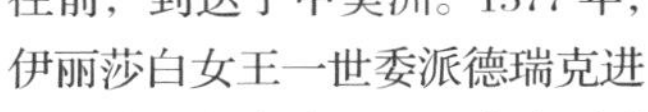

1567 年德瑞克第一次探险航行，从英国出发，横越大西洋，到达加勒比海。1569 年第二次探险航行，从加勒比海再往前，到达了中美洲。1577 年，伊丽莎白女王一世委派德瑞克进行一次经由南美洲抵达南太平洋的航行，于是他沿非洲西海岸南下，然后横渡大西洋，于 1578 年春到达巴西。接着他沿南美洲海岸南下，发现了将合恩角（位于南美洲的最南端）和南极洲隔开的航道，现在这条航道便以他的名字来命名，叫德瑞克海峡。返航英国时，他驾驶着“金鹿号”沿南、北美洲的太平洋海岸向北行驶，然后横渡太平洋到达香料群岛，最后绕过好望角于 1580 年 9 月 26 日回到英国普利茅斯港。1581 年 4 月 4 日，法兰西斯·德瑞克完成环球航行，成为全世界第一个完成全程航行的船长。

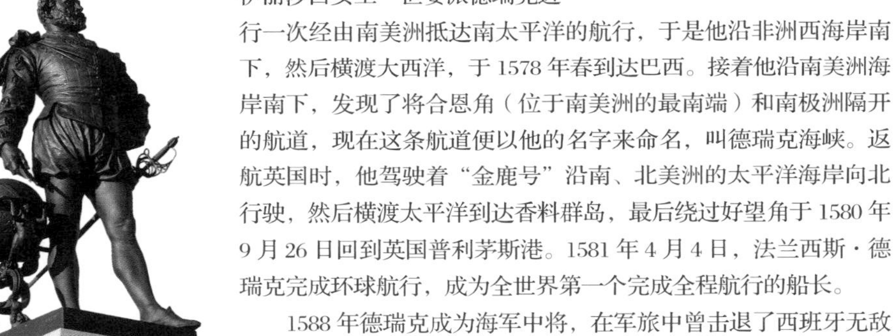

1588 年德瑞克成为海军中将，在军旅中曾击退了西班牙无敌舰队（Great Spanish Armada）的攻击。

1841年

英国非洲探险家亨利·莫顿·史坦利爵士出生

亨利·莫顿·史丹利爵士（Sir Henry Morton Stanley），英裔美籍探险家与记者，以在非洲的冒险及搜索戴维·利文斯通（David Livingstone）的事迹而闻名于世。

1841 年 1 月 28 日，亨利·莫顿·史丹利出生于英国威尔士时，原名约翰·洛蓝（John Rowlands）。洛蓝在移民美国后改姓史丹利，并曾经在《纽约先驱报》（New York Herald）担任记者。在担任记者期间，他获得社方资助前往非洲搜索失

踪的著名冒险家利文斯通，并逐渐成为专业的冒险者。

1874—1877 年间，他从桑给巴尔岛出发，深入大陆，环绕维多利亚湖，至坦噶尼喀湖，过卢阿拉巴河，下刚果河，穿过乌干达等地，直达大西洋南岸。

1904 年 5 月 10 日，史丹利在伦敦去世，享年 63 岁。

1932年

首破铅球 18 米、19 米大关的帕里·奥布莱恩出生

美国著名铅球运动员帕里·奥布莱恩（Parry O'Brien）于 1932 年 1 月 28 日出生。帕里·奥布莱恩是背向滑步投掷技术的创造者。

奥布莱恩 1932 年 1 月 28 日出生于美国加利福尼亚州的圣托摩尼克。受父亲的影响，他从小就非常喜爱体育运动。在一次偶然的机会，体育教师发现了他的投掷才华，从此他与铅球结下了不解之缘。

为了自己的奥运梦想，爱动脑子的奥布莱恩在训练中针对自己的弱点，加强了力量和速度的训练，并开始摸索一种新的推铅球技术。为了加长推铅球时的工作距离，增大人体对铅球的作用力，他采用了背对投掷方向、滑步推球的新技术，运动成绩有了很大的提高。

1952 年首次参加奥运会，奥布莱恩就以 17.41 米的成绩夺得金牌。1953 年奥布莱恩又以 18 米的成绩第一次打破了世界纪录，成为世界上第一个突破“18 米大关”的运动员。1954 年他又连续四次打破男子铅球世界纪录，被评选为“100 个金色时刻之一”。1956 年 9 月 3 日，奥布莱恩以 19.06 米的成绩再创世界纪录，成为有史以来第一个突破“19 米大关”的运动员。同年他以 18.57 米的成绩打破了奥运会纪录，并蝉联冠军。1959 年他获得了美国“沙利文奖”。1966 年已经 34 岁的奥布莱恩以 19.69 米创造了他一生中最好的成绩。

从某种意义上来说，奥布莱恩首创并使用的背向滑步投铅球技术，是铅球史上的一次技术革命。新的技术不仅确保他获得两次奥运会金牌，而且使他连闯 18 米、19 米两个大关，10 次改写世界纪录，这一技术一直使用至今。

1976年

美国田径运动员蒂姆·蒙哥马利出生

1976 月 1 月 28 日，美国短跑运动员蒂姆·蒙哥马利（Tim Montgomery）出生于南加州的加夫尼。

1994 年，15 岁的蒙哥马利打破男子百米青年世界纪录，成绩却没被承认，因为赛道竟然

短了 3.7 厘米。

2002 年 9 月 14 日，蒂姆·蒙哥马利在巴黎国际田联大奖赛的男子 100 米中跑出 9 秒 78，拿到金牌，打破世界纪录，成为世界上跑得最快的人，他因此获得了当年的杰西·欧文斯奖。也就在这一天，当时的“田径女皇”马里昂·琼斯在跑道上给他拥抱，献上香吻，向全世界公开恋情，两人被称为“世界上最快的一对”，全天下都为这对跑得最快的情侣而兴奋不已。年轻、爱情、名誉和财富，蒙哥马利在这一刻拥有了一切。

不过，随后坏消息接踵而来，由于禁药事件，他被取消了在 2001 年后所有的成绩并处以禁赛两年。2007 年 4 月，蒙哥马利又陷入到同谋一宗百万美元假支票欺诈以及洗钱案之中，而在等待宣判的日子里，他又在弗吉尼亚州的公路被捉到携带超过 100 克海洛因，被判重罪入狱，如今正在美国阿拉巴马州联邦监狱服刑，将于 2016 年 1 月 6 日出狱。

1976年

澳大利亚游泳明星利比·特里克特出生

1985 年 1 月 28 日，澳大利亚游泳运动员利比·特里克特（Libby Trickett）出生在澳大利亚的汤斯维尔。利比·特里克特原名莉比·莱顿，2007 年完婚后随夫姓改名为特里克特。

利比·特里克特在雅典奥运测试赛上打破德布鲁因创造的 100 米自由泳世界纪录，成为第一个打破该项世界纪录的澳大利亚选手。2007 年澳大利亚墨尔本游泳世锦赛上，利比·特里克特一人夺得 5 枚金牌，并因此当选为澳大利亚 2007 年度最佳游泳运动员，成为第四位获此殊荣的游泳女将。

在 2008 年 3 月底结束的澳大利亚全国游泳选拔赛上，利比·特里克特先后打破女子 50 米和 100 米自由泳两项世界纪录，成为世界第一“女飞鱼”，也为女子 50 米和 100 米自由泳的选手们设定了全新的追赶目标——24 秒和 53 秒大关。

2008 年北京奥运会上，特里克特以 56 秒 73 夺得女子 100 米蝶泳金牌，并与队友合作拿下了 4×100 米自由泳接力、4×100 米混合泳接力的冠军，而在主项 100 米自由泳上却屈居亚军。

2012 年伦敦奥运会，特里克特做为 4×100 米自由泳接力队队员，夺得金牌并打破赛会纪录。这是她个人生涯的第四枚奥运金牌。

1978年

意大利著名守门员吉安路易吉·布冯出生

1978 年 1 月 28 日，吉安路易吉·布冯（Gianluigi Buffon）出生于意大利卡拉拉一个体育家庭，他的母亲玛丽亚·斯泰拉·玛索科曾是意大利铅球和铁饼的全国冠军。

布冯在年仅 17 岁零 9 个月的时候，就代表帕尔马队首次参加意大利甲级联赛，在那场与 AC 米兰队的比赛中他力保城门不失，因此赢得一致好评，并被热捧为詹皮耶罗·孔比（GiampieroCombi，1921—1934）、阿尔多·奥利维耶里（Aldo Olivieri，1910—2001）和迪诺·佐夫（Dino Zoff，1942— ）等意大利历史上的传奇门将的接班人。这名身材高大的年轻门将随后在 1996—1997 赛季开始担任帕尔马队主力门将，在帕尔马队效力期间，布冯曾帮助帕尔马队获得了 1999 年的欧洲联盟杯、意大利杯赛的冠军奖杯。

2001 年夏天布冯以 4600 万美元的身价从帕尔马到尤文图斯，他也因此成为世界上身价最高的门将。正是在加盟这支都灵豪门后，他才首次夺取意甲联赛冠军。此后，夺冠对他来说逐渐成为了家常便饭。2006 年，凭借着他的出色发挥，丑闻缠身的蓝衣军团捧起了久违的大力神杯。

布冯获得过的荣誉包括：意大利甲级联赛最佳门将、世界最佳门将、IFFHS 世纪最佳门将、雅辛奖等奖项，同时成为了第四位载入世界杯史册的伟大门将。

1983年

第四届全国十佳运动员评选揭晓

1983 年 1 月 28 日，第四届全国十佳运动员评选揭晓。第四届全国十佳运动员评选从 1982 年 11 月下旬到 1983 年 1 月 28 日，共收到有效选票 263656 张，十佳运动员分别为：1. 李宁（广西，体操，261016 票）；2. 朱建华（上海，田径，260992 票）；3. 韩健（辽宁，羽毛球，252420 票）；4. 孙晋芳（江苏，排球，201354 票）；5. 郎平（北京，排球，198553 票）；6. 宋晓波（北京，篮球，182401 票）；7. 邹振先（辽宁，田径，163068 票）；8. 吴佳妮（上海，体操，127661 票）；9. 刘适兰（四川，国际象棋，118979 票）；10. 郭跃华（福建，乒乓球，104483 票）。

1997年

科比·布莱恩特参加NBA比赛时是年龄最小的球员

1997年1月28日，前NBA球员乔·杰里贝恩·布莱恩特的儿子科比·布莱恩特（Kobe Bryant）首次代表洛杉矶湖人队出赛，在与达拉斯小牛队比赛的当天，科比年仅18岁零158天，是参加NBA中年龄最小的球员。而在1998年，年仅19岁零169天的他参加全明星赛时，再次成为NBA全明星赛中年龄最小的球员。

科比·布莱恩特1978年8月23日出生，自1996年起效力于NBA洛杉矶湖人队，司职得分后卫，是NBA最好的得分手之一，突破、投篮、罚球、三分球他都驾轻就熟，几乎没有进攻盲区，单场比赛81分的个人纪录就有力地证明了这一点；除了疯狂地得分外，科比的组织能力也很出众，经常担任球队进攻的第一发起人；另外科比还是联盟中最好的防守人之一，贴身防守非常具有压迫性。正是这些出众的能力，让他获得了五届NBA总冠军、四届NBA全明星赛最有价值球员奖、两届NBA总决赛最有价值球员奖。

2002年

法国凡尔赛法院宣布法国普罗斯特车队破产

2002年1月28日，法国凡尔赛法院宣布法国普罗斯特车队（Prost Grand Prix）破产。成立于1997年的普罗斯特F1车队退出历史舞台。从2001年11月开始，普罗斯特大奖赛公司（PGP）已经欠债2700万美元。

普罗斯特车队共参加35个赛季的F1大赛（1997—2001年）。

1997年，4届一级方程式世界冠军、法国人阿兰·普罗斯特（AlainProst，1955.2.24— ）收购法国车队利基亚（Ligier），并将车队更名为普罗斯特（Prost）。当年成绩斐然，共获得21分积分，排名车队积分榜第六名。

1998年，普罗斯特执意要建立一支纯法国的车队，改用法国标致引擎，结果成绩倒退，全年仅获得1分积分，排名第九。

1999年，车队继续使用标致引擎，全年积分9分，排名第七。2000年，赛车可靠性退步，整个赛季一分未得，为建队以来的最差成绩。年底，前F1车手、巴西人迪尼兹及其家族购买了普罗斯特车队40%的股份。2001年，车队改用法拉利048引擎，由宏碁欧洲集团和PSN提供赞助。2001年4月，车队成绩未见起色，传出财政危机问题。2001年9月，普罗斯特与迪尼兹关系破裂，迪尼兹撤资并离开车队。2001年11月，赛季结束，普罗斯特车队成绩依旧不理想（积分 4 分，排名第九），车队财政危机表面化。

2002 年 1 月 15 日，普罗斯特车队正式向法庭申请破产保护。28 日凡尔赛地方法庭开始正式清算普罗斯特车队。

2010年

在美国民众中“最有影响力的 20 大运动员”

泰格·伍兹

2010 年 1 月 28 日，美国两大权威媒体机构，彭博社和《商业周刊》（business weekly）共同评选了一份在美国民众中“最有影响力的 20 大运动员”名单，这份榜单主要是依据体育运动员的赚钱能力制定的。

尽管因为一连串绯闻而且麻烦缠身，但高尔夫巨星泰戈尔·伍兹依然高居榜首。不过 NBA 球星的整体影响力更大，有五大球星进入这份 Top20，入选人数是所有运动项目中最多的。

以下为 20 大影响力运动员具体排名：

1. 泰格·伍兹（Eldrick "Tiger" Woods，高尔夫）；2. 勒布朗·詹姆斯（LeBron Raymone James，篮球）；3. 菲尔·米克尔森（Philip Alfred Mickelson，高尔夫）；4. 荷西·艾伯特·普荷斯（José Alberto Pujols，棒球）；5. 佩顿·威廉斯·曼宁（Peyton Williams Manning，橄榄球）；6. 德文·韦德（Dwyane Tyrone Wade，篮球）；7. 迈克尔·菲尔普斯（Michael Phelps，游泳）；8. 阿德里安·彼得森（Adrian Peterson，橄榄球）；9. 沙克·奥尼尔（Shaquille Rashaun O'Neal，篮球）；10. 兰斯·阿姆斯特朗（Lance Armstrong，自行车）；11. 纳达尔（网球）；12. 科比·布莱恩特（篮球）；13. 拉里·费茨杰拉德（Larry Fitzgerald，橄榄球）；14. 莱恩·霍华德（Ryan Howard，棒球）；15. 布瑞特·法尔夫（Brett Favre，橄榄球）；16. 塞雷娜·威廉姆斯（Serena Williams，网球）；17. 罗杰·费德勒（Roger Federer，网球）；18. 埃里·曼宁（Eli Manning，橄榄球）；19. 乔·莫雅（Joe Mauer，棒球）；20. 蒂姆·邓肯（Tim Duncan，篮球）。

2011年

羽球女将汪鑫 379 天外战不败纪录作古

2011 年 1 月 28 日，2011 年国际羽联五大首要超级系列赛首站——韩国顶级赛女单 1/4 决赛中，头号种子汪鑫在以 21：11 先下一城的情况下，被韩国 90 后新星成池铉以 21：9、21：19 连扳两局，止步八强。汪鑫保持了 379 天的外战不败纪录就此告破，这位“外战女皇”仅有的两场外战失利都出现在韩国赛，而且都是输给东道主选手。

汪鑫此前唯一的一次外战失利，还要追溯到 2010 年 1 月 14 日，汪鑫在韩国赛第二轮爆冷输给了东道主选手裴升熙，自此外战已有379天不败。

汪鑫在2010年夺得世锦赛和亚运会两个女单亚军，一年多外战不败，在队内得到了“外战女皇”的美誉。

2012年

国际篮联世锦赛巨变，FIBA官方宣布更名篮球世界杯

2012年1月28日，国际篮球最重要的赛事——男篮世锦赛正式更名为篮球世界杯（Basketball World Cup），2014年举办的西班牙男篮世界杯将是更名后的第一届大赛。

该赛事从1950年开始，理论上是四年一届，但有某些年份曾间隔不同。从1986年开始，四年一届开始固定下来，男子和女子的比赛也都在同一年进行。美国、巴西、苏联和前南斯拉夫都是冠军的大户。

中国队于1978年开始参赛，但在那一年曾让巴西队创下过154分的赛事历史最高得分。此后的赛事里，中国队曾创造过经典的比赛，例如2006年王仕鹏三分绝杀斯诺文尼亚的比赛。而姚明则是这项赛事历史身高最高的球员。

截至2012年中国男篮参加世锦赛历届名次

年份	举办地	届数	名次
1978	菲律宾	第八届	11
1982	哥伦比亚	第九届	12
1986	西班牙	第十届	9
1990	阿根廷	第十一届	14
1994	加拿大	第十二届	8
2002	美国	第十四届	12
2006	日本	第十五届	9（并列）
2010	土耳其	第十六届	16

1月28日备忘录

1900年1月28日　德国国家男子足球队成立。德国在第二次世界大战后分裂成联邦德国和民主德国，并曾于1950年被禁止参赛，数年后才解禁。之后联邦德国（西

德）才组成了参赛队伍，成绩相当骄人，早在 1954 年已赢得战后首个世界杯冠军。

1975年1月28日　国务院、中央军委批转国家体委、总参谋部《关于在全国恢复业余滑翔学校和开展其他军事体育活动问题的请示》。

1984年1月28日　美国职业篮球运动员安德烈·伊戈达拉（Andre Iguodala）出生于美国伊利诺伊州斯普林菲尔德。伊戈达拉司职得分后卫，凭借防守和全能的特色，2004 年他被相中前往费城 76 人队效力。2011—2012 赛季，他率领 76 人队异军突起，稳居东部前三，他本人亦入选 2012 年 NBA 全明星替补阵容。2012 年 8 月 11 日，在湖人、魔术、掘金、76 人四队关于德怀特·霍华德的交易中，伊戈达拉被送至丹佛掘金队。

1989年1月28日　美国人詹姆斯·贝克在美国亚利桑那州列图森的埃尔科恩林阴道，骑滚珠轴承自行车创造了时速 246.5 公里的纪录。

1990年1月28日　旧金山 49 人队（San Francisco 49ers）在路易斯安纳州新奥尔良以 55：10 战胜丹佛野马队（Denver Broncos），从而成为“超级碗橄榄球赛”上得分最高的球队和超过对手得分最高的球队。

2001年1月28日　中国选手齐晖在法国巴黎举行的世界杯短池游泳系列赛中，以 2 分 19 秒 25 的成绩刷新女子 200 米蛙泳短池世界纪录。

2001年1月28日　阿加西（Andre Agassi，1970.4.29—　）战胜法国选手克莱门特（Arnaud Clement，1977.12.17—　），蝉联澳网男单冠军。

2002年1月28日　第十届全国运动会的主赛场——南京奥林匹克体育中心正式开工建设。

2002年1月28日　2001 世界十佳评选揭晓，分别是：索普（澳大利亚游泳运动员）、霍尔金娜（俄罗斯体操运动员）、田亮（中国跳水运动员）、贝克汉姆（英国足球运动员）、王楠（中国乒乓球运动员）、舒马赫（德国赛车运动员）、泰格·伍兹（美国高尔夫球运动员）、奥尼尔（美国篮球运动员）、平托塞维奇（乌克兰田径运动员）、德布鲁因（荷兰游泳运动员）。

2003年1月28日　巴萨主帅范加尔（Louis van Gaal，1951.8.8—　）正式宣布辞职。

2004年1月28日　金云龙（Un-yong Kim，1931.3.19—　）因涉嫌收取巨额贿赂，被韩国检察机关拘捕。2004 年 1 月 9 日因涉嫌收受贿赂以及挪用基金而被调查的金云龙辞去了他在韩国国会的公职，以及世界跆拳道联合会主席一职。2004 年 1 月 23 日，国际奥委会宣布，暂时剥夺国际奥委会副主席金云龙“一切与其奥委会委员资格相关的权利、特权与职务”。

2005年1月28日　西门子公司宣布退出中超联赛赞助，职业联赛首次“裸奔”。

2005年1月28日　第三届世界吉尼斯纪录（中国）颁证典礼在北京中华世纪坛举行，中国国家男女乒乓球队同时获得“获团体世界冠军次数最多的队”证书。英国吉尼斯总部颁证官员亲临现场颁奖。

2006年1月28日　足协关于四川冠城俱乐部球员转会事宜的通知，同意四川冠城俱乐部一线队运动员挂牌转会。

2007年1月28日　第六届亚洲冬季运动会在我国吉林省省会长春市开幕。第六届亚洲冬季运动会从 2007 年 1 月 28 日—2 月 4 日在长春举办。这是亚洲冬季运动史上规模最大、参加国家和地区最广、参赛运动员最多、观众人数最多的一届冰雪体育盛会。

2007年1月28日　世界著名 F1 摩托艇手菲利普正式加盟中国天荣队

2008年1月28日　被称为“水立方”（Water Cube）的国家游泳中心竣工。“水立方”位于北京奥林匹克公园内，是北京为 2008 年夏季奥运会修建的主游泳馆，也是 2008 年北京奥运会标志性建筑物之一。

2008年1月28日　别克邀请赛在圣迭戈多利松球场收杆。老虎·伍兹（Eldrick "Tiger" Woods，1975.12.30.— ）以总成绩 269 杆低于标准杆 19 杆成就该项赛事四连冠。日本球手金田龟二以 8 杆之差位居次席。

2009年1月28日　2008—2009 赛季的英超联赛中，红魔曼联 5：0 大胜西布朗，38 岁零两个月 29 天的曼联队荷兰门将范德萨创造两项英超纪录——不丢球最长时间（1032 分钟）和最多场次（11 场）纪录。

2009年1月28日　印度尼西亚提交申办 2018 和 2022 年世界杯的申请。

2010年1月28日　新浪正式签约成为中国奥委会互联网合作伙伴。

2010年1月28日　第二十一届冬奥会中国体育代表团在国家体育总局召开新闻发布会，宣布温哥华冬奥会中国体育代表团正式成立，代表团规模为历届最大。

2010年1月28日　NBA 圣安东尼奥马刺主场 105：90 击败东部劲旅亚特兰大老鹰，马刺当家球星蒂姆·邓肯（Tim Duncan，1976.4.25— ）创造了个人 NBA 生涯篮板球新高，他抢下 27 个篮板，其中有 10 个是前场篮板。此役邓肯得到全队最高的 21 分。

2011年1月28日　中共中央政治局委员、国务委员刘延东到国家体育总局与中国足球新老运动员、教练员、青少年足球训练基地负责人等足球界、教育界、企业界人士座谈，强调要抓住机遇，早日使我国足球工作有个新的面貌。

2012年1月28日　NBA 常规赛，迈阿密热浪以 99：89 击败纽约尼克斯，热浪队连续 71 场比赛无球员六犯离场，这是联盟实行进攻 24 秒违例制度以来的新纪录。

1940年

有史以来最多才多艺的击剑选手内多·纳迪去世

1894 年 6 月 9 日，6 枚奥运金牌得主、被称为有史以来最多才多艺的击剑运动员内多·纳迪（Nedo Nadi）在意大利里窝拿市的一个击剑世家出生。其父是意大利击剑大师朱塞佩·纳迪，弟弟阿尔多也是著名击剑运动员，也在奥运会上夺得了金牌。

1912 年斯德哥尔摩奥运会，18 岁的纳迪首次参加了花剑个人赛，就一路过关斩将夺得了金牌，一举奠定了其世界级击剑选手的地位。

1914 年第一次世界大战爆发，纳迪应征入伍，在军队中服役。世界大战使得 1916 年奥运会流产，纳迪错过了增加自己奥运金牌数量的机会。但大战也有好处，奥匈帝国作为战败国在战后解体，独立后的匈牙利本来是击剑强国，但因为战败的原因被禁止参加 1920 年安特卫普奥运会。纳迪决定参加所有 3 项击剑比赛，在比赛中他获得了花剑个人赛和佩剑个人赛金牌，并和队友们一起囊括了 3 项团体赛金牌，这样纳迪在一届奥运会上夺得了 5 枚奥运会金牌，这项纪录直到 1972 年才被美国游泳选手马克·斯皮茨（Mark Spitz）打破。

纳迪在安特卫普奥运会后转为职业运动员，不再参加奥运会，后来他曾去布宜诺斯艾利斯担任击剑教练，回国后从 1935 年起担任意大利击剑联合会主席，直到 1940 年 1 月 29 日去世。

1960年

奥运会跳水冠军美国的格里高利·洛加尼斯出生

1960 年 1 月 29 日，历史上最伟大的跳水运动员之一格里高利·洛加尼斯（Gregory Louganis）出生于美国加利福尼亚。

格里高利·洛加尼斯 9 岁练习跳水，11 岁获美国少年运动会跳水满分。16 岁时，洛加尼斯参加了在蒙特利尔举办的 1976 年夏季奥林匹克运动会，他此次赢得了十米跳台项目的银牌，仅仅输给了当时的跳水界霸主意大利名将迪比亚西（Klaus Dibiasi）。

1980 年美国抵制了莫斯科奥运会，洛加尼斯失去了一次在奥运会上夺取金牌的机会。但到了 1984 年洛杉矶奥运会，洛加尼斯发挥出全部能量。他先在三米跳板中击败了中国的选手谭良德、李宏平夺得了金牌，之后又在十米跳台中打败童辉、李孔政，同时获得了跳板和跳台的冠军。成为奥运史上第一位夺得两枚跳水金牌的运动员。他也因此成就获得了当年美国业余运动员的最高奖项沙利文奖。

1988年汉城奥运会，他在比赛中曾头部撞在跳板边沿上而受重伤，手术缝合了4针，但他以超人的胆略、过硬的本领继续参加第二天的决赛，仍然击败中国选手谭良德、李德亮获得三米板冠军。在十米跳台决赛中，洛加尼斯的发挥虽然不及中国小将熊倪，但他带伤拼搏的精神为他带来了太多的印象分，结果获得了该项目的冠军。创下了在两届奥运会上包揽男子跳板和跳台金牌的壮举。此外，他曾获得5次世界锦标赛冠军和3次世界杯冠军，是20世纪最伟大的男子跳水运动员。

1995年2月22日，洛加尼斯承认，他是一位同性恋，已患上了艾滋病，并且他在参加1988年汉城奥运会时已是艾滋病（HIV）携带者。此后他致力于艾滋病的防治工作。

1999年12月14日，由美联社发起的由国际奥林匹克运动权威人士组成的评选小组，评选洛加尼斯为20世纪夏季奥运会十位男子最佳运动员之一。

1964年

第九届冬奥会在奥地利因斯布鲁克开幕

第九届冬奥会于1964年1月29日在奥地利因斯布鲁克开幕。应邀参赛的有37个国家和地区（36个队），共1091名运动员，其中女子200人，男子891人。这是冬季奥运会运动员人数首次突破10000名。

第一次参加冬奥会的有朝鲜民主主义人民共和国、印度和蒙古。

因斯布鲁克是奥地利著名的滑雪圣地，但在1964年却遇到了严重的缺雪问题。奥地利政府派出军队，从阿尔卑斯山上采雪下山，利用卡车将20000块冰砖运送到雪橇比赛赛场上，同时将40000立方米的雪铺到高山滑雪的赛场，还另外准备了20000立方米的雪，以备不时之需。组委会还特地从美国运来六部造雪机，在比赛场地边待命。但是开幕前的十天，一场大雨使这一切泡汤，军人们再次将比赛场地清理，就这样因斯布鲁克的人造奥运雪场终于准备就绪。

在这届奥运会中，东德和西德联合组成一个德国代表团参加，具有深远的政治意义。苏联女子选手斯科布利科娃在速度滑冰比赛中所向无敌，包办全部4枚金牌，成为冬季奥运会历史上第一位在一届比赛赢得4枚金牌的运动员，并且在这4项比赛中，她创造了3项奥运会纪录，分别是500米、1000米和1500米速度滑冰项目。博亚尔斯基赫获得3枚越野滑雪金牌。在男子方面，门蒂兰塔夺取了2块金牌。法国一对孪生姊妹花玛莲乐·戈切尔和克里斯汀·戈切尔，在高山滑雪比赛中，分别在小回转和大回转两项比赛中名列前两位，各获得一金一银。

由于缺雪，也酿成了事故，奥地利滑雪选手米尔尼和英国雪橇选手斯基佩齐在雪量不足的滑道上做赛前练习时，不幸丧生。这是自1924年冬奥会以来所发生的最不幸的事件。

1966年

巴西足球运动员罗马里奥出生

1966 年 1 月 29 日，巴西足球运动员罗马里奥·德·法里亚·法利亚（Romário de Souza Faria）出生于巴西里约热内卢。

罗马里奥在瓦斯科达伽马队出道，1987 年入选巴西国家队。1988 年汉城奥运会足球比赛，罗马里奥荣膺最佳射手，巴西队夺得银牌。1989 美洲杯，罗马里奥在决赛中顶进乌拉圭队制胜一球，帮助巴西队时隔 40 年重夺美洲杯冠军。

1988 年罗马里奥加盟荷兰埃因霍温队，马上就四夺联赛最佳射手，并为球队夺得 3 次荷甲冠军。1993 年他转会巴塞罗那队，又夺得联赛冠军和西甲最佳射手。

1994 年世界杯，罗马里奥迎来职业生涯的巅峰，他在世界杯上打进 5 球，为巴西队时隔 24 年重夺世界杯冠军立下头功，那一年他当选为国际足联评选的世界足球先生。

他的国家队生涯持续到 2005 年，在最后一次穿上黄衫出战危地马拉队时，39 岁的他仍打进一球，这样他总共为巴西队出战 70 场国际比赛，打进了 55 球。

2007 年 5 月 20 日罗马里奥对累西腓体育时终于射入其个人职业生涯第 1000 个入球，成为足球历史上有实质记录以来，继巴西的弗雷德里希、贝利，奥地利的弗兰茨·宾德后，第四位在其个人职业生涯达成该里程碑的人。不过后来经国际足联确认，他的正式进球数为 929 球，其他 77 球为青年比赛或非正式友谊赛上打进的。

2008 年 4 月 15 日，已届 42 岁的罗马里奥宣布退役。他后来加入巴西社会党，于 2010 年 10 月在里约热内卢州当选国会下议院议员。

1980年

诺姆·尼克松出场 64 分钟创 NBA 球员出场时间纪录

1980 年 1 月 29 日，洛杉矶湖人队经过四个加时赛最终以 154：153 险胜克里夫兰骑士队，湖人队诺姆·尼克松（Norm Nixon）出场打了 64 分钟的比赛，创当时 NBA 出场时间纪录。

这一纪录直到 1987 年才被金州勇士队的弗洛伊德追平；西雅图超音速队的戴尔·埃里斯在 1989 年 11 月 9 日对密尔沃基雄鹿队的比赛当中出场打了 69 分钟，那场比赛双方大战了五个加时赛才分出胜负。这也打破了诺姆·尼克松的纪录。

在 1977 年的选秀大会上，诺姆·尼克松于第一轮第二十二顺位被湖人选中，诺姆·尼克松加盟湖人后迅速成为 NBA 的顶级控卫，虽然他和贾巴尔率领的湖人在1978和1979年连续折戟西部决赛，但他被视为湖人重塑辉煌的基石。最终他帮助球队赢得了NBA总冠军（1980和1982年），两次都是对阵费城76人队拿到的。他在1982年的季后赛中是全队得分最高的人。在1979—1980和1981—82这两个夺冠的赛季，尼克松场均得到17.6分，外加8次助攻。

在1983年总决赛的第一场第一节前半段，他被76人队的安德鲁·托尼恶意犯规，主教练帕特·莱利非常担心他的伤势，对他说："你需要担架吗？"尼克松却狠狠地说道："不，我只需要棺材就足够了。"他带着肩伤坚持打完了第一场和第二场比赛。

1983—1984赛季，诺姆·尼克松被交易到洛杉矶快船队。诺姆·尼克松曾两次入选全明星阵容。

1983年

2008年北京奥运会举重69公斤级冠军刘春红出生

1983年1月29日，2008年北京奥运会女子举重69公斤级冠军刘春红出生于山东烟台。

刘春红1996年在烟台体校由柔道改练举重，1998年进入山东省举重队，2002年入选国家队。刘春红力量大、技术全面，在国家队期间，从最初由柔道改练举重，后来又从69公斤级升到75公斤，再从75公斤回到自己熟悉的69公斤上，刘春红的运动经历显得很特殊。

2001年她获得了第九届全运会69公斤级抓举、挺举、总成绩三项冠军，从此开始了她辉煌的运动生涯。2002年她又荣获釜山亚运会69公斤级总成绩冠军，2003年世界锦标赛69公斤级三项冠军，2004年她夺得了雅典奥运会金牌。

2008年北京奥运会上，刘春红于8月13日下午参加了女子举重69公斤级比赛，在试举中两破世界纪录，最终不负众望，以绝对优势获得冠军，为中国体育代表团轻松拿下第十七枚金牌，并且以158公斤轻松打破女子举重69公斤级世界纪录。这是中国举重队在北京奥运会上夺得的第六枚金牌，也实现了历届奥运会"五金"的突破。

1985年

西班牙职业篮球运动员马克·加索尔出生

1985年1月29日，马克·加索尔（Marc Gasol，1985.1.29— ）出生于西班牙巴塞罗那，职业篮球运动员，身高2米16，司职中锋，效力于NBA孟菲斯灰熊队，是洛杉矶湖人队大前锋保罗·加索尔的弟弟。

马克·加索尔高中就读于美国孟菲斯的洛桑学院，2004年起他效力于西班牙ACB联赛的豪门巴塞罗那队，当年就获得了西班牙联赛冠军和超级杯。2006年加入西班牙国家男篮，随队参加了2006年世界篮球锦标赛并获得冠军，场均出场11.1分钟得到4.8分2.1个篮板。2006年被租借到同联赛的希罗纳队，逐渐成长为球队的中坚，帮助希罗纳取得了欧洲国际篮联杯冠军，表现非常耀眼而受到 NBA 球探重视。

2007 年 NBA 选秀大会上，马克·加索尔在第二轮第十八顺位被湖人队选中，但球队并没有与他签约。2008 年，湖人与灰熊围绕保罗·加索尔的交易中，其签约权被送到了孟菲斯灰熊队。同年小加索尔获得了西班牙联赛的 MVP。

2008 年 6 月 23 日，马克·加索尔与灰熊队签下合同，新秀赛季便拿下 11.9 分、7.4 篮板、1.1 封盖的不俗数据。而在灰熊的第二个赛季里，小加索尔表现更上一层楼，他的个人数据便已经飙升至场均 14.6 分和 9.3 个篮板，晋升为 NBA 最出色的中锋之一。

2010—2011 赛季季后赛，马克·加索尔与扎克·兰多夫的内线组合成为灰熊队成功的关键，在球队核心鲁迪·盖伊缺阵的情况下先上演黑八奇迹淘汰了强大的马刺，在西部半决赛中又与雷霆队大战七场才遗憾告负，小加索尔场均 15 分、11.2 篮板、2.2 助攻、1.1 抢断、2.2 盖帽的数据近乎完美。赛季结束后，成为自由球员的马克·加索尔收到尼克斯、火箭等多支球队的报价，最终灰熊队匹配了火箭队开出的四年 5500 万的合同，留住了球队的内线支柱。

2012 年 2 月 10 日，他入选 2012 年 NBA 全明星替补阵容。

1988年

第九届全国十佳运动员评选揭晓

1988 年 1 月 29 日，第九届全国十佳运动员评选揭晓。投票期从 1987 年底至 1988 年 1 月 29 日，共收到有效选票 25 万多张。其中，广东举重运动员何灼强以 248361 票高居第一位；浙江体操运动员楼云以 239888 票排在第二位；黑龙江游泳运动员黄晓敏以 236224 票排名第三。以下分别是聂卫平（北京，围棋，235299）；杨阳（江苏，羽毛球，214398）；高凤莲（内蒙古，柔道，203806），江嘉良（广东，乒乓球，203752）；李玲蔚（浙江，羽毛球，184706）；何英强（广东，举重，178530）；柳海光（上海，足球，168197）。

何灼强

楼云

黄晓敏

值得一提的是，柳海光是继容志行之后第二位入选全国十佳运动员的足球运动员，这依赖于他率领中国队打进了汉城奥运会决赛。

1989年

第十届全国十佳运动员评选揭晓

1989 年 1 月 29 日，1988 年度全国十名最佳运动员（第十届全国十佳运动员）暨 1979—

1988 年全国荣誉十名最佳运动员评选揭晓仪式在北京举行。获得“十佳”的运动员是：许艳梅、楼云、高敏、陈静、杨文意、聂卫平、陈龙灿、韦晴光、李梅素、庄泳；其中聂卫平已是第三次当选全国十佳运动员了。获得“荣誉十佳”的是：李宁、聂卫平、朗平、容志行、吴数德、李玲蔚、郭跃华、黄晓敏、江嘉良、陈肖霞。

2007年

奥运冠军罗雪娟正式退役，中国游泳一个时代落幕

2007 年 1 月 29 日，在 23 岁生日的三天之后，雅典奥运会女子 100 米蛙泳冠军、5 枚世锦赛金牌得主罗雪娟正式退役。这也宣告中国泳坛的罗雪娟时代落下帷幕。

1984 年 1 月 26 日，罗雪娟生于杭州，1990 年，进入杭州市陈经纶体育学校进行游泳业余训练，1997 年进入浙江省体训一大队游泳队接受专业训练，2000 年 6 月入选国家队。在当年的悉尼奥运会上，16 岁的罗雪娟获得女子 200 米蛙泳第八名，初露锋芒。

2001 年的日本福冈游泳世锦赛，罗雪娟一鸣惊人，荣膺世锦赛女子蛙泳 50 米和 100 米双冠王，终结了中国游泳长达 5 年的世界大赛无金史，中国游泳新一代领军人物宣告诞生。2003 年世锦赛罗雪娟蝉联女蛙 50 米和 100 米金牌，更率领中国混合泳接力队斩获女子 4×100 米接力冠军，成为当时无可置疑的蛙后。

2004 年雅典奥运会，半决赛罗雪娟保存实力以期决赛大爆发，果然她后来居上力克最大劲敌琼斯，将金灿灿的 100 米蛙泳金牌挂在了胸前。这一幕也成为了罗雪娟职业生涯最辉煌的时刻。罗雪娟又参加了女子 4×100 米混合泳接力的比赛，但是中国队最终仅获得了第四名。在决赛中拼尽全力的罗雪娟在游完自己的一棒之后晕倒在泳池内，最后被教练和志愿者架着离场。

在这些辉煌背后，伤病始终伴随着罗雪娟，一次又一次比赛和训练中的昏厥，让所有人对她的身体充满了担忧，但罗雪娟始终坚持向 2008 年北京奥运会的梦想前进。遗憾的是，2006 年 12 月，罗雪娟在北京做了心脏微创手术，但恢复情况不理想，医生甚至表示继续训练连生命都得不到保障，随时有猝死的可能，罗雪娟不得不选择了和心爱的泳池说再见。

2008年

意甲奥斯卡揭晓：卡卡年度最佳、罗纳尔多十年称霸

2008 年 1 月 29 日，意大利球员协会举办的第十一届“意甲奥斯卡”颁奖仪式在米兰举行，AC 米兰与罗马成为赢家。卡卡（Kaká）以率 AC 米兰勇夺冠军杯的表现荣膺最佳外籍球员和最佳球员两大奖项，这是他荣膺 2007 金球奖和世界足球先生之后又获得的一项荣誉。本届专设的近十年意甲最佳球员特别奖由罗纳尔多（Ronaldo Luís Nazário de Lima）获得。罗马主帅

卡卡

斯帕莱蒂（Luciano Spalletti）蝉联“最佳教练”称号，队长托蒂（Francesco Totti）当选“最佳本土球员”。国际米兰马特拉齐（Marco Materazzi）当选“最佳后卫”。

“意甲奥斯卡”创立于1997年，用以表彰前个赛季意甲表现最佳的球员、教练及主裁判。由意甲球员投票选出。每奖项提名三个人选，最佳球员则在最佳本土球员和最佳外籍球员之间产生。

本届最佳本土球员的提名人选是托蒂（Francesco totti）、皮尔洛（Andrea Pirlo）与上届最佳新秀得主德罗西（Daniele De Rossi），最终欧洲金靴奖得主托蒂当选。“最佳外援”提名则有伊布（Zlatan Ibrahimovic）、卡卡和穆图（Adrian Mutu），伊布是国际米兰夺得联赛冠军的关键球员，穆图赛季进球与助攻总数最多，但与包揽各项国际球员大奖的卡卡相比，两人也未免逊色。

在“最佳球员”的角逐中，卡卡也力压托蒂。2003—2004赛季，初登意甲的卡卡帮助AC米兰夺得联赛冠军，也曾经当选意甲最佳球员，他因此成为意甲奥斯卡11年历史上唯一两度问鼎“最佳球员”的球星。来到意甲五年多的卡卡还成为当选“最佳外援”次数最多的球员（2003—2004年、2005—2006年与苏亚索并列、2006—2007年）。

“最受球迷欢迎奖”：布冯（Gianluigi Buffon，尤文图斯）。

亚特兰大的赞帕尼亚（Riccardo Zampagna）在当赛季第三轮的背身外脚背撩射，被评为2007年度“最佳进球”。

2008年

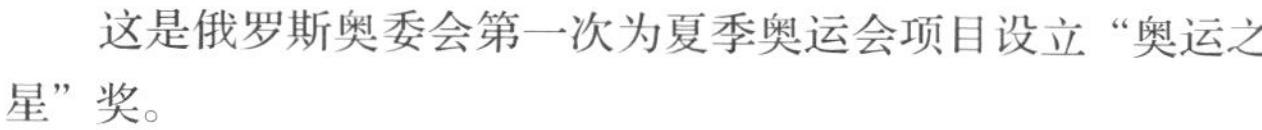

俄年度最佳男运动员出炉，中国跳水劲敌加尔佩林当选

2008年1月29日，跳水选手加尔佩林（Gleb Galperin）荣获俄罗斯首次设立的“奥运之星”年度最佳男运动员奖。加尔佩林是因为在2007年游泳世锦赛中夺得男子十米跳台金牌而获此奖项的。另外，田径选手列别杰娃（Tatyana Lebedeva，1976.7.21— ）获“奥运之星”年度最佳女运动员奖，捧得男篮欧锦赛冠军奖杯的俄罗斯男篮获最佳男子运动队奖，6年来3次夺得世锦赛冠军的俄罗斯女子手球队获最佳女子运动队奖，国家摔跤队教练捷杰耶夫获最佳教练奖，20岁的摔跤选手马霍夫获最佳新人奖。

这是俄罗斯奥委会第一次为夏季奥运会项目设立“奥运之星”奖。

加尔佩林出生于1985年5月25日，在2006年欧锦赛上他一举获得男子十米跳台单人和双人两项冠军，2007世锦赛获得十米跳台单人冠军和双人亚军。2008北京奥运会他获得了这两个项目的铜牌。

1月29日备忘录

1955年1月29日　WBA重量级冠军约翰·塔特出生。1979年10月20日约翰·塔特获得与南非白人格里埃·塔特争霸的资格，结果以点数获胜，成为WBA的一届拳王。但半年后他在与同胞迈克·韦弗尔的卫冕战中，被韦弗尔一记上勾拳重重击倒，结束了他仅半年的拳王生涯。

1966年1月29日　中国前足球运动员、国家队教练员高洪波出生。

1964年1月29日　国际奥委会于因斯布鲁克召开第六十二届全会，52名委员出席。

1971年1月29日　国务院总理周恩来接见国家体委有关领导同志，就中国乒乓球协会同日本乒乓球协会会谈和我国乒乓球代表团赴日本参加第三十一届世界乒乓球锦标赛作了重要批示。

1971年1月29日　国务院总理周恩来会见日本乒乓球协会会长后藤钾二。

1979年1月29日　中国女篮运动员隋菲菲出生。

1989年1月29日　国际业余田联理事会通过限制南非运动员参加国际比赛规定。南非出生的运动员必须先放弃南非国籍，两年后才能代表居住国参加国际比赛。

1999年1月29日　为防止在世界杯申办过程中出现类似盐湖城冬奥会和悉尼奥运会申办中的贿赂丑闻，国际足联向2006年世界杯申办国发出了“世界杯申办准则”。

1999年1月29日　山东荣成中国航协与韩国社会体育振兴会共同组织的热气球飞越黄海活动拉开帷幕，31日结束。我国运动员刘翔、吴健首次飞越黄海成功，空中飞行7小时42分钟，飞行距离629公里。这是我国运动员驾驶热气球首次跨黄海飞行，创造了我国热气球飞行时间和飞行距离之最。

2000年1月29日　达文波特（Lindsay Davenport，1976.6.8— ）决赛战胜瑞士名将辛吉斯（Martina Hingis，1980.9.30— ）捧得澳网女单冠军。

2000年1月29日　澳大利亚新南威尔士州的塔姆沃斯创纪录的6275人一同表演了乡村舞。他们采用的舞曲是布鲁克斯和杜恩创作的《快靴爵士》的扩充版本，时间长达6分28秒。

2002年1月29日　首届中国篮球十大新闻评选揭晓。2001年中国篮球十大新闻如下：1.八一队击败上海队第六次蝉联CBA全国男篮甲A联赛总冠军；2.王治郅以亚洲第一人身份登陆NBA美国职业篮球联赛；3.第一支中国台北代表队新浪狮队加入CBA联赛；4.中国男篮在大运会上击败美国队获得银牌；5.巴特尔赴NBA丹佛掘金队试训并参加2001年NBA季前赛；6.中国男篮卫冕亚锦赛重获世锦赛入场券；7.中国女篮在亚锦赛上击败韩国队重夺亚洲冠军；8. CBA推广权之争一波三折，中国篮协尝试自行经营；9.马健因合同纠纷无缘CBA新赛季；10.王治郅二度征战NBA与乔丹同场竞技。

2002年1月29日　哈尔滨正式向国际奥委会申请举办2010年冬季奥运会。

2002年1月29日　全国人大常委会委员吴长淑等12名全国人大代表联名上书全国人大常委会，要求北京市高级人民法院受理长春亚泰足球俱乐部对中国足协提起的行政诉讼。

2002年1月29日　美国内华达州体育委员会五人仲裁小组以四票对一票的表决结果，拒绝向前拳王迈克·泰森发放拳击执照，从而使原定于4月6日泰森同刘易斯在赌城拉斯韦加斯的拳王争夺战必须另觅他处进行。

2002年1月29日　李昌镐签约浙江新湖围棋俱乐部。

2003年1月29日　沈阳57岁“的哥”赵光在11时32分到15时31分之间用右手拇指连续旋转一个标准篮球长达3小时59分，创下单指转篮球时间最长的纪录。

2003年1月29日　宣武人民法院一审判决龚建平被判处有期徒刑十年。

2004年1月29日　韩国2003年围棋大奖在汉城揭晓，李昌镐当选最优秀棋手。

2005年1月29日　2007年上海世界特殊奥林匹克运动会组织委员会正式成立，并在上海举行组委会第一次全体会议。

2009年1月29日　美国正式宣布将同时申办2018年和2022年世界杯。

2009年1月29日　葡萄牙甲级联赛的欧汉尼斯队（Olhanense）官方网站宣布，球队签下了来自中国成都谢菲联俱乐部的小将姜骁宇。

2010年1月29日　美国女足联盟（WPS）宣布：因赞助商放弃投资足球，全美最具竞争力的洛杉矶太阳队（Los Angeles Sol）不得不解散。洛杉矶太阳队成立于2008年10月26日，解散前一赛季曾拥有连续4届世界足球小姐玛塔、美国队长博克斯、中国国脚韩端以及日本国脚宫间绫。受全球金融风暴的影响，俱乐部的大股东AEG集团在2009年11月份开始公开出售自己的股份，俱乐部随后被迫托管给WPS，但后者未能找到下家。

2010年1月29日　中国加入国际冰上曲棍球联合会。

2011年1月29日　在2011年澳大利亚网球公开赛女单决赛中，中国球员李娜经过2小时5分钟的鏖战，在6：3赢下首盘的形势下，被比利时名将克里斯特尔斯（Kim Clijsters，1983.6.8—　）以两个6：3逆转，屈居亚军，但李娜已经创造亚洲球员大满贯单打最好成绩。同年李娜获得法网冠军，刷新了自己创造的纪录。

2011年1月29日　法体育部长宣布永久除名曼联铁闸埃弗拉，并称其让法国蒙羞。2010年夏天的南非世界杯赛上，法国队阿内尔卡、埃弗拉、里贝里、图拉朗、阿比达尔等球员因与主教练多梅内克的矛盾而上演了一出“罢训闹剧”，作为队长的埃弗拉被认为是主要策划人。

1/30 Jan

1820年

英国人布兰斯菲尔德发现南极洲

英国皇家海军爱德华·布兰斯菲尔德（Edward Bransfield）被很多人认为是第一个发现南极洲大陆的人。

爱德华·布兰斯菲尔德 1785 年出生在爱尔兰，据说他是在一个受尊重的天主教家庭里生活。1803 年 6 月 2 日，布兰斯菲尔德加入了皇家海军，那年他 18 岁。

后来，英国人称，皇家海军的布兰斯菲尔德在 1820 年 1 月 30 日，就发现了从南极大陆西北岸延伸出来的被称为帕尔默半岛（Palmer Land）的那块土地，他们称之为格雷厄姆地。到 1964 年，英语系国家才同意以南极半岛为名，而其北部称为格雷厄姆地，南部称为帕尔默地。当时的许多历史学家也同意，布兰斯菲尔德曾在南瑟德兰群岛（South Shetland Islands）和大陆之间的海峡中航行，并发现后来被美国探险家帕尔默看到的岛屿。除了帕尔默和布兰斯菲尔德外，法国人迪尔维尔差不多也在那个时候来到了南极洲，所以，谁最先发现了南极洲直到今天还没有一个权威的说法。

1852 年 10 月 31 日，爱德华·布兰斯菲尔德于英国布莱顿去世，享年 67 岁。

1937年

苏联国际象棋明星，国际象棋特级大师斯帕斯基出生

苏联国际象棋明星鲍里斯·瓦西里耶维奇·斯帕斯基（Boris Spassky），1937 年 1 月 30 日生于列宁格勒（1991 年复称圣彼得堡）。

斯帕斯基从小喜欢下棋，并显示出惊人的天赋，11 岁成为一级棋手，13 岁就成为了候补大师，16 岁成为国际大师。1955 年斯帕斯基一举夺得世青赛冠军后，又参加了世界冠军区际赛。1956 年便成为当时世界上最年轻的国际象棋特级大师。

1965 年，斯帕斯基在候选人三阶梯的系列对抗赛中，先后连挫凯列斯、盖列尔和塔尔三员名将，成为世界冠军的挑战者。1966 年，斯帕斯基在圣塔莫尼卡国际联赛中夺魁，排名在著名棋手菲舍尔、拉尔森、彼得罗相、列舍夫斯基等人之前。在取得这两个最耀眼的成就之后，他向

彼得罗相挑战冠军王座，但未能遂愿。1969年，在莫斯科露天剧场举行的世界冠军对抗赛中，两人再度重逢，结果斯帕斯基以12.5∶10.5的比分战胜对手，终于登上了国际象棋的最巅峰，成为国际象棋史上的第十位世界冠军。

1972年，在冰岛雷克雅未克举办的冠军赛中，斯帕斯基接受美国国际象棋明星鲍比·菲舍尔的挑战，结果卫冕失败，世界冠军头衔仅保留了三年。由于此时他在国内的声誉已被新秀卡尔波夫所替代，在1973年第三次获得苏联冠军称号后，斯帕斯基就开始淡出棋坛。

1976年斯帕斯基结婚后随妻子移居法国，并于1980年正式加入法国国籍，开始代表法国参加国际象棋奥林匹克赛。从1984年起，他淡出棋坛，只是教孩子下棋。

在国际棋坛上，斯帕斯基素有“无风格棋手”之称。他适应各种弈法，在风格上没有明显的特征，斯帕斯基是进攻型棋手，善于寻求战术组合的可能性，常有惊人妙着，正是这一点使他成为苏联国际象棋学派中一个极有影响力的代表人物。

1948年

第五届冬季奥林匹克运动会在瑞士的圣莫里茨开幕

1948年1月30日，第五届冬季奥林匹克运动会在瑞士的圣莫里茨开幕，自1928年过去20年后又主办了冬奥会，成为第一个主办两届冬季奥运会的城市。值得一提的是这届冬奥会成为冬奥会历史上首次出现两个国家并列金牌榜榜首的局面。28个国家和地区的713名运动员参加了这届比赛，其中女运动员77名。

这是因第二次世界大战而中断两届后举办的首届冬奥会，二战战败国德国和日本未被允许参加。这届冬奥会共设22枚金牌，新增了高山滑雪小回转和速降两个项目。结果，北欧双雄瑞典和挪威同获四金三银四铜并列奖牌榜第一；瑞士获三金四银二铜列奖牌榜第三；美国、法国、加拿大分列四、五、六名。

圣莫里茨冬季奥运会于2月8日正式闭幕。因这届奥运会未兴建奥运村，参赛选手都住在临近赛场的旅馆内，故有人戏称这次大会为“旅馆奥运会”。

1948年

国际奥委会第四十二届全会确定奥林匹克纪念日

1948 年 1 月 30 日，第五届冬季奥运会进行期间，国际奥委会于圣莫里茨召开第四十二届全会，决定此后在每年 6 月 23 日举行世界性庆祝活动，以纪念国际奥委会诞生，宣传奥林匹克理想，推动大众体育的开展。纪念日的宗旨是鼓励世界上所有的人，不分性别、年龄或体育技能的高低，都能参与到体育活动中来。

1894 年 6 月 23 日，国际奥委会在巴黎正式成立，为了纪念这一具有历史意义的日子，经过国际奥林匹克委员会的赞同，把这一日称为“奥林匹克日”或“运动日”。此后，在每年的 6 月 17 至 24 日之间，各个国家或地区奥委会都要组织各种庆祝活动。

现代奥林匹克运动会不分种族、肤色、宗教信仰、意识形态、语言文化，全世界人民相聚在五环旗下，以团结、和平与友谊为宗旨进行公平竞技，具有国际性的特点。

1971年

巴塞罗那奥运会女子 100 米蝶泳金牌得主钱红出生

1971 年 1 月 30 日，1992 年巴塞罗那奥运会女子 100 米蝶泳金牌得主钱红出生于河北保定。她从小进入河北省游泳馆体校接受训练，在 1986 年汉城第十届亚运会游泳比赛中，以 1 分 01 秒 36 的成绩获 100 米蝶泳金牌，并获 4×100 米自由泳接力金牌和 4×100 米混合泳接力银牌。1987 年在美国游泳公开赛上，钱红以 1 分 00 秒 05 的成绩获 100 米蝶泳冠军，列当年世界第四名，开始成为世界级选手。

1988 年钱红参加汉城第二十四届奥运会，以 59 秒 52 夺得铜牌；她也是中国女子 100 米蝶泳第一个突破 1 分钟大关的运动员。1991 年在帕斯第六届世界游泳锦标赛上，她获得 100 米蝶泳金牌以及 50 米蝶泳（表演项目）第一的好成绩。

1992 年巴塞罗那奥运会是钱红夺得奥运金牌的最后机会，当 100 米蝶泳决赛进行到最后 30 米的时候，钱红仍落后于两名选手，她便做出了一个极为大胆的决定，以减少抬头换气来争取时间，改为五次划水换一次气。这种行为，在所有蝶泳运动员当中没有人做过，她会因为快速游动而缺氧，很快变得全身无力，非常危险，但钱红赌成了，最后夺得了冠军。

1993 年钱红退役，成为商界女强人，创办一家游泳俱乐部，代理一家国际著名泳装品牌。

1981年

保加利亚著名足球运动员季米塔·贝尔巴托夫出生

1981 年 1 月 30 日，季米塔·贝尔巴托夫（Dimitar Berbatov，保加利亚语：Димитър Иванов Бербатов）出生于保加利亚与南斯拉夫接壤的布拉戈耶夫格勒，这在保加利亚国内

属于偏远地区。贝尔巴托夫出身于运动世家，祖父年轻时曾经踢过球；父亲也曾经是一名左后卫，和贝尔巴托夫一样效力过皮林队和索菲亚中央陆军；母亲玛格莉塔则是一名女子手球运动员，因此他有着极好的运动基因。

贝尔巴托夫在索菲亚中央陆军的首个职业赛季始于1998—1999，他在27场比赛中攻入14个球，并夺得了保加利亚杯。1999年，18岁的贝尔巴托夫入选国家队，出战对希腊的友谊赛。从那时开始，他就取代斯托伊奇科夫成为了保加利亚队主力射手。在2000年2月与智利的友谊赛中他打入了代表国家队的第一粒进球。

2001年1月，勒沃库森队将他引进。在2001—2002赛季中勒沃库森获得了三亚王。在对皇马的冠军杯决赛中，贝尔巴托夫曾替补登场，但未能挽救球队命运。那一年他在41场比赛中打进了14球。

2004—2006这两个赛季里，他贡献了稳定的进球率，两个赛季联赛进球都超过了20个。2006年热刺以1600万欧元将他引进，他为球队夺得了2008年英格兰联赛杯。之后曼联以3075万英镑曼联史上最高转会费将他买进。在曼联期间，他获得了两次英超冠军，一次联赛杯冠军和一次世界俱乐部杯冠军。

2012年8月底，在曼联已打不上主力的贝尔巴托夫加盟富勒姆队。

他一共获得了7次保加利亚足球先生称号。从1999到2010年他为保加利亚队出战79场国际比赛，打进了48球，进球数和20世纪70年代的传奇射手博涅夫持平，但进球率更高，成为保加利亚第一人。

1999年

第四届亚洲冬季运动会在韩国北部的江源道省开幕

第四届亚洲冬季运动会于1999年1月30日至2月6日在韩国北部的江源道省举行。从这届比赛开始，亚冬会被安排在了冬奥会的后一年举行，这一安排无疑更加贴近奥运，也标志着亚洲冬季运动会的逐步成熟化和规范化。

一共有21个国家和地区的798名运动员参加了本届亚冬会。其中孟加拉国、新加坡、尼泊尔、菲律宾、斯里兰卡和越南仅派出官员出席本届亚冬会。

江原道亚洲冬季运动会设立7大项43小项，跳台滑雪没有成为本届亚冬会的比赛项目，而高山滑雪则增加了2个小项。本届亚冬会的7个大项是：高山滑雪、越野滑雪、冬季两项、冰球、花样滑冰、速度滑冰和短道速滑。

在江源道亚冬会的比赛中，中国代表团以15金10银11铜的成绩连续第二次称雄亚洲，东道主韩国队则以11枚金牌升至第二位，哈萨克斯坦和日本分列三、四名。乌兹别克斯坦代表团也收获了1枚金牌和3枚奖牌。

2004年

IFFHS评世界年度最佳教练，桑蒂尼、比安奇双双当选

雅克·桑蒂尼

2004年1月30日，IFFHS评选的2003年度最佳国家队主教练与俱乐部队主教练新鲜出炉，法国队主帅桑蒂尼（Jacques Santini）和博卡青年队主帅比安奇（Carlos Bianchi）分别当选。尽管捷克国家队和AC米兰队在过去一年中表现同样出色，但捷克人布吕克纳（Karel BRUCKNER）和AC米兰主帅安切洛蒂（Carlo Ancelott）都只能屈居次席。

由于法国国家队在近年来的优异表现，他们的主帅也成为了年度最佳国家队主教练的常客，继雅凯（1998年）和勒梅尔（2000年）之后，桑蒂尼成为第三个夺得这一奖项的法国人。捷克主帅布吕克纳在票选中以13∶50屈居桑蒂尼之下位列次席，位列第三的是英格兰国家队主帅埃里克森。

卡洛斯·比安奇

相比最佳国家队教练的激烈竞争，最佳俱乐部教练这一头衔理所应当地成为了博卡主帅比安奇的囊中之物。在过去的一年中，博卡青年队几乎染指了所有的冠军头衔，特别是丰田杯对AC米兰的胜利，也让比安奇压过安切洛蒂一头，以173∶117成为最后赢家。里皮、弗格森和温格分别位列第三至第五。

2006年

浅田真央无缘冬奥会，获日本年度最佳运动员

浅田真央

2006年1月30日，日本15岁小将浅田真央（Asada Mao，あさだまお,）获得日本国外体育记者联盟评选的年度最佳运动员称号。

浅田真央1990年9月25日出生，1995年开始练习滑冰。获2004—2005赛季大奖赛总决赛青年组女单冠军，世青赛冠军，成年组中国杯第二名，巴黎站冠军。2006年她因为未满16岁没有获得参加都灵冬奥会的资格，但她在同年摘得了成年组花滑大奖赛总决赛冠军和世青赛亚军。她在2007年首次获得日本成年组全国冠军并获得大奖赛总决赛亚军和世锦赛亚军，2008年在哥德堡举行的世界花样滑冰锦标赛中获得女单冠军。在2008—2009赛季大奖赛总决赛中突破历史，在自由滑中完成了两个三周半跳，其中一个为连跳。在2009年世界花滑团体赛短节目中，浅田真央

创造性地将阿克塞尔三周跳（即三周半跳）这一高难跳跃放在其中，并且凭借高难度和完美发挥赢得个人职业生涯短节目最高分 75.84（技术分 44.40，节目内容分 31.44），总成绩突破了 200 分大关。2010 年温哥华冬奥会上，浅田真央完成了 3 个阿克塞尔 3 周跳，获得亚军。在当年 3 月举行的世锦赛上，浅田真央凭借出色的发挥，再次获得世锦赛桂冠。

浅田真央是亚洲第一个两次夺得花滑世锦赛桂冠的女子单人滑运动员。2010 年获得温哥华奥运会亚军，并成功地在比赛中完成了三个完美的阿克塞尔三周半跳，该项成绩也被记录在世界吉尼斯大全中。2012 年 2 月 12 日，在四大洲花样滑冰锦标赛女单自由滑中，她得到了 124.37 的自由滑成绩（技术分 62.95，节目内容分 61.42），技术分和节目内容分均不敌瓦格纳，总分 188.62 分屈居亚军。

2007年

2006 年度意甲奥斯卡奖揭晓，卡纳瓦罗独揽三项大奖

2007 年 1 月 30 日，意甲球员联盟公布了 2006 年度意甲奥斯卡奖各个奖项的获奖得主。意大利国家队队长，主力中卫卡纳瓦罗（Fabio Cannavaro）获得最佳运动员、最佳本土球员、最佳后卫三项荣誉。

意甲奥斯卡奖是由意大利球员联盟投票选举得出的。值得注意的是，卡纳瓦罗已经是连续第三个月获得最佳奖项了，11 月份，这位皇马后卫力压前尤文图斯队友布冯荣膺了欧洲金球奖，12 月他获得了世界足球先生，成为第一位以后卫身份获得这项荣誉的球员。另外，卡纳瓦罗的三名意大利队友也在颁奖仪式上获得了其余奖项。

尤文图斯的门将布冯获得了最佳守门员的称号，佛罗伦萨的前锋托尼则捧得了最佳射手奖项，罗马年仅 23 岁的中场球员德罗西荣膺了最佳新人。

其他获奖的球员还包括：AC 米兰的卡卡与卡利亚里的洪都拉斯外援苏亚佐共同分享了最佳外籍球员称号，罗马主教练斯帕莱蒂获得了最佳教练这一荣誉。

2007年

英格兰年度先生评选揭晓，世界杯强人力压杰拉德

2007 年 1 月 30 日，英足总官方主办的 2006 年英格兰最佳球员的评选结果揭晓，效力拜仁慕尼黑的中场大将哈格里夫斯（Owen Lee Hargreaves，1981.1.20— ）不出意料当选，这也是他第二次获得类似的荣誉。

世界杯后，英国球迷评选出了“英格兰队表现最佳选手”，当选者就是哈格里夫斯，本次英足总的 2006 年英格兰最佳也是由球迷票选的，哈格里夫斯成为双料先生。一个效力于国外俱乐部的队员能获得英格兰本土球迷的如此支持，可见他在世界杯上的发挥是

欧文 · 李 · 哈格里夫斯

杰拉德

彼得·克劳奇

多么出色。

哈格里夫斯能够当选，和他在德国世界杯上的表现紧密相关，作为防守型中场，他的跑动、拦截和拼抢十分出色，覆盖面大，抢了另几名中场大将贝克汉姆、杰拉德和兰帕德的风头，被认为是英格兰队发挥最好的选手。

在评选中，哈格里夫斯获得了 29% 的选票，排在第二位的是利物浦的中场杰拉德，得票率是 18%，第三位也是利物浦球员，高中锋克劳奇获得了 15% 的选票。

之前 2003 年的得奖者是贝克汉姆，2004 和 2005 年则是兰帕德连续当选，哈格里夫斯成为了第三位获此荣誉的球员。

2009年

65 岁日本老人开始连续 52 天每天跑一个马拉松

2009 年 1 月 30 日，65 岁日本老人楠田昭德开始了他每一天跑一个马拉松的行程，经过 52 天不间断地长跑，在 2009 年 3 月 22 日的东京马拉松比赛中，楠田昭德创下一项新的吉尼斯世界纪录——连续 52 天，每天跑完一个马拉松。

马拉松全程距离为 42.195 公里。当年 65 岁的楠田昭德是体育发烧友，2008 年，他从新闻中得知，48 岁的意大利人恩佐连续 51 天每天完成一个全程马拉松，于是产生了“虽然不是什么正经的纪录，但说不定自己也能做到”的想法，并开始加紧锻炼，希望能够创造新的纪录。在计算好了能够在 2009 年的东京马拉松比赛上破纪录之后，楠田昭德在 1 月 30 日正式开始了他的马拉松之路。他选择了自家附近的公园作为跑步地点，在这个公园里有一处约 920 米一圈的跑道，楠田昭德每天早上 7 时开始就要绕着这里跑上 45 圈。约有 120 名同伴为楠田提供记录和测量等支持，因此在结束了东京马拉松之后，楠田昭德已经向英国吉尼斯总部提交了申请报告。

2009年

霍克尔飞过 6 米 01，成为男子撑杆跳越过 6 米大关第四人

2009 年 1 月 30 日，在米尔罗斯运动会上，奥运会男子撑杆跳高冠军、澳大利亚选手霍克尔（Steve Hooker）以 6 米 01 的成绩夺冠，这也是近七年来男子室内撑杆跳高最好成绩，同时霍克尔也成为室内撑杆跳高越过 6 米大关的第四人。

在越过 6 米 01 之后，26 岁的霍克尔开始冲击布勃

卡 1993 年创造的男子室内撑杆跳高 6 米 15 的世界纪录，但三次都未能越过 6 米 16。

1982 年 7 月 16 日，霍克尔生于墨尔本，身高 1 米 87，2000 年在世青赛上获得了第四名，开始崭露头角。2006 年获得雅典世界杯男子撑杆跳高冠军，2008 年以创奥运会纪录的 5 米 96 获得了北京奥运会男子撑杆跳高金牌，这是 40 年来澳大利亚首位获得男子田径金牌的选手。2009 年他以 5 米 90 在柏林世锦赛再夺冠军，成为那个时代最优秀的男子撑杆跳高运动员，他个人的最好成绩是 6 米 06，仅次于传奇人物布勒卡。

2009年

前迈凯伦车队老板泰迪·梅耶逝世

泰迪·梅耶

2009 年 1 月 30 日，前迈凯伦车队老板泰迪·梅耶（Teddy Mayer）逝世，享年 74 岁。20 世纪 70 年代，他曾经率领埃姆森·费蒂帕尔迪和詹姆斯·亨特为车队赢得世界冠军。

1935 年 9 月 8 日出生于宾夕法尼亚的斯克兰，就读于耶鲁大学，并在康奈尔大学学习法律，于 1962 年毕业。在康奈尔大学期间，他与哥哥蒂米和好友皮特·里弗森一起组建了一支低级别方程式车队。1963 年，梅耶和里弗森到欧洲参加低级别方程式比赛，随后的一年中，梅耶帮助布鲁斯·迈凯伦建立了迈凯伦车队。

1970 年，迈凯伦在车赛中丧生，梅耶临危受命，接管了车队。在他的率领下，巴西人费蒂·帕尔迪在 1974 年为车队拿到了第一个世界冠军，1976 年，英国人亨特再次实现夺冠伟业。同一年，迈凯伦车队的约翰尼·卢瑟福还获得了印第安纳波利斯 500 赛事的冠军。

1974 年，迈凯伦车队获得了第一个车队冠军，这也是他们 8 个车队总冠军的第一个。

梅耶直到 1982 年，才卖出了车队股份，与泰勒·亚历山德罗一起建立了梅耶车队，参加 1984 年的 CART（Championship Automobile Racing Teams，优胜赛车队）车赛。随后他以副总裁的身份加入了 Penske 车队，并担任车队的常务主席。直到 2007 年他一直担任着车队的顾问。

2009年

前国手唐娜夺韩国年度最佳，蝉联韩国 2008 锦标赛双冠王

2009 年 1 月 30 日，加入韩国国籍的前中国女子乒乓球选手唐汭序（28 岁，原中国名为“唐娜”），当选 2008 年韩国最佳运动员。

唐汭序

唐娜 1980 年 4 月 27 日出生在长春市，从 7 岁开始练习乒乓球，13 岁进入国家青年队，1996 年夺得全国青少年锦标赛冠军，当时获得男单冠军的是马琳。1999 年在一次国家队内升降比赛中，唐娜被淘汰到了二队。1999 年她离开国家队，回到吉林省。2000 年赴韩国大韩航空队打球，其间回国参加过十运会和乒超等赛事。

2006年6月唐娜结婚，2007年10月加入韩国国籍。在2008年1月20日世界锦标赛的韩国代表队选拔赛上，唐娜获得第一名。当月她获得综合锦标赛双冠王（单打和团体），并在国家队最后选拔赛中，以十战全胜的骄人战绩获得了代表韩国出征广州世乒赛的机会。

在2008北京奥运会上，她随韩国队夺得了乒乓球女团铜牌。

2011年

第七届亚洲冬季运动会在哈萨克斯坦首都阿斯塔纳开幕

2011年1月30日，第七届亚洲冬季运动会在哈萨克斯坦首都阿斯塔纳大型体育场“阿斯塔纳大舞台”拉开帷幕。首次承办亚冬会的哈萨克斯坦向世人献上了精彩纷呈的开幕式表演。

18岁的短道速滑小将梁文豪是中国代表队的旗手。有“哈萨克斯坦的麦当娜”之称的美女巴耶娃等哈萨克斯坦演唱家以及著名的比利时歌手劳拉·法比安、曾获得格莱美奖的韩国歌手朴希彬，在开幕式上为观众奉献了精彩的演出。国际奥委会主席罗格、英国首相布莱尔以及吉尔吉斯斯坦总统奥通巴耶娃等作为贵宾出席了开幕式。

哈萨克斯坦是亚洲除日、中、韩外第一个举办亚冬会的国家。阿斯塔纳—阿拉木图亚洲冬季运动会设11个大项69个小项比赛。

2010年哈萨克斯坦政府投资335亿坚戈（1美元约合147坚戈）用于举办2011年亚洲冬季运动会以及相关活动。全部预算超过10亿美元。

2012年

阿扎伦卡比肩女金刚，成史上第二十一位第一

2012年1月30日，在澳大利亚网球公开赛中刚刚获得职业生涯首座大满贯奖杯后，维多利亚·阿扎伦卡（Victoria Azarenka，1989.7.31— ）成为WTA的新科世界第一。

在本届澳网比赛中，共有6位选手进入了争夺WTA世界第一宝座的激烈竞争，其中包括阿扎伦卡和她的决赛对手俄罗斯球员莎拉波娃。在击败莎拉波娃后，阿扎伦卡不仅夺得了职业生涯的首座大满贯冠军，也首次荣升WTA世界第一。阿扎伦卡是历史上第三位携大满贯单打冠军奖杯晋升世界第一的球员，第一位是在1978年夺得温网冠军的玛蒂娜·纳芙拉蒂诺娃，第二位是在2008年夺得法网冠军的安娜·伊万诺维奇。

22岁的阿扎伦卡是第二十一位登顶WTA世界第一宝座的球员，也是首位成为女子网坛

单打世界第一的白俄罗斯人。阿扎伦卡的此次胜利使她成功取代了现世界第一沃兹尼亚奇。沃兹尼亚奇在2010年10月11日登顶世界第一，在过去的68周中共有67周稳坐世界第一宝座。

阿扎伦卡在2011赛季获得了55胜17负的优秀成绩，迎来了职业生涯的突破。她在索尼爱立信公开赛（迈阿密），安达卢西亚网球体验赛（马尔贝拉）和卢森堡BGL巴黎银行公开赛中赢得冠军，并在WTA年终总决赛（伊斯坦布尔）和穆图阿保险公司马德里公开赛（马德里）中获得亚军，两次决赛皆负于佩特拉·科维托娃。她在温网中首次闯入大满贯赛事半决赛，并赢得了两项赛事的双打冠军。阿扎伦卡在2011年的世界排名由年初的第十位跃升至年终第三位，创造了白俄罗斯选手取得的最佳成绩。

1月30日备忘录

1964年1月30日	中华全国体总第四届全车代表大会在北京举行，选举马约翰（1882—1966，著名体育家）为主席。
1967年1月30日	美国著名拳击手“大西洋城快车”布鲁斯·塞尔登出生。
1992年1月30日	中国队在奥运会足球预选赛出战韩国队，仅仅9分钟便被韩国队连下三城，最终失去进军巴塞罗那奥运会的资格。国内足坛称之为“黑色九分钟”。
1994年1月30日	凯尔特人队为凯文·麦克海尔（Kevin Mchale）穿了13个赛季的32号球衣举行了退役仪式。凯文·麦克海尔1957年12月19日生于美国明尼苏达，被誉为是NBA史上最佳的白人大前锋，并与罗伯特·帕里什（Robert Parish）和“大鸟”拉里·伯德（Larry Bird）组成堪称史上最佳的锋线组合，为球队奠下80年代的强队基础。
1999年1月30日	中国和韩国7名热气球飞行员从山东荣成分乘两个热气球成功飞越黄海，这也是中国热气球选手首次尝试长距离越海飞行。
1999年1月30日	在罗马尼亚的布加勒斯特，罗马尼亚的克劳迪娅·约万创造了女子室内3000米竞走11分40秒33的世界纪录。
2001年1月30日	在瑞典斯德哥尔摩的吉尼斯纪录电视现场拍摄地，卡罗伊·唐纳特（匈牙利）手中持有3把链锯进行杂耍表演,3把链锯在空中旋转了12次（投掷36次）。
2004年1月30日	NBA官方正式公布了2004年度的全明星投票结果和首发阵容，姚明以1484531（1241347张网上投票和243184张手工投票）票力压洛杉矶湖人队的“大鲨鱼”奥尼尔的1453286票，连续第二年当选NBA全明星赛的西部首发中锋。

2004年1月30日 U23四国锦标赛中国对阵摩洛哥的比赛在桂林市体育中心进行，中国国奥队凭借上半场高明、杜威、曹明的进球，最终以3∶1的比分战胜对手，获得了本届四国赛的第二场胜利。

2005年1月30日 双冠王鲁能泰山俱乐部集体荣获一等功，山东省政府重奖2800万元以资鼓励。

2006年1月30日 保加利亚索非亚奥申委正式对外公布了索非亚申办2014年第二十二届冬季奥林匹克运动会的申办标志。

2006年1月30日 意大利政府和国际奥委会终于在都灵冬奥会开幕前10天就赛会的反兴奋剂工作达成妥协。按照意大利法律，如果运动员被发现使用兴奋剂将面临刑事处罚。而按照国际奥委会的反兴奋剂条例，使用兴奋剂的运动员将被取消资格和名次甚至禁赛，但不会承担刑事责任。经过长达数月的谈判，国际奥委会最终让步，同意依照意大利法律来处理运动员使用兴奋剂事件。

2006年1月30日 奥斯卡金像奖提名揭晓，继2005年《百万美元宝贝》获得7项提名之后，体育题材电影再次显示出不俗实力，共有《慕尼黑》、《铁拳男人》和《赛末点》3部影片入围8个奖项的提名，其中著名导演斯皮尔伯格导演的以1972年慕尼黑奥运会惨案为题材的《慕尼黑》获得了最佳影片、最佳导演、最佳配乐、最佳改编剧本和最佳剪辑5项提名。

2007年1月30日 14名中国聋人运动员前往美国盐湖城，参加将于2月1至10日在那里举行的第十六届冬季聋奥会。这是中国首次派选手参加冬季聋奥会。

2009年1月30日 欧足联正式宣布，伦敦温布利大球场和慕尼黑安联竞技场将成为2011和2012年的欧冠决赛场地。都柏林的兰斯当路球场与布加勒斯特的国家体育场将承办欧联杯决赛。

2010年1月30日 非洲足联对在本届非洲国家杯比赛前退出的多哥国家队开出罚单：禁止多哥参加未来两届非洲国家杯的比赛，并且处以多哥足协5万美元的罚款。

2010年1月30日 英国天空电视台在专门制作的3D频道，首次用3D（three-dimensional）技术向广大英国球迷直播阿森纳和曼联的比赛。这在体育运动转播的历史上，无疑具有颠覆性的意义。3D直播将需要更加高深的三维数据与信号传输技术。

2011年1月30日 高原冰冻极寒挑战赛在青海湖畔完成最后决赛，陈可财凭借超人的毅力创造了60分钟的高原抗冻纪录。

2011年1月30日 亚洲杯决赛，日本队以1∶0战胜澳大利亚队，第四次夺得亚洲杯，获得参加巴西联合会杯的资格。日本队超越传统劲旅沙特队和伊朗队，成为捧起亚洲杯次数最多的球队。

1900年

现代拳击规则的担保者昆斯伯里侯爵九世约翰·S·道格拉斯逝世

1900 年 1 月 31 日，现代拳击规则的担保者和出版商昆斯伯里侯爵 9 世约翰·S·道格拉斯（John Douglas，9th Marquess of Queensberry）去世，他于 1844 年 7 月 20 日出生在意大利的佛罗伦萨，离世时 56 岁。

英国最早的拳击规则是 18 世纪三四十年代称霸英国拳坛的杰克·布劳顿于 1743 年制定的。到了 1838 年，在布劳顿最初的规则基础上，英国人制定颁布了《伦敦拳击锦标赛规则》，以用于拳击比赛。1853 年还对这一规则进行了修改。1865 年由威尔士人约翰·格雷厄姆·钱伯斯（1843.2.12—1883.3.4）将修改的拳击规则形成文字后，昆斯伯里侯爵九世约翰·S·道格拉斯担任了这个新规则推广的保证人和出版商，并命名为英国“昆斯伯里拳击规则”。在这个规则中，明确规定了参加拳击比赛者必须戴拳击手套，比赛的每个回合打满 3 分钟，回合之间休息 1 分钟；比赛中禁止发生搂抱和摔跤现象，否则被判为犯规；一方被打倒后开始数秒，如果 10 秒钟以内被打倒的人无法站起来，就判定对方胜利等内容。这个规则基本上形成了后来拳击比赛的竞赛框架，为促进拳击的发展指明了方向。

拳击在国际上分业余与职业两种比赛。奥运会举行的拳赛属于业余性质，职业拳手不得参加业余拳赛。一场业余拳击比赛设 5 个回合，每回合 2 分钟。拳击运动员的比赛按体重分级。1867 年英国采用了昆斯伯里拳击规则，比赛者要戴拳击手套进行比赛。1880 年业余拳击联合会在英国成立。1946 年国际业余拳击联合会成立。

1920年

美国职棒大联盟史上第一位黑人球员杰基·罗宾森出生

杰基·罗宾森（Jackie Robinson）1919 年 1 月 31 日出生，于 1972 年 10 月 24 日去世，杰基·罗宾森是美国职棒大联盟史上第一位非裔美国人（美国黑人）球员。

在 1947 年 4 月 15 日罗宾森穿着 42 号球衣以先发一垒手的身份代表布鲁克林道奇队上场比赛之前，黑人球员只被允许在黑人联盟打球。虽然美国种族隔离政策废除已久，但无所不在的种族偏见仍强烈左右着社会各个阶层，因此杰基·罗宾森踏上大联盟舞台的这段时日，被公认为近代美国民权运动最重要的事件之一。

杰基·罗宾森小时候，父亲遗弃家庭，母亲做工养育他们兄弟姊妹，到他得到奖学金进入加州大学就学后，展现了惊人的运动天赋，是该校唯一同时参与棒球、美式足球、篮球、田径的选手。

1945年10月23日，罗宾森正式与道奇队签约，利用待在小联盟的一年，努力加强其棒球技巧，以待登上大联盟。当布鲁克林道奇队的总经理布兰奇·瑞基与罗宾森签署契约并将其带入大联盟后，黑白球员分隔的棒球政策被永远改写。

这一年，罗宾森获得了该年度的新人王，并于1949年获得国家联盟的最有价值球员奖，且于1955年，和队友们一起打败了死对头纽约洋基队，赢得世界大赛。

1962年，杰基罗宾森被推荐进入棒球名人堂；1972年6月4日，道奇队将他的球衣42号退役，代表这件球衣与荣耀永远属于杰基罗宾森一个人的。罗宾森于同年10月逝世。

1951年

小查尔斯·布莱尔驾野马式飞机创造纽约至伦敦飞行纪录

1951年1月31日,来自纽约的飞行员小查尔斯·布莱尔（Charles F. Blair，Jr. 1909.7.19—1978.9.2）创造了从纽约到伦敦飞行7小时48分的新纪录。他驾驶自己改装的野马式战斗机以平均450英里的时速横穿大西洋，打破了他所在的泛美航空公司一架班机1950年9月创造的纪录。

布莱尔上午4点50分从纽约的艾德威尔德机场起飞，在飞行了5597公里后，于5点38分（格林尼治时间）到达伦敦。他原打算在7小时之内完成这次飞行，但是遇到逆风和结冰天气，减慢了飞行速度。

布莱尔说，这次飞行不是一次特技表演。他在37000英尺高空飞行，目的是要弄清急流到底是什么，那是在地球上空30000英尺以上才能遇见的高速风。各航空公司一直在想利用急流快速飞到欧洲，但是到当时为止他们对急流都很不了解。泛美公司说，它将以极大的兴趣研究布莱尔飞行的详细情况。

布莱尔19岁时就开始单独飞行，而他去世时则是由于一次因机械故障导致的空难，他的一生都在飞行。

1954年

足球运动发展初期的传奇人物维维安·伍德沃德离世

维维安·伍德沃德1879年6月3日出生，身高1米89，是一位足球运动发展初期的传奇人物，伍德沃德在切尔西达到职业生涯巅峰。率领英国队获得了1908年和1912年两届奥运

会冠军。

出生在伦敦的伍德沃德在克拉克顿城队开始了自己的足球生涯，1901 年转投托特纳姆，出战 132 场打进 63 球。1909 年加盟切尔西后，他在 106 场比赛中攻入了 30 球。1903 年，伍德沃德第一次代表英格兰队比赛，对手是爱尔兰，结果他打进 2 球帮助本队 4∶0 大胜，他总共为英格兰队出战 23 次，曾经在对奥地利和匈牙利的比赛中两次取得了大四喜，他总共为英格兰队打进了 29 粒入球。这个进球纪录直到四十多年后才被打破。此外，他还为英格兰业余队出战 30 场打进 44 球，其中在对荷兰队一战中打进了 6 球。

被报纸形容为“像瘦小的灰狗一样速度飞快”的伍德沃德通常被人们看做“足球绅士”，作为英国队队长的伍德沃德率领球队获得 1908 年伦敦和 1912 年斯德哥尔摩两届奥运会冠军，而这两次决赛的对手都是丹麦队。在 1908 年奥运会决赛中他还打进一球，为夺冠立下汗马功劳。在第一次世界大战中，晋升为上尉的伍德沃德一直在西线服役，1916 年受伤后退出足坛。

1970年

克罗地亚最成功的职业足球运动员之一博克西奇出生

1970 年 1 月 31 日，克罗地亚足球运动员博克西奇（Alen Boksic）出生于南斯拉夫的马卡尔斯卡（Makarska）。

1987 年，年仅 17 岁的博克西奇就首次代表斯普利特哈久克队参加了南斯拉夫的甲级联赛，并且迅速在队内赢得了稳定的主力位置。在 1989—1990 赛季博克西奇取得了辉煌的成功，他打进了 12 个联赛入球，南斯拉夫国家队的主教练奥西姆（Ivica Osim）将他招入了国家队，参加了 1990 年意大利世界杯的比赛，但年仅 20 岁的博克西奇并没有得到出场机会。

博克西奇在哈久克队取得的最大成功发生在 1991 年，他在南斯拉夫杯赛的决赛中射入制胜一球，帮助球队击败了贝尔格莱德红星队成为冠军。在为哈久克出战 174 场打进 60 球后，博克西奇离开了他的祖国，前往法国加盟了马赛队。

1992—1993 赛季，博克西奇以 23 个进球成为了法甲联赛的最佳射手，帮助球队赢得了联赛冠军（后因贿赂案发被取消），随后又在欧洲冠军杯中帮助马赛成为第一支夺得该项比赛冠军的法国球队，在当年欧洲金球奖评选中他名列第四。

之后他来到意甲闯荡，先后效力于拉齐奥和尤文图斯，夺得过两次意甲冠军（1997 年尤文图斯，2000 年拉齐奥）和末代欧洲优胜者杯（1999 年拉齐奥）。之后他前往英超效力于米德尔斯堡，他快速直接的球风令他经常受伤，特别是 1998 世界杯他因伤缺席，否则克罗地亚队将更加强大，或许能打进决赛。2002 年世界杯是博克西奇首次参加世界大赛，但当时他已过了巅峰期，伤病也让他在英超仅打了三个赛季就宣告退役。

1984年

世界田坛400米天才杰里米・马修・瓦里纳出生

1984年1月31日，田径运动员杰里米・马修・瓦里纳（Jeremy Mathew Wariner）出生在美国德克萨斯州达拉斯县艾尔文市。瓦里纳有着惊人的运动天赋，2002年，他在就读德克萨斯州阿灵顿的拉玛尔高等学校时，就是德州男子200米和400米双料冠军。

瓦里纳是继迈克尔・约翰逊之后美国最出色的田径400米运动员之一。在2004年雅典奥运会上获得了田径男子400米和4×400米接力的冠军，成为继1980年奥运会男子400米冠军维克多・马金之后，又一位获得该项目奥运会冠军的白人选手，并且在2005年的赫尔辛基田径世锦赛上再次夺冠；2007年大阪田径世锦赛他以43秒45再获400米冠军，43.45秒是他职业生涯的最佳成绩，也使他成为400米项目历史上跑得第三快的人，前两位分别是迈克尔・约翰逊（Michael Johnson）及雷诺兹（Butch Reynolds）。

2006年，瓦里纳赢得了由美国田径协会授予的最高奖项——杰斯・欧文斯奖（Jesse Owens），该奖专门对本年度表现杰出的美国运动员进行表彰。

1986年

奥运跳水冠军秦凯出生

1986年1月31日，秦凯出生在陕西省西安市。4岁时秦凯进入西安市体校接受体操训练，8岁时被选进省队接受专业跳水训练。秦凯很快在国内比赛中崭露头角，后因为稳定性等因素制约，他转型专攻跳板，也很快出了成绩。

1999年秦凯因右臂伤病休养很长一段时间，2000年开始转型训练周期更长的跳板。2006年第十五届世界杯跳水赛男子三米板的比赛中，秦凯以538.5分顺利夺冠。2007年，秦凯在三站大奖赛上获得单人和双人冠军，加上世锦赛的双冠王，秦凯成为中国跳水队三米板的领军人物。

2008年，秦凯在北京奥运会男子跳水双人三米跳板比赛中与王峰搭档获得冠军。

2012年，伦敦奥运会跳水比赛男子双人三米跳板决赛中，秦凯与罗玉通搭档，再次夺得金牌，成功卫冕。

1995年

罗马里奥当选1994年度世界足球先生

1994年是罗马里奥（Romario de Souza Faria，1966.1.29— ）足球生涯最为辉煌的一年，他

以西甲最佳射手的身份为巴塞罗那队获得联赛四连冠立下首功，特别是联赛主场5：0大胜皇家马德里一战，他上演了帽子戏法，成为巴萨历史上永恒的经典。此外他还随巴塞罗那队夺得了欧洲冠军杯亚军，1993—1994赛季堪称独狼俱乐部生涯战果最出色的一个赛季。

在国际足联组织的1994年世界足球先生评比中，罗马里奥获得346票，将世界杯金靴奖得主、俱乐部队友斯托伊奇科夫（Hristo Stoichkov，1966.2.8— ）远远甩在身后。但遗憾的是，当时欧洲金球奖得主还未对非欧洲籍球员开放，罗马里奥无缘参评。而在一年后这个规定就被修改，所有在欧洲踢球的球员都可参评，罗马里奥和马拉多纳一样，未能获得金球奖不是他们的不幸，而是金球奖本身的不幸。

1997年

威尔金斯成为NBA第六个得分总数超过26000分的球员

1997年1月31日，圣安东尼奥马刺队的多米尼克·威尔金斯（Jacques Dominique Wilkins，1960.1.12— ）在马刺队以95：97输给明尼苏达森林狼队的比赛当中砍下27分，使他的个人职业生涯得分总数达到了26009分，威尔金斯是第六个个人职业生涯得分总数超过26000分的NBA球员。在他之前达成此成绩的是贾巴尔、张伯伦、摩西·马龙、海耶斯和罗伯特森。

多米尼克·威尔金斯是NBA历史上最能震撼人心的球员之一。早在乔治亚大学就读期间开始，多米尼克·威尔金斯就用令人匪夷所思的表演征服了观众。从此，人们叫他“人类电影精华”。他的个人荣誉包括了1983年新秀第一阵容，7次进入NBA最佳阵容，以及连续9年入选全明星的经历。当然，最激动人心的还是那两座闪闪发光的扣篮大赛冠军奖杯。

他在NBA共参赛1074场，累计得分26668分，场均得分为24.8分，场均篮板6.7个，场均助攻为2.5次。

由于是出生在法国巴黎的缘故，他对欧洲充满好感。1995年夏天，出于对自己在凯尔特人的地位和待遇的不满，威尔金斯远赴欧洲，与希腊劲旅帕纳辛纳科斯签约。在为帕纳辛纳科斯效力的14场比赛里，他场均轰下20.9分，并摘下7.0个篮板，率球队一举夺得1996年的欧洲冠军。更值一提的是，在巴黎——他的出生地举行的欧洲四强赛中，威尔金斯第一次捧起了MVP奖杯。

1997—1998赛季他又在意大利博洛尼亚体系队（Teamsystem Bologna）效力，但已雄风不再。

2001年

范·尼斯特鲁伊再次当选荷兰足球先生

2001年1月31日，埃因霍温俱乐部前锋范·尼斯特鲁伊（Ruud van Nistelrooy，1976.7.1— ）

当选为 2000 年荷兰足球先生。这是他再次当选荷兰足球先生。本届评选投票者不是球迷、教练和记者，而是荷兰国内的足球运动员。

范尼是一位出色的前锋。1999 年在埃因霍温队的首个赛季，范尼就有出色表现，出场 34 次，攻入 31 球。2000 年在荷兰队 2：1 击败德国队的比赛中，范尼第十次代表国家队上场。在 3 月份与丹麦希尔克堡队的友谊赛中，范尼在一次倒勾射门时拉伤右膝韧带，为此缺阵数周，但当年仍为埃因霍温队攻入 29 球，成为荷兰联赛中首席射手。

2000 年 4 月 21 日，范尼与曼联俱乐部达成协议，以 1850 万英镑（2700 万美元）的身价转会，这个价格创造了英格兰纪录。但当时他在曼彻斯特未能通过体检，6 天后被“临时”召回荷兰。随后他又在训练中右膝受伤，为此缺阵 10 个月。

当选 1999—2000 赛季荷兰足球先生后，范尼重新恢复轻度训练。

除范尼外，球员们还评选出费耶诺德的波兰籍守门员杜德克（Jurek "Jerzy" Dudek）为最佳门将，海伦芬队（Heerenveen）为最佳球队，海伦芬队的主教练德汉（Foppe de Haan）为最佳教练。

2001年

车范根当选为韩国 20 世纪最佳球员

2001 年 1 月 31 日，前韩国国家队教练员车范根（Cha Bum-Kun，차범근，1953.5.22— ）当选为韩国 20 世纪最佳球员。这次评选是由韩国最著名的一家足球月刊《最佳十一人》组织评选的，车范根获得了超过半数的选票，荣幸当选。他所获得的票数比名列第二的当时国家队队长洪明甫几乎多了一倍。

车范根曾作为球员随韩国队参加过 1986 年墨西哥世界杯足球赛，1972—1986 年期间他为韩国队出战 121 场打进 55 球，至今保持着韩国国家队进球纪录。1998 年他又以教练身份带领韩国队参加了 1998 年法国世界杯赛，但在那届比赛中由于韩国队以 0：5 惨败于荷兰队，他旋即被解除了教练职务。随后他曾到中国执教过深圳平安队。

车范根也被认为是迄今为止最成功的亚洲输出外援之一，德国踢球者杂志将他评为 20 世纪 80 年代世界最佳球员之一。他在德国法兰克福队和拜尔勒沃库森队效力期间，帮助俱乐部分别于 1980 和 1988 年两次夺得了欧洲联盟杯冠军。他在德国期间，在 308 场比赛中射入 98 个球，一度是在德国踢球的外援中进球最多的球员。他球风端正，在德甲 10 年期间只拿过一张黄牌。

1999 年他被 IFFHS 评选为 20 世纪亚洲最佳球员。他在 1985—1986 赛季打进了 17 球，至今仍是亚洲球员在德甲的单赛季进球最高纪录，直到 1999 年为止他都是德甲外国球员入球纪录保持者。

2001年

美国奥委会为29年前被剥夺奥运会金牌的美国游泳运动员德蒙特洗清罪名

2001年1月31日，美国游泳运动员德蒙特（Rick DeMont，1956.4.21— ）的律师乌尔里希在亚利桑那宣布，美国奥委会将为29年前被终身禁赛的德蒙特恢复名誉。

在1972年慕尼黑奥运会上，当时16岁的德蒙特夺得400米自由泳冠军，但在赛后药检被查出尿样含有麻黄素，国际奥委会没收了他的金牌，并宣布对他实行终身禁赛的处分。

乌尔里希说，德蒙特在慕尼黑奥运会时因为患哮喘病，服用的药中含有麻黄素，他已经填报在医药表上，但是该报表没有呈报到国际奥委会医药委员会有关负责人手中。

如今德蒙特想要回他的金牌，但是决定权不在美国奥委会，只有国际奥委会才有资格给他恢复名誉。

44岁的德蒙特目前是亚利桑那大学的游泳助理教练。德蒙特的律师乌尔里希称，实际上，德蒙特比赛前已列出了他的药物清单，但该信息却没有被及时传递到奥运会有关当局。而美国奥委会的医生也没有告诉德蒙特，他所服用的药物中可能含有违禁成分。

2004年

德甲41年历史中第一位女主播孤独地处于男性世界

2004年1月31日，德甲经过冬歇期后重新开战，在德国电视一台的德甲转播中，第一次出现了一位女主播。18点11分，当时33岁的莫妮卡·里尔豪斯宣讲了她的开场白：“联赛终于又开始了，我向大家致以衷心的问候和热烈的欢迎。”德甲转播翻开了新的一页。她成为了德甲41年历史中第一位女主播。周六出版的《图片报》介绍了她的个人简历和第一个工作日的情况。

德国电视一台（ARD）为莫妮卡·里尔豪斯的出场制作了题为“孤独地处于男性世界“的大幅广告。

2005年

后继有人波波夫宣布退役，奥运四金世锦赛六冠永载史册

2005年1月31日，33岁的俄罗斯泳坛老将亚历山大·波波夫（Alexander Popov）在当

天召开的新闻发布会上正式宣布退出泳坛。这位曾叱咤泳坛的巨星职业生涯共夺得四枚奥运金牌。

亚历山大·波波夫1971年11月16日出生于伏尔加格勒，是90年代的短距离游泳之王。在1992年巴塞罗那奥运会上，21岁的波波夫包揽男子50米自由泳和100米自由泳两项桂冠。1994年，他创造了48秒21的100米自由泳世界纪录。1996年亚特兰大奥运会，波波夫再现辉煌，垄断了50米和100米自由泳赛事，成功卫冕，成为自1928年约翰尼之后首位卫冕100米自由泳奥运冠军的人。

然而，自1996年亚特兰大奥运会后，波波夫遭受了一连串意外的失败，被荷兰选手霍根班德（Pieter vanden Hoogenband）超越，俄罗斯天才在100米自由泳项目中长达一个年代的长期垄断地位宣告结束。

2000年悉尼奥运会，波波夫在男子100米决赛中不敌霍根班德，之后就再无缘奥运冠军。波波夫的游泳生涯可谓战功赫赫，奥运会上共夺得4金5银；世界锦标赛上夺得6金4银1铜；欧洲游泳锦标赛上共收获21金3银2铜。

1999年，波波夫被选为国际奥委会运动员委员会委员，退役后，他当选俄罗斯游泳协会第一副主席。

2007年

斯诺克马耳他杯亨德利第七百次破百

2007年1月31日，斯诺克马耳他杯赛上，台球皇帝亨德利5∶1胜米尔金斯晋级16强，并在第三局打出单杆127分，迎来职业生涯的第七百个百分杆。比赛中，米尔金斯先进入状态，在首局取得66∶4领先，亨德利因为台面分数不够，只得认输。此后，中袋王亨德利开始爆发，在第四局直接打出单杆127分，现场观众也被他的精彩表现折服，为他喝彩助威。

史蒂芬·亨德利（Stephen Hendry），1969年1月13日生于苏格兰爱丁堡，是一位职业斯诺克选手。亨德利被公认为历史上最好的斯诺克球员之一，在20世纪90年代他的竞技状态达到顶峰，在那个年代称霸斯诺克赛事。1990年，他首次登上世界职业锦标赛的冠军宝座，一举成为这项大赛历史上最年轻的冠军得主。在以后的7年里，他又5次夺冠，成为继史蒂夫·戴维斯之后又一位斯诺克传奇人物。而从1999年开始，由于年龄的增长，他的成绩开始下滑。

2012年斯诺克世锦赛1/4决赛以2∶13的大比分输给马奎尔之后，“台球皇帝”亨德利在自己的微博上宣布退役，结束了长达27年的职业生涯。

2009年

最多人一起打雪仗纪录在匈牙利诞生

2009年1月31日，匈牙利一家公司组织人们在首都布达佩斯的一个公园内集体打雪仗，他们希望打破美国密歇根理工大学在2006年创下的三千七百多名学生集体打雪仗的吉尼斯世界纪录。

2009年10月14日，宾夕法尼亚大学组织大学生打雪仗，共有5768人参与，这是目前的吉尼斯世界纪录。2010年1月22日，韩国组织了一次有5387人参加的打雪仗活动。

而在19世纪的美国内战期间，据称曾组织过超过9000名士兵参加了一次打雪仗游戏。

2009年

314分钟，澳网历史上一场比赛最长耗时的纪录诞生

2009年1月31日，澳网男单第二场半决赛在罗德·拉沃尔球场结束，西班牙球王纳达尔（Rafael Nadal）历经5小时14分钟的恐怖马拉松鏖战，凭借标志性的战神般意志力以及跑不死的防守功力，最终以五盘总比分6：7（4）、6：4、7：6（2）、6：7（1）、6：4击败了本届赛事有出众表现、连续淘汰了夺冠大热穆雷与上届亚军特松加的西班牙同胞沃达斯科，个人职业生涯第一次杀入硬地大满贯的决赛，而这场比赛的总耗时也刷新了澳网历史上一场比赛最长耗时的纪录。

根据澳网官方的统计，此前赛会最长耗时比赛的纪录，是由德国巨星贝克尔在1991年的男单第三轮与意大利选手奥马尔·卡姆波莱西的比赛中创造的，当时两人激战了5小时11分钟，即311分钟的时间，最终贝克尔以7：6（4）、7：6（5）、0：6、4：6、14：12的比分取胜，并最终夺得了当年的冠军。此外，曾在2003年打出决胜盘长盘21：19惊人纪录的罗迪克与摩洛哥老将艾诺伊之战则总计耗时4小时59分钟，即299分钟的时间，排在第三位。

至于纳达尔这场以314分钟击败沃达斯科的比赛，追平其个人在2005年的罗马大师赛决赛中与阿根廷名将科里亚的个人比赛最长耗时纪录，当时两人同样是激战了5小时14分钟，最终纳达尔同样以6：4、3：6、6：3、4：6、7：6（3：2）的接近比分取得了的胜利。

这项纪录2012年被打破，澳网卫冕冠军德约科维奇与2009年赛会冠军纳达尔的男单对决，历经了5小时53分钟的鏖战，卫冕冠军、赛会头号种子德约科维奇在五盘大战后以5：7、6：4、6：2、6：7、7：5连续第七次击败纳达尔，第五次夺得大满贯男单冠军。

1月31日备忘录

1918年1月31日　《体育研究会会刊》出版发行。《会刊》的编辑者是南京“体育研究会”，该会是在美国人麦克乐·祁屋克的指导下，于1917年10月组织的。会员有吴蕴瑞等31人，都是南京高等师范学校体育科的在校学生。

1920年1月31日　在加拿大魁北克市举行的北美冰球联赛中，加拿大的乔·马龙代表魁北克斗牛狗队以10:6战胜多伦多圣·帕特里克队。乔·马龙在这场比赛中个人独进7球，创下单场比赛中个人进球最多的纪录。

1966年1月31日　德国科特布斯（Energie Cottbus）足球俱乐部成立。

1983年1月31日　国家体委应中国大百科全书出版社的要求，组织全国体育界的力量编写的中国第一部体育百科全书《中国大百科全书体育》正式出版。

1985年1月31日　中国奥委会秘书长魏纪中率中国乒乓球队和北京男排访问沙特、卡塔尔和巴林，这是中国体育代表团首次对三国进行双边访问。

1985年1月31日　奥托·布切尔（瑞士，生于1885年5月21日）在西班牙的拉芒高尔夫球场1杆将球击进119米长的第十二洞，当时他的年龄为99岁零244天。

2000年1月31日　《中国体育报》评选中国足球世纪球员在北京揭晓颁奖。10位球员是：李惠堂、张俊秀、张宏根、容志行、迟尚斌、古广明、贾秀全、范志毅、郝海东、孙雯。

2001年1月31日　179份北京申办2008年奥运会主办权的报告，已经按国际奥委会要求，于当日之前全部寄送完毕。

2002年1月31日　2002世界杯足球赛中国球迷啦啦队实行归口管理。

2002年1月31日　联合国秘书长安南通过其发言人在纽约联合国总部呼吁奥运期间停火。

2003年1月31日　中国足协作出关于对六家甲级俱乐部的处罚决定。

2004年1月31日　国际象棋分布式计算网络ChessBrain成功地战和了丹麦男子特级大师彼得·尼尔森，创造了一项吉尼斯世界纪录——ChessBrain成为世界上第一个在正式比赛条件下与特级大师对弈国际象棋的分布式计算网络。

2005年1月31日　北京奥组委面向全球征集北京奥运会的中英文口号，截止1月31日17时31分，北京奥组委共收到应征信件20161封，其中电子邮件10123封，邮寄信件10038封，应征口号总数达21万个。

2005年1月31日　一辆满载加拿大温莎野猫冰球队队员的大巴士在纽约发生严重事故，导致四人死亡，多人受伤。

2006年1月31日　地拉那媒体报道，阿尔巴尼亚2006年首次派团参加在邻国意大利都灵举办的2006年冬季奥运会。

2008年1月31日　第十四届国际泳联世界锦标赛组委会成立，这也标志着将于2011年7月在上海举行的第十四届国际泳联世界锦标赛的筹备组织工作正式启动。

2011年1月31日　朴智星（Park Ji-Sung）宣布退出韩国国家队。朴智星出生于1981年2

月 25 日，于 2000 年加入韩国国家队，参加了 2002 年韩日世界杯、2006 年德国世界杯和 2010 年南非世界杯。

2011年1月31日　为期三天的 2011 年斯诺克单局限时赛落幕，45 岁的老将奈杰尔·邦德时隔 14 年后终于又举起冠军奖杯，并获得 3.2 万英镑的奖金。“火箭”奥沙利文被亚军米尔金斯挡在了决赛之外，但他在前四场先后轰出 113、123 和 90 分的精彩表演，令观众大饱眼福。

2012年1月31日　美国女子足球职业联赛（WPS）董事会经投票决定，暂停 2012 赛季赛事，以便联赛集中精力处理一些悬而未决的法律问题。

2012年1月31日　历时近10个月的德国车手苏蒂尔（Adrian Sutil）伤人案宣判结果出炉，慕尼黑法院判决苏蒂尔 18 个月监禁缓刑，另被罚 20 万欧元用于慈善事业。2011 年 4 月的 F1 中国大奖赛结束之后，苏蒂尔在上海一家夜店因座位问题与人发生争执，卷入一起伤人案，刺伤雷诺车队一位高管。

后记

十几年来一直萦绕在我心中的一个愿望，就是想通过某种方式将人类体育发展史上的大事记载下来并传播出去。多年来不间断地在浩如烟海的体育史料中进行挖掘、梳理和考证，我整理出了八百余万字的文献资料，拥有了一套独一无二的较为完整的365天“逐日逐年”的“体育编年史”目录索引和丰富素材。

如今这个愿望实现了，在上海广播电视台五星体育传媒编播人员的努力下，以《今日体育档案》为名的“体育编年史”采用出版、电视、广播、网络四种形式在不同传播平台上同时诞生。我不能说这是一个壮举，但起码它填补了体育历史档案图书和电视节目的空白，其内容的相对完整性和准确性使其在业内具有一定的权威性。

《今日体育档案》是一部叙述和记载人类体育发展史上值得留存的“事件和人物”的体育史工具书，丛书以“每日”为基本时间单位，内容“按编年排列条目”，时序脉络清晰，按事件、人物的本来历史面目纵向记述，内容丰富多彩，可读性强。

《今日体育档案》选择内容的基本标准有这些方面：1. 奥林匹克运动发展中的标志性事件；2. 重大体育决策的颁布和实施；3. 各国体育发展、发生的重大事件；4. 各单项体育协会的诞生与发展；5. 重大国际、国内综合性体育赛事的举办；6. 著名的体育人物；7. 各运动项目世界纪录的诞生与变化；8. 国际、国内各单项赛事举办过程中发生的重大事件；9. 有关探险、民间体育活动的重要纪录。通览全书，可以发现有关体育历史的“大事突出，要事不漏，新事不丢”。

《今日体育档案》在“体育”、“出版”和“电视”领域都体现了“原创性”和“唯一性”。就其内容所具有的传播活力来讲，是编撰人员的能动性、积极性、创造性的发挥，就其编选过程来讲是以创新性、价值性、难以模仿性和延展性四个方面为基本编撰原则的。

创新性反映的是一个能动的过程，它不仅要求如实地反映出值得记载的体育事件和体育人物，而且要通过编撰者的抽象思维，把握体育发展史的本质和规律，发现隐藏在浩瀚史料中值得人们借鉴和欣赏的东西。

价值性反映的是“内容”不仅具有出版、广播电视、新媒体等相关媒体集群所看重的社会价值和经济价值，而且在体育教学、科研、史料收集等方面具有实用价值。

难以模仿性就是原创性。在出版、电视两个领域同时编撰和制作一部如此浩瀚的“体育编年史”，涉及到的人力、物力和财力可以想象，不是一个人和几个人能够做好的。因此，许多方面都是不可模仿和难以被替代的。

延展性是一个有价值的主题内容通过组织运营而产生强大的辐射作用，这是五星体育本身的品牌优势和传播平台的不可替代性。图书以丰富的文字和图片清晰地表达了编撰者对人类体育发展史上值得记载、记录的人物和事件的选择，以及力图传达的思想，是传播体育历史、体育思想、体育文化、体育知识的重要工具；电视节目由“故事”、“人物”和“事件”组成了一档集故事性、历史性、文化性于一身的社教类节目。

和丛书同名的《今日体育档案》电视节目，从 2013 年 1 月 1 日起在上海、北京、广东、江苏、天津、福建、深圳等多家电视台同步播出。该节目以其唯一性、原创性、客观性、社会性、历史性、丰富性、可看性和权威性得到业内广泛认同，在参加由亚洲广播电影电视协会发起，北京大学视听传播研究中心、台湾中华广播电视节目商业同业公会、澳门电影电视传媒协会联合主办，中国社会科学院新闻传播研究所、北京大学新闻与传播学院、中国传媒大学传播研究院、台湾铭传大学传播管理学院提供学术支持的“2013 两岸四地创新电视栏目评选”活动中，荣膺“2013 两岸四地最具原创活力电视社教类栏目十强”。这对每一位参与丛书编撰和节目制作的人员来说都是极大的鼓舞。

《今日体育档案》记载的是人类体育发展史上的动态过程，梳理的是人和体育的关系，讲述的是人和体育的故事。同样，它也记载着每位编撰人员的辛勤劳动。

2013 年 8 月

图书在版编目(CIP)数据

今日体育档案·1月卷/李辉,张争鸣主编. -- 上海:上海文化出版社,2013.7

ISBN 978-7-5535-0142-0

Ⅰ.①今… Ⅱ.①李… ②张… Ⅲ.①体育运动史—史料—世界 Ⅳ.①TS262.6

中国版本图书馆CIP数据核字(2013)第164393号

出版人

王刚

责任编辑

赵光敏

整体设计

叶珺

封面设计

叶珺

设计制作

果籽设计

书名

今日体育档案·1月卷

出版、发行

上海文化出版社

地址:上海市绍兴路7号

网址:www.cshwh.com

印刷

上海丽佳制版印刷有限公司

开本

787×1092 1/18

印张

16

版次

2013年8月第一版 2013年8月第一次印刷

国际书号

ISBN 978-7-5535-0142-0/G·015

定价

88.00元

告读者 本书如有质量问题请联系印刷厂质量科

T:021-64855582